U0158569

· 浙江大学哲学文存 ·

TOWARDS THE

POST-NORMAL SCIENCE

□ 盛晓明/等著

走向后常规科学

中国社会科学出版社

图书在版编目（CIP）数据

走向后常规科学/盛晓明等著 . —北京：中国社会科学出版社，2023.10
（浙江大学哲学文存）
ISBN 978 - 7 - 5227 - 2512 - 3

Ⅰ.①走… Ⅱ.①盛… Ⅲ.①技术哲学 Ⅳ.①N02

中国国家版本馆 CIP 数据核字(2023)第 165844 号

出 版 人	赵剑英
责任编辑	朱华彬
责任校对	谢 静
责任印制	张雪娇

出 版	中国社会科学出版社
社 址	北京鼓楼西大街甲 158 号
邮 编	100720
网 址	http://www.csspw.cn
发 行 部	010 - 84083685
门 市 部	010 - 84029450
经 销	新华书店及其他书店

印刷装订	北京市十月印刷有限公司
版 次	2023 年 10 月第 1 版
印 次	2023 年 10 月第 1 次印刷

开 本	710×1000 1/16
印 张	20.25
插 页	2
字 数	320 千字
定 价	128.00 元

目　录

编者前言

2022 年 11 月 5 日是一个伟大的日子。那一天，我的授业恩师盛晓明教授光荣退休，结束了自己长达三十七年的浙江大学执教生涯。长期以来，盛师在科学哲学领域做出了独到且深刻的研究，开拓了"科学实践哲学""地方性知识""后常规科学"等引风气之先的学术方向。而且，在这些方向上，他还培养了一批优秀的研究生，其中许多都活跃在当今学界前沿舞台。凭借多年孜孜不倦的研究和教学，他为浙江大学科学技术哲学学科作出了重要贡献，使之在国内学界独树一帜，一时蔚为大观，令人瞩目。为了庆祝盛师荣休之"盛"事，为了纪念盛师三十七年的浙大生涯，我们特编辑本文集，欲展现盛师引领的科技哲学研究之特色，并铭记一段激动人心的学术史。

但这不是一部个人论文集，而是包括盛师和部分弟子在内的"盛门学术家族"论文集。长期以来，老师的一些想法常常经由学生表达，而学生的一些念头也时不时触动着老师。师生之间日积月累的切磋琢磨逐渐营造出了一种思想上的"家族相似"，而这种相似性最能代表那段学术之精华。为此，我们选取了十一篇盛师的代表性文章和十一篇弟子文章，按照主题分门别类，最后形成五个部分："先验哲学"、"科学实践哲学"、"后常规科学"、"科学的社会研究"和"技术哲学与认知科学哲学"。

盛师本科和研究生就读于中国人民大学，接受的是德国古典哲学特别是康德哲学的训练。从 1985 年入职浙大直到 2001 年前后，他长期从事先验哲学研究，尤其侧重先验哲学的当代化，对哈贝马斯和阿佩尔将先验哲学与语用学相结合推崇备至。第一部分"先验哲学"选取了他的四篇文章，分别为："康德的'先验演绎'与'自相关'问题——评布伯纳与罗蒂的争论"（1998 年），"哈贝马斯的重构理论及其方法"（1999

年）、"'先验语用学'与基础论辩"（2001 年）、"客观性的三重根"
（2005 年）。可惜的是，尽管先验哲学工作足够基础，意义重大，却没有
学生接力。我一度对此兴趣盎然，但终究没能坚持下去。

2001 年前后，盛师接手浙江大学科技哲学学科，有意识地从先验哲
学转向科学哲学，并以当时颇为前卫且今日依然蓬勃的"科学实践哲学"
作为理论进路。科学实践哲学始于托马斯·库恩，由哈金、劳斯、拉图
尔等人发扬光大，着力从实践的角度理解科学，一反理论优位的科学哲
学传统。而且，它还汲取欧陆哲学养分，尤其是海德格尔和梅洛 - 庞蒂
的现象学。第二部分"科学实践哲学"选取了盛师的三篇文章："对库恩
的两种解读"（2000 年）、"地方性知识的构造"（2001 年）和"从本
体—历史的观点看"（2012 年）。此外，还选取了两篇弟子文章："实践
的科学观"（邱慧，2002 年）和"认识论批判与能动存在论"（孟强，
2014 年）。

除科学实践哲学外，盛师还十分关注科学形态的历史演变。这既是
一个学理问题，也是关乎当下的现实问题。不同的科学形态蕴含不同的
认知规范和社会规范，这也决定了公众、社会和政府等对科学的要求和
期待会有所不同。基于拉维茨（Jerome Ravetz）的工作，盛师与诸弟子将
当代的科学形态表述为"后常规科学"（post-normal science），并深化了
与之相关的规范性研究。第三部分"后常规科学"选择了盛师的两篇文
章："后学院科学及其规范性问题"（2014 年）和"常规科学及其规范性
问题——从'小生境'的观点看"（2015 年），以及两篇弟子文章："库
恩与'后常规科学'"（于爽，2012 年）和"专家与公众之间——'后常
规科学'决策模式的转变"（胡娟，2014 年）

第四部分为"科学的社会研究"（social studies of science）。科学的社
会研究始于爱丁堡学派的科学知识的社会学（SSK），以拉图尔为代表的
"行动者网络理论"（ANT）将其发扬光大，成为一股在全球范围内影响
深远的学术路线。以库恩的《科学革命的结构》为基础，科学的社会研
究在认识论和本体论层面突破了此前的科学哲学范式，将科学、技术与
社会有机地整合起来，尤其侧重科学的社会性与建构性。尽管目前它在
理论创新层面陷入沉寂，但其精神贯穿于对当代科学技术的微观实证研
究之中。盛师与弟子在这方面的工作起步于《科学技术论手册》的翻译

（北京理工大学出版社 2004 年），至今仍然有学生在奋力深耕。这一部分选取了盛师的两篇文章："从科学的社会研究到科学的文化研究"（2003 年）和"巴黎学派与实验室研究"（2005 年），以及两篇弟子文章："社会建构论的三个思想渊源"（王华平，2005 年）和"从共生产视角看中国干细胞治理"（陈海丹，2013 年）。

盛师指导学生的风格不拘一格，给予学生充分的学术道路自由。所以，尽管他本人并不从事分析哲学研究，门下还是涌现出了数位分析哲学学者。众所周知，20 世纪欧陆哲学与分析哲学呈对抗之势，我国哲学界也未能幸免。盛师是康德哲学出身，后专注于哈贝马斯和阿佩尔等，在私人情怀上自然偏爱欧陆哲学，但在教学上持百家争鸣原则，胸襟宽广。在聚会畅饮之时，偏爱分析哲学的学生们有时与他直言不讳地激烈争论，而他总是笑眯眯的，从不借师道威严去强行压制学生们的不同意见。第五部分"技术哲学与认知科学哲学"体现了不拘一格的教育硕果。这部分选取了五篇弟子文章："技术哲学两种经验转向及其问题"（潘恩荣，2012 年）、"从分布式认知到文化认知"（于小涵，2016 年）、"认知科学研究的实践进路——具身的和延展的"（黄侃，2019 年）、"预测心智的'预测'概念"（王球，2021 年）以及"平等原则的不平等之处"（张子夏，2021 年）。

三十余年来，盛师本人的研究发生了深刻变化，从"先验哲学"转向"后验哲学"，从普遍主义转向"地方性知识"，从康德移情黑格尔。个中滋味，我们以访谈的形式请盛师亲自为读者讲述，这就是文集开篇的"盛晓明教授哲思之路（访谈）"。

本文集不仅记录历史，也指向未来。如今，科学实践哲学、地方性知识、后常规科学、认知科学哲学等依然是哲学界的重要话题。希望本文集能够为推进相关研究尽绵薄之力。

最后，特别感谢浙江大学哲学学院，感谢李恒威教授和王俊教授对本文集出版的鼎力支持。

孟强
2023 年 3 月于北京月坛

盛晓明教授哲思之路（访谈）[*]

于爽：前些天参加盛老师的荣休会。我们分布在全国各地的弟子以及盛老师的同行与同事共同回顾了过往的点滴，为盛老师在浙大 37 年的任教生涯画下了圆满的句号。为了纪念这一重大历史时刻，弟子们与浙江大学哲学学院领导商量后决定编一本论文集。文集将收录盛老师不同时期的代表性论文 10 篇，同时收录深受其影响的学生论文 10 篇左右。为了给文集作一个序，我与潘恩荣和吴鑫丰共同对盛老师做一次访谈。下面我们先请盛老师回顾一下自己的思想历程吧！

盛晓明：2000 年之前，我可以算得上是一个康德主义者。这与本人的学术训练有直接的关系。在人大读本科时，我就已经深深地喜欢上康德哲学了，在研究生期间又受到苗力田和李质明先生的影响，这时就不仅是喜欢，而且是差不多到了言必称康德的地步。康德哲学有两个地方让我着迷。

一是，它在知识论上的奠基主义。与当今世界哲学界自然主义的滥觞不同，在康德那个时代，哲学家从不以给科学打下手为荣，而是霸气地为科学知识奠基，或者说为科学知识的正当性做出辩护。不过，这样的时代已经一去不复返了。康德寻找到了使得科学知识成为可能的基础性条件，诸如时空与范畴之类的 a priori 条件。凭借这样一些条件，人类对于经验的综合活动能够形成普遍有效的知识。事实上，人类的确能够产生出普遍有效的知识，但这不是康德关注的焦点，他在意的问题是，

　　* 此次访谈以盛晓明教授荣休会（2022 年 11 月 5 日）为契机，意在回顾盛晓明教授的学术研究和思想道路。访谈参与者为潘恩荣、于爽、吴鑫丰三位弟子。访谈稿由于爽整理，后经盛晓明教授审订修改而成。

我们凭什么能将 a priori 条件用于对经验材料的综合之中，这又是一个正当性的问题。为此，有必要超越 a priori 条件和经验，在它们之上设立一个考察点。很显然，这不是一个具有实质性意义的"上帝之眼"，而只是一种围绕"何以可能"展开的特定的考察与论证方式。康德用"transzendental"（"先验的"，更准确译法是"超越论的"）来表达它们。在我看来，在康德那里，"transzendental"没有什么实质的含义，说白了它就是一个体系词，完整地呈现了康德式的基础主义诉求。

二是，康德通过内在的伦理法则为启蒙主义和现代性规划了一幅宏伟的蓝图。我记得我们苗力田先生曾翻译过康德的《道德形而上学基础》一书，并写了一篇激情洋溢的译者序。我们在上课时都曾被它深深地感染过。我们这代人都是在启蒙精神的熏陶下过来的，至今还记得当时读完《历史理性批判》关于"世界公民"和"永久和平"叙事后那种久久不能平复的心情。在康德那里，世界公民法权是通往永久和平的桥梁，至于世界国家观念与主权国家观念之间的冲突，当时肯定没有现在人们感觉得那样强烈。

尽管我迷恋康德哲学，但是从未有过以研究并注释它为业的念头，不仅我的能力不够，更重要的是这不符合我的性格。我更想拿康德"说事"和"做事"。新康德主义者文德尔班说过，要想理解康德，就得超越康德。仅凭康德还不足以做事。后来我的关注点转向了语言学（主要是语用学），尤其是哈贝马斯和阿佩尔他们的工作，因为他们都是康德主义者，只不过讨论的平台从认识论转向了语言学。他们试图通过话语和商谈来重建知识的基础。我们不知道知识的基础是什么，但是通过商谈，可以达成一个共识，找到一个大家都能认可的共识。我当时写了一本书，叫《知识基础与话语规则》（学林出版社，2000 年版），认为哈贝马斯提出的这个方案挺靠谱，这就是广场：在古代雅典的广场上，大家尽管各说各的，通过讨论（communication），找一个基础，达成一个共识。当然，哈贝马斯有条件地保留了先验主义的（或者叫"准先验的"）预设，要不然我们无从开始商谈，更无从达成共识。

进入 21 世纪，我研究的重点开始转向托马斯·库恩。有两方面的契机促成了这个转变。一是受浙江大学包氏奖学金资助赴东京大学进修，在库恩于普林斯顿大学任教时的学生佐佐木力旗下工作了两年，我在读书和研究时多少受到佐佐木先生的影响，同时也对库恩的思想产生了浓厚的兴趣。二是回国后接替将要退休的何亚平老师，成为科技哲学的学科带头人，于是自己的研究方向也便从外国哲学转入科技哲学。我们知道，库恩无疑是科学哲学中绕不开的一个坎。

在我2000年发表的"地方性知识的构造"一文中，可以明显地看出库恩主义的痕迹。[①] 我们一直认为，一种理论能被所有人接受的时候才叫科学。康德跟任何实在论者不一样的地方（实在论者认为，一个理论之所以被接受是因为它所表征的对象本身就是真的），就是提出了有效性问题：被人接受的才是有效的。康德认为，所谓真的，也就是能被普遍接受的。也就是说，康德用普遍有效性取代了真理性。用胡塞尔的话讲，牛顿的万有引力定律虽然是17世纪提出来的，但是对于公元前的希腊人来说也是有效的。你扔一块石头到天空中去，古代的希腊人也会知道它会掉下来，那么就是万有引力在起作用，可见这个理论具有超越时间和空间的有效性。

库恩肯定不会接受这样的结论。在库恩那里，科学家总是以共同体为单位开展工作的，他们总是基于一个特定的范式去看世界，他们没有一个人可以脱离范式或者脱离共同体而产生一种科学知识。也就是说，根本不存在任何普遍有效的知识。对一个共同体来说是真的东西，对另一个共同体来说就不一定了。于是我们便有理由说，在库恩眼里，科学说到底是一种"地方性知识"（local knowledge）。当我们强调地方性知识时，它的意思是说，康德和胡塞尔所强调的那样一种先验性破灭了，随着时间和场所的改变，我们对什么东西是可靠的，什么东西是可接受的，发生着改变，而且这种改变不会停止。这就是我们现在所面临的问题：强调地方性知识不在于抵制普遍性知识，而在于提醒大家，我们的知识观念已经发生了根本性的改变。

库恩思想中有两个主张引发了我的极大兴趣。一是他的共同体主义，这一主张和社会学上的社群主义有一致之处，同时也在另一个方向上回应了海德格尔。其实，海德格尔为地方性知识提供了一个"先验论证"。他强调，我们"总是已经"生活在一个特定的共同体（存在之"家"）

---

① 见本文集第二部分第二篇。

中了，任何想抽身离去的人都是在自毁前提。库恩所说的共同体与哈贝马斯和阿佩尔那种"理想的共同体"不同，库恩意义上的共同体总是历史地形成的，总是受到特定的条件（范式）所限制。因此，基于这种共同体形成的科学知识多少会打上"地方性"的烙印。二是他的建构论特征，这一点上他和康德一样，都是反实在论者。在康德那里，科学知识是由先天和后天两方面的条件建构而成的。对于库恩来说，科学知识的确是建构而成的，只是不存在先天的条件，一切都是后天演化而来的。当他自称是"后达尔文主义的康德主义者"时，多少有这方面的考量。

其实，马克思当年也是由普遍的"类"概念走向特定的共同体主义的。在《1844年经济学哲学手稿》中马克思还是倡导人作为一个普遍的"类"的视野。到了《资本论》之后，他开始倡导的是一个"共同体"的视野，比如说劳动的视野，它跟资本的视野是不一样的。在劳动的视野下获得的知识和对世界的判定，跟资本视野下对世界的判定是不一样的。马克思坚决地认同这个区别，这就意味着在他的理解里，我们基于劳动的视野所产生的对社会、对人类规律的判断是一种"地方性知识"。只不过这种地方性知识不是封闭的，它无论在时间上还是在空间上都是开放的。譬如说，它可以为更多人所接纳，只是这并不是一个逻辑上必然的事情，而是一个政治事件。

对库恩的考察为我和我的学生们开启了两条新的通道。一条通往"后库恩"的科学哲学（包括爱丁堡学派的知识社会学，以及巴黎学派的科学人类学）。尽管库恩本人坚决抵制爱丁堡学派以"强纲领"为原则的社会建构论，但是他的共同体主义无疑会将人们引向科学的社会研究。另一条通向了后常规科学意义上的"技性科学"（techno-science），以及劳斯等人的科学的政治哲学。关于这方面的工作，我和我的学生们在这期间翻译出版了国际4S协会编的《科学技术论手册》（2004年北京理工大学出版社出版），以及劳斯的《知识与权力——走向科学的政治哲学》（2004年北京大学出版社出版）。

我们知道，依据柏拉图主义传统，科学只与灵魂以及纯理智的探险活动有关，与身体和劳动技能无关，这就使人们对科学精神的理解与贵族精神形成高度重合。当马克思将科学与劳动和生产力等概念放在一起谈论时，的确对占主流地位的科学形象产生冲击，并对我们当下所谈论的各种类型的"创新"形成了强有力的支撑。我喜欢将科学形象的这种转变描述为从"归圣"到"还俗"。劳斯他们则把这种类型的考察一并纳入"科学的文化研究"领域,这是有一定道理的。它能有效地将马克思的研究传统与法国的德勒兹－福柯学派在知识与权力问题的研究风格,以及哈金(Ian Hacking)对"表象与介入"的探讨,皮克林(Andrew Pickering)通过塑形器(mangle)隐喻对实践的描述等整合成一个既有广度又有厚度的研究范式。我觉得,这个研究范式多少可以填补主流的科学哲学式微后所留下的缺口。

我记得我的学生孟强曾写过一篇文章,题目是"告别康德是如何可能的?——梅亚苏论相关主义"①。还别说,提出这个问题的角度还是挺毒的。研习过康德的人都知道,一经进入康德就很难走出来。无论是哈贝马斯,还是库恩,他们都以自己的方式超越康德,但不能说告别了康德。孟强对这个问题的答复是从法国哲学家梅亚苏(Quentin Meillassoux)的《有限性之后:论偶然性的必然性》一书出发的。梅亚苏把康德哲学的基本特征归结为"相关主义"。因此,告别康德后大概率会走向实在论或者自然主义。与此不同,我在2012年发表了一篇题为"从本体—历史的观点看"的论文②,文章设法通过"回到黑格尔"来解除康德式的"认识论的魔咒"。这最终会导致兼具历史—本体内涵的实践转向。不过,仔细琢磨不难发现,实践的观点并非告别认识论,而是用一种新的方式返回认识论。

最终我发现,自己从一开始就不是一个严格意义上的康德主义者,但终究都没能跳出康德的手掌。

于爽:下面我们进入讨论环节。

潘恩荣:过去我以为你坚持知识是普遍性的,而实际上你主张知识都是地方性有效的,只不过由于一些政治事件,比如权力的介入,使得它变成普遍性的。这其实是一个政治的推导,是权力的问题,而不是知识本身的问题。

---

① 参见孟强《告别康德是如何可能的?——梅亚苏论相关主义》,《世界哲学》2014年第2期。

② 见本书第二部分第三篇。

盛晓明：是的，比如说后冷战时期，我们关于贸易全球化、经济全球化的问题，也是这样。贸易并非一定是全球化的，但是在我们称之为"历史的终结"的后冷战时期，只有全球化才能获得普遍的收益。如果没有一个强权来推动，就达不到这一点。知识也是一样，拿破仑甚至动用武力来推动科学的普及。启蒙与殖民也常常相互伴随，离不开权力的介入。

潘恩荣：在你看来，任何普遍的知识从历史上回溯，一开始都是局部有效的知识。譬如科学革命，一开始仅得到英格兰少数知识精英的认可，随着启蒙而扩展到全欧洲，乃至世界。

盛晓明：对，普遍性其实是一个历史过程的结果。但是到了康德，成了知识构成的前提。更重要的是，他将普遍性作为人类理性内在的东西预先设定下来了。普遍有效性也是一种必然性，尽管人们现实中尚未接受一种知识，但是由于这种知识拥有的普遍有效性，它必定会得到认可的。这与地方性知识以及实用主义的观念不同。在后者看来，只有实际上得到普遍认可的东西才称得上是普遍有效的。

潘恩荣：这是不是你常说的世俗化的观点？

盛晓明：这是纯科学和普遍性科学的世俗化。其实西方文明的演化中存在着双重的世俗化过程。一个是基督教的世俗化，发生在 15 世纪的宗教改革，把信仰从天国拉回到人间，信徒们开始重食人间烟火。另一个就是发生在 20 世纪下半叶的科学的世俗化。这是一个从"归圣"到"还俗"的过程，即科学回归世俗的关怀。不再是"为科学而科学"，而是为市民的福祉，为经济和产业，为强化地方或国家的创新能力。

我的意思并非说世俗的科学就要比神圣的科学好。不同时期的人适应不同的知识观念，就像唐代的人喜欢写诗，习惯于用诗的方式来生活和表达，你不能要求宋人、元人也这样。也就是说，艺术方式的改变，其实是生活方式改变中的一部分。你崇尚什么？这是历史的问题。尽管我们现在也能写诗，但我们回不到唐代人对诗的理解中去了，在那个时代诗就是他们的生活。与此类似，还有一个现象同样需要引起关注。21世纪到现在 20 多年过去了，我们没有达到 19 世纪到 20 世纪上旬的科学理论"大爆发"时代，像电磁学、量子力学，那么多大理论在那时涌现出来。有人说，我们现在的科学是不是没落了？实际上根本不是这样。

每个时代都有每个时代自己的特点，那个时代的科学家就是要以创立大理论为己任，就如同哲学，在康德和黑格尔时代就是要做出大体系，覆盖了真善美的所有问题。现在谁在做大的哲学体系？几乎没有了。不同时代的关注点不一样，于是在理论和创新上也不一样。

我们现在有没有可能再重新建立一种新的像量子力学一样的科学体系了呢？不可能。因为我们的重点已经转移了，也就是说这种大理论转入它的实际应用了。这不是说当今的科学家没用了，而是说科学跟我们的生产方式、生活方式，以及认知方式都绑定在一起了。

潘恩荣：假如说康德那个时代，他讲的科学是对普遍有效性的追求，我可不可以把你的知识观念看作想从具体的知识中寻找到一种知识存在的一般方式。你要告别康德就得告别他那种超越论的立场和考察方式，回到特定的人上来。特定的人总是有阶级，有立场，有观点，有视角的，用库恩的话说就是有范式的，因此获得的知识也总是地方性的。就像你当年讲过的，你最终发现自己还是个中国人，就只能用中国的方式来理解问题。

盛晓明：我不仅发现自己是个中国人，我还发现自己是个马克思主义者。马克思说我们是有特定立场的，譬如从劳动的观点看。用库恩的话说我们是有范式的，属于特定的共同体。如果承认这些，就等于你就承认了你持有的是"地方性知识"。

潘恩荣：你说你自己是个马克思主义者，不再是康德主义者了吗？

盛晓明：当然，我在"从本体—历史的观点看"一文中专门表达过一个最核心的地方就是马克思。马克思的观点实际上是历史—本体的观点，不是以往的巴门尼德的那个本体的观点，不是那种恒久不变的实体的观点，而是历史的观点。本体是转换的，不是永远不变的。黑格尔讲实体就是主体，道理也一样。

我记得在一次研讨会上，好像是在杭州，某位行内权威，也是校长，愤怒地指责，首先从康德的观点来重构科学哲学是一个奇谈怪论，从黑格尔的观点来重建科学哲学更加离谱，他认为我整个是在胡说八道。他的愤怒是可以理解的，因为原来的科学哲学，维也纳学派是建立在休谟基础上的，人们就接纳了这种观点，认为科学哲学只能是这样的。其实，我的想法更加激进，所谓实践的观点，就是想为科学寻找一种历史性的本体，这是从黑格尔和马克思那里出发的。不知道你们是否意识到，其实我们所说的"地方性知识"与辩证法的精髓是十分契合的。记得列宁在《哲学笔记》的"谈谈辩证法问题"一文中有这样一句话，辩证法的活的灵魂就是对具体问题的具体分析。

潘恩荣：康德明确说自己是建构主义者，还是后来人认为他是建构主义者？

盛晓明：康德没有说过自己是建构主义者，但事实上我们只有两种思考方式。建构主义（constructivism）是什么意思呢？就是说，并没有一个实体性的东西在，我们想达到一个认知目标，就需要不同的条件来对一个东西进行建构。比如康德说知识有两个部分：一个是 a priori（先天的）条件，这是我们自身固有的，也叫形式条件，如时间、空间、范畴；一个是后天的条件，是从外部得来的经验，来自物自体或者是被给予的。这两个条件构成了我们的一切知识，知识由这两部分建构起来，这就是康德意义上的建构主义，与梅亚苏所强调的"相关主义"差不多。

马克思的建构主义是属于社会的，甚至可以叫作"劳动的"或"实践的"建构主义。也就是说生产一个产品，需要我们的智力、体力及生活和生产资料以及满足生产过程的必要的生活必需品和物质基础等，这些条件在《资本论》里可以找到。当满足了这些条件，就可以生产一个产品。

爱丁堡学派的"社会建构论"用社会条件来建构一切知识，这是有问题的。不能仅靠社会条件来建构科学知识，库恩也是这么认为的。不能仅靠分析党派斗争就解释当年牛顿科学何以成为世界性的科学。社会条件对于科学知识是必要的但不充分，这就是社会建构论的问题。

潘恩荣：你觉得，假如我们给你的思想贴一个标签，什么标签合适呢？

盛晓明：别去贴标签。实际上中国的知识分子普遍存在着两个自相矛盾的地方。第一，我们崇尚启蒙，反对殖民，但历史上殖民和启蒙是一个硬币的两面，如果你非要把它们区别开来，崇尚和张扬启蒙，又把殖民给撤除出去，这就是很矛盾的地方。第二，我们崇尚本土的历史和文化，但又喜欢普遍性的一体化的知识，这也是很矛盾的。

潘恩荣：我们中国人喜欢普遍性的知识吗？

盛晓明：我们自觉或不自觉地在以下三个方面喜欢普遍性的知识。第一，我们喜欢牛顿以来的科学，我们认为科学本来就是普遍的。第二，我们后来对世界制度的普遍性、对西方的民主政治的推崇。第三，我们推崇贸易、经济的世界秩序，包括经济的一体化、自由主义的一体化、世界的一体化，中国是从这个秩序里获益的。但是，需要强调一点，我们所说的普遍性并非一开始就设定好了的，而是一种普遍化，一种达成普遍的过程。

于爽：你在地方性知识和普遍性知识那部分谈到了殖民主义和政治事件，但是科学知识和政治事件，能混而谈之吗？科学知识难道没有一个"内核"吗，就是客观普遍的"纯科学"部分？

盛晓明：尼采在《悲剧的诞生》中说过，当科学之环变得越来越大时，它必定会出现自相矛盾。在英格兰皇家科学院开始建立时，科学在本质上是单一的，仅仅是用以满足理智探险时的好奇心。后来，当它开始追逐功利目标时就会与前面的本质发生冲突。用一个果壳模型来分析的话，内核中肯定有"纯科学"的东西，只是它被厚厚的果壳包裹，这层果壳就是带有功利和世俗特征的创新性科学。如今的科学只能通过果壳与外部环境互动。如果从外部来看，的确是"纯科学"被果壳遮蔽了。

于爽：也就是说，只能用历史的、局部的、有视角的眼光去看，而不能用所谓"上帝视角"去看，因为根本不存在这样的视角。

盛晓明：对。

（完）

第一部分

先验哲学

第一章

康德的“先验演绎”与“自相关”问题

——评布伯纳与罗蒂的争论*

盛晓明

在哲学史上，客观主义和基础主义的倾向总是伴随着某种形式的怀疑主义或相对主义。如果说前者以确定性与终极根据的“奠基”为宗旨，那么后者则以基础的消解为己任。经历20世纪的“语言学转向”，基础的构筑与拆毁之间的循环并未了结。本章所论述的德国先验主义者布伯纳（Rüdiger Bubner）与美国新一代实用主义代表罗蒂（Richard Rorty）之争，实际上是新一轮循环的展开。布伯纳利用了斯特劳逊（Peter Strawson）对康德的解释，把“先验演绎”（transcendental deduction）表达为“自相关”（self-reference，Selbstbezüglichkeit）的论证结构，其目的是把“认识的根据”转换到“意义的根据”，为语言“奠基”。对此，罗蒂持怀疑态度。他所反对的不只是布伯纳等人的尝试，而且把矛头直接指向从笛卡尔、康德到胡塞尔、维特根斯坦的先验主义立场。可见，他所反对的不只是某一种基础主义，而且是任何称为“基础”的东西。

一

我们先从本次争论的焦点——“自相关”问题谈起。通常“自相关”有两种典型的表现形式：一是以前提的循环构造为特征的自我意识；二

---

* 本文原载于《哲学研究》1998年第6期。

是指引发悖论的自谓或者涉及自身的表述。分析哲学最初致力于语言的形式化，试图消除日常语言中由自谓引起的表达混乱。由于罗素和塔尔斯基的解决方案不太自然，并且不可避免地导致无穷倒退，前一种形式的"自相关"才引起分析哲学家的普遍关注。这种"自相关"已不再是逻辑层次的混乱，而是任何理论的"奠基"都必须正视的方法。按常识，一个体系赖以成立的前提不能仰仗另一体系来论证，否则会产生无穷倒退；同时也不能在体系内论证，不然会陷入循环论证。不过这个两难是可以克服的，因为人们发现在"先验演绎"中，康德在构筑认识的基础时使循环论证合理化了。一时间，"先验演绎"成了语言哲学解决基础问题的范例而备受重视。

触发关于基础问题争论的直接动因是斯特劳逊对"先验演绎"的解释及其先验主义立场。他认为先验哲学其实是一种新型的内在形而上学，与语言分析的目标完全可以相容。为了解决基础问题，我们可以经过梳理，更有节制、更少争议地吸纳"内在形而上学"。康德曾明确指出，"批判"的工作就是人类认识的重新奠基。斯特劳逊对"演绎"的独特的解释，开了分析哲学转向基础问题的讨论之风。按他的解释，我们可以从经验中分离出使经验成为可能的形式条件，就叫"经验一般"。对"经验一般"的认识便是"先天的综合认识"，它构成了先验形而上学的核心。当然"先验的"（transcendental）一词与"先天的"（a priori）不同，不是指纯粹的形式，而是指认识形式的有效性。正如康德所说："经验一般的可能性的条件，同时也是经验对象可能性的条件。"① 如果把认识的诸条件统统作为对象的话，就有了"先验认识"的问题。为使"先验认识"成为可能，我们还需要假定一种能将被知的东西与能知的东西统一起来的先验主体。通过主体的自我意识，我们设定经验的界限时，就可以不必像旧形而上学那样诉诸经验界限以外的东西。对经验的限制是经验的自我限制，完全可以在经验视界内完成。这就是斯特劳逊解释"先验演绎"的基本框架，我们称之为肯定性的"自相关"。

在探讨了自我意识的可能性后，斯特劳逊着手解决"对象"的可能

---

① Immanuel Kant, *Kritik der reinen Vernunft*, Berlin: de Gruyter, 1968, A158/B197. 中文版参见康德《纯粹理性批判》，李秋零译，中国人民大学出版社 2004 年版。

性。他的策略是"经验一般"可能性的条件也就是对象可能性的条件。能满足该条件的"对象"应该是独立于经验主体与特定经验的某种持续存在的，因而是客观的东西。除此之外的，一切可能的对象都应严加排除。按"经验论的基本教条"，似乎只有"纯感性的质料"或"原子事实"才是真正的经验对象，如果真是这样，经验论最终会导致否定认识客观性的怀疑主义。在反驳经验论时，斯特劳逊采纳了整体论的观点。任何单一的、片段的感性质料只有放到"我们既有的概念资源"中，并通过时间中连续的综合才是可理解的。因此，当我们否定了自己所赖以存在的前提条件时，就必然导致怀疑主义。① 于是，便出现了否定性的"自相关"。该论证是用"别无选择性"（Alternativenlosigkeit）来排除论敌，维护自身的正当性的策略。这种策略不同程度上被布伯纳与罗蒂继承和运用，成为"先验论证"（transcendental argument）的范型。

二

到了 70 年代，开始于 20 世纪的"语言学转向"又走到需要重新定位的十字路口。语言分析方法长期以来沉湎于对语言表达作细枝末节的分析，与哲学特有的基本的断定理论相距甚远。返回先验主义的倾向试图在"实路的理论"与"断定的理论"之间给语言分析重新定位。

布伯纳对"先验演绎"的理解是从证明（Demonstration）与论证（Argumentation）的区分开始的。自亚里士多德以来，证明方法由于具有普遍必然的强制力，使数学成了一切科学甚至是哲学的典范。另外，从古代罗马的修辞学演变而来的论证方法由于缺乏普遍的强制力，其说服的功能和有效性往往只限于在场的论辩对手。由于培根的《新工具》，又使论证方法在近代科学中占据了主导地位，使两种方法的地位从根本上被颠倒了过来。论辩术中用于寻找例证的方法（归纳法）使科学建立在可靠的经验基础上；相反，证明方法的使用范围大大缩小，反倒沦为语言学中的修辞工具。布伯纳认为，康德的先验哲学饶有兴味之处在于对上述颠倒作出确认。旧形而上学所执着的推理证明已成为产生幻象的渊

---

① Peter Strawson, *The Bounds of Sense*, London：Routledge, 1966, p. 109.

薮，被划归到"辩证论"。这样一来，为经验科学奠基的使命落到"分析论"身上。因此，分析的方法本质上不再是证明，而是论证。①

布伯纳指出，以往的康德研究大多将"演绎"看成是证明的程序，这是误解。其实，康德清楚表明，"演绎"问题不是证明的问题，而是基础论的问题，相当于法律中的"权利问题"（quid juris），即呈示某概念在特定场合使用的资格和权限。"先验演绎"确切地说就是"先验论证"。按他的理解，以认识的条件及其正当性为对象形成的认识就叫"先验的认识"，"或者说先验的论证是以自相关为特征的"。② 可见，布伯纳的观点是在斯特劳逊的基础上展开的。在这里，"自相关"有两个基本的要点。首先，"先验的认识"是对经验认识的认识，是在元层次上成立的。对经验认识的考察与对该认识的先决条件的考察显然不能处于同一个逻辑层次，后者是一种"元考察"。其次，元层次的"先验的认识"并非独立于经验的认识形态，而是内在于经验的。"先验的认识"在规约经验认识的同时也呈示了自己的客观有效性，避免向更高层次的无穷倒退。为此，布伯纳扩展了"主观演绎"的三重综合活动，从而构成"先验论证"的基本框架。第一重综合是在时间继起中对经验表象的综合；第二重综合是向统觉的综合统一回溯；第三重综合是前二重综合的综合。三重综合的关系充分呈现了"先验演绎"所包含的"自相关"结构，"其着眼点是经验认识的客观有效性与自我意识中统觉的结构之间的相互掺和"③。在布伯纳看来，这种肯定性的"自相关"是"先验性"的本质。

不过"元考察"的说法也会产生新的误解，即为了考察经验认识而形成的"先验的认识"是不是另一类型的知识或语言？要想避免无穷倒退，那么"元考察"诉诸的"权利根据"（Rechts grund）必须是一种终极的、绝对的原理。这样会不会产生"独断的"嫌疑？能否不借助于任

---

① Rüdiger Bubner, "Selbstbezüglichkeit als Struktur Transzendentaler Argumente", in Wolfgang Kuhlmann und Dietrich Böhler Hrgs. , *Kommunikation und Reflexion*, Frankfurt am Main: Suhrkamp, 1982, SS. 64 – 65.

② Rüdiger Bubner, "Kant, Transcendental Arguments and the Problem of Deduction", *The Review of Metaphysics*, Vol. 28, No. 3, 1975, p. 466.

③ Rüdiger Bubner, "Kant, Transcendental Arguments and the Problem of Deduction", *The Review of Metaphysics*, Vol. 28, No. 3, 1975, p. 467.

何"元考察",只在经验和事实层次上来论证认识的正当性呢?布伯纳从斯特劳逊的否定性"自相关"论证中找到了新的论证策略。该策略是,如果想要在现有的认识形式之外另选一种可替换的形式,那么后一形式应该具有某种本质要素,使之与现有的认识形式有别。但如果不依据现有的认识形式就无法真正考察别的形式,于是期待的东西没有出现,结果是有违初衷的。我们可以略作简化:要选择非 A,须以 A 的存在为前提,因此选择非 A 恰好表明了 A 的不可替代性。这就叫"别无选择性"论证。[①] 论证通常是在竞争理论的环境下,为捍卫自身的正当性而采用的策略。该策略也是罗蒂所能认同的,但需要澄清两点。首先,"任何自相关的论证都是 ad hominem(带有成见的)论证"[②]。因此只存在否定性的"自相关"论证。其次,任何"正当化"或"合法化"的尝试均已过时。某种理论或语言的有效性,严格地说不是权利问题,而是事实问题,即视它能否成功地为人们所接受。

针对罗蒂的批评,布伯纳后来修正了自己的观点。首先他必须回答这样一个问题,既然"先验演绎"不是证明,而是论证,那么它能否为任何主体所接受和同意呢?进一步说,它的强制力来自何处呢?布伯纳解释说:这是因为"演绎"诉诸的"权利根据"恰好是每一主体自身所具有的"自我意识的统一性"。任何人都不能否认自我意识这一涉及自身的构造是有意义的,要不然,自我理解的连贯性将会荡然无存。[③] 稍作分析我们就能发现,这种解释已不再是肯定性的"自相关"论证了,而是属于"别无选择性"的论证。即便作这样的修正依然留有问题,比如在语言交往的场合,作为"权利根据"的自我意识还有"特权"吗?因为对语言规则的认同是在"主体间"进行的,而自我意识只是主体在反思中与自身相关的通道。如果这样的话,语言学的奠基就不能诉诸这样的

---

① Rüdiger Bubner, "Selbstbezüglichkeit als Struktur Transzendentaler Argumente", in Wolfgang Kuhlmann und Dietrich Böhler Hrsg., *Kommunikation und Reflexion*, Frankfurt am Main: Suhrkamp, 1982, S. 70.

② Richard Rorty, "Transcendental Arguments, Self-reference, and Pragmatism", in Peter Bieri et al., eds., *Transcendental Arguments and Science*, London: D. Reidel Publishing Company, 1979, p. 82.

③ Rüdiger Bubner, "Selbstbezüglichkeit als Struktur Transzendentaler Argumente", in Wolfgang Kuhlmann und Dietrich Böhler Hrsg., *Kommunikation und Reflexion*, Frankfurt am Main: Suhrkamp, 1982, S. 66 – 67.

"权利根据"，或者根本就不是一个"权利"的问题。那么"先验演绎"就不再是"先验论证"的典范，"先验论证"只能是否定性的"自相关"论证。

布伯纳认为，我们对世界的认识和有意的表达均是言语（reden，sprechen）行为，认识的形式也可以作为"语言的形式"来理解。"语言的形式"所内含的"规则""秩序""结构"可视为"知识最低限度的条件"。"先验的论证"正是要反思地揭示这些条件。当然，反思过程也是在"意义的框架"内进行的，同样也受这些条件的制约。论证表明，在该框架之外的选择是没有余地的。在西方文化传统中，论证本来是法庭论辩的说服技巧，只不过在"先验的论证"场合，说服意味着被说服者"对自身有了正确的理解"，从而自觉地、别无选择地接受上述条件的约束。从布伯纳的论述中至少可以明确这样几点：第一，"论证是在对话的框架内进行的"，以说服为目的①；第二，论证的有效性只限于"对话"的参与者，并基于他们对自身的正确理解；第三，对自身有正确理解者如果对理解的条件（语言的形式）提出异议的话，就会陷入自相矛盾。

布伯纳依然保留了作为"权利根据"的自我意识。他的论证是在肯定的和否定的"自相关"的结合部上进行的。阿佩尔曾指出："先验的论证"还是为了"奠立终极的根据"。② 布伯纳不赞同这种提法。因为"终极的奠基"是对权利与正当性的证示，是"先验演绎"的事，与"先验的论证"无关。由此表明，他对罗蒂的立场作出很大的让步，并在最低限度上坚持先验主义的立场。

我们再来分析罗蒂的观点。他认为，康德在展开"先验演绎"时，是以"先验的观念论"，以及我们能够产生关于自我的知识这一笛卡尔的主张为前提的。"先验的观念论"强调，我们的主体以某种方式构成了可

---

① Rüdiger Bubner, "Selbstbezüglichkeit als Struktur Transzendentaler Argumente", in Wolfgang Kuhlmann und Dietrich Böhler Hrsg. , *Kommunikation und Reflexion*, Frankfurt am Main：Suhrkamp, 1982, S. 68.

② Karl-Otto Apel, "Das Problem der philosophischen Letztbegründung im Lichte einer transzendentalen Sprachpragmatik", in Bernulf Kanitscheider Hrsg. , *Sprache und Erkenntnis：Festschrift für Gerhard Frey zum 60. Geburtstag*, Innsbruck：Institut für Sprachwissenschaft der Universität Innsbruck, 1976, S. 72f.

知的世界。当"概念图式"被看作世界构成的形式时,"演绎"的前提就内含在其中了,即"概念图式"必定与世界匹配和对应,否则就谈不上客观有效性。以此为前提,"概念图式"才有正当性的权利。罗蒂并未认真地去探讨客观有效性的问题,在他看来,该问题的提出本身是不妥的。任何有关主体自身的"先验的认识",说到底是"形而上学的独断原理",都应严加拒斥。① 罗蒂的论证可以归纳为以下要点。第一,任何"自相关"的论证都已将结论塞入前提中了。第二,"先验演绎"的特征是对实在论的论证采用了"先验的论证"方式。对"形而上学实在论"的批评,罗蒂借用了普特南的论证,消解了世界与认识世界的条件之间的人为划界,使康德型的"先验的论证"策略失去赖以存在的前提。第三,对康德传统的否定,罗蒂采用了戴维森从翻译的最低限度条件出发的论证。戴维森的论证消解了经验实在与概念体系之间的分离。② "概念图式"与"内容"的二元关系一经解除,概念的正当性问题也就不存在了。于是权利的论证就被事实说明所取代。事实说明的要义是:"在特定时代中,哪种科学理论事实上最能获得成功。"③ 可见,事实说明是一种实用主义的论证策略。第四,"先验的论证"由于是独立于事实和历史起源来进行的,因此不可能得出肯定性的结论,即便得出了也是有悖于事实的。要确立某种认识的规范,只有在信念的基础上,在整体的联系中才能达成有意义的立场。除此之外,关于认识和规范的正当性的讨论是没有价值的。尽管罗蒂和斯特劳逊等先验主义者存在种种分歧,但都带有整体论这一共同的特征。这一特征使罗蒂的观点区别于一般意义上的怀疑主义。在他看来,没有先天性,先验性问题也就不复存在。作为实用主义者,他反对真理的先天性,主张不确定性与相对性。

---

① Richard Rorty, "Transcendental Arguments, Self-reference, and Pragmatism", in Peter Bieri et al. , eds. , *Transcendental Arguments and Science*, London: D. Reidel Publishing Company, 1979, pp. 79 – 81.

② Richard Rorty, "Transcendental Arguments, Self-reference, and Pragmatism", in Peter Bieri et al. , eds. , *Transcendental Arguments and Science*, London: D. Reidel Publishing Company, 1979, pp. 97 – 99.

③ Dieter Henrich, "Challenger or Competitor? On Rorty's Account on Transcendental Strategies", in Peter Bieri et al. , eds. , *Transcendental Arguments and Science*, London: D. Reidel Publishing Company, 1979, p. 134.

通过对罗蒂立场的分析，我们看到布伯纳的"先验的论证"不乏偏颇之处，但是能否由此推断普特南与戴维森的论证就是有效的呢？即使是有效的，是否就如同罗蒂所说，与一切认识论的目标相悖呢？是否一定有利于他的实用主义立场呢？对此，亨利希（Dieter Henrich）等人，包括布伯纳都表示异议。

三

哲学和科学的历史中，考察某个理论大体有两种观点，一种着眼于理论构成的外部条件，如社会、经济、历史，包括现代所谓与竞争理论的关系等；另一种是内在的视点，注重该理论本身的逻辑结构。罗蒂属于前者，即英美经验主义的传统；布伯纳和斯特劳逊一样，都是比较典型的先验主义者。先验主义要求理论命题应该有一种不依赖外部条件，尤其是不依赖经验或事实命题而自身成立的基础。这里，问题的关键不是任意地断定一种"基础"，而是要找到一种妥当的方法，在该理论的脉络中判明"基础"的命题，看究竟能否满足上述独自成立的条件。这就是正当性问题。康德在"先验演绎"中通过"自相关"的论证对此作出了判明。对于康德的判明，斯特劳逊和布伯纳认定为有效的，罗蒂则宣布它为无效的。他们的争执点不外乎此。至于为什么说是有效的，布伯纳一开始采纳了"元层次"的解释，即在经验之上构造了一个先验的解释层次。当然，这不是两种理论之间的外在关系，而是同一理论的内在关系。但是"元层次"的说法始终无法摆脱"元理论"的影响，往往被布伯纳当作某种特定的认识或知识。在罗蒂看来，这种想法本身基于一种"独断的原理"，尤其当布伯纳将统觉看成是终极的"权利根据"时，更是如此。汉斯·鲍姆加特纳（Hans Baumgartner）指出：严格说，统觉不是什么"权利根据"。如果"演绎"类似于诉讼的"立证"的话，那么统觉只起"证人"的作用。当康德说"我思必须伴随着我的表象"时，也就证实了范畴使用的正当性。除此之外，从"我思"中推论不出"终极的根据"之类的东西。①

后来，布伯纳倾向于对正当性的判明采用"别无选择性"的论证策略，并与罗蒂达成某种妥协。其实，"先验演绎"中根本不存在选择一种"概念图式"而拒绝别的图式的论证。关于竞争理论的观念是当代的产物，在康德的思想中不存在这样的观念。最先把正当性的判明策略直接与竞争图式的选择相联系的是斯特劳逊。他的根据可能是康德同时在休谟和莱布尼茨—沃尔夫的两条战线上作战。事实是康德并没有否定经验知识和超验知识的存在，只是认为经验知识无法表明自身的客观性，超验知识则无法判明自身的正当性。因此，才要求先验的论证，既要揭示经验知识的客观性的条件，同时也限制超验知识的正当范围。在这里，先验性无须拒绝竞争的"概念图式"来判明自身的正当性。在"先验方法论"中，康德指出，批判方法不是针对论敌的结论，而是论据，对独断论的反驳"仅仅表明对方的观念是无根据的，而非说这种观点本身是错误的"②。理性的批判绝不是用一种独断替代另一种独断。可见，"先验的论证"不足以在竞争理论之间构成非此即彼的选择关系。

当时，对康德构成威胁的不是相对主义，而是认识的无根据性。那么，先验论与怀疑论也构不成竞争理论的关系，而是同一理论中基础的强化与消解两种互相背离的倾向。只在这一特定的范围内，否定性的"自相关"论证才是有效的，即如斯特劳逊所说，怀疑论是以现有的概念图式为前提的，因此它对该图式的否定不是削弱，而恰恰是判明了该图式的正当性。可是在竞争理论的环境中，这一论证固然能够排除怀疑论，却无法克服相对主义。罗蒂不认为自己是怀疑论者，而是所谓"正统理论"的竞争者。"先验的论证"当然可以维护"正统理论"的正当性，然而只是一种 ad hominem 的事实论证，对于处在"正统"圈子之外的人就构不成先验的或普遍的强制力。在罗蒂看来，任何理论赖以成立的概念系统、语言游戏以及社会实践的范例和习惯都是历史时代的产物，具

---

① Hans Baumgartner, "Zur Methodischen Struktur der Transzendentalphilosophie Immanuel Kants", in Eva Schaper und Wilhelm Vossenkuhl Hrsg., *Bedingungen der Möglichkeit*, Stuttgart: Klett-Cotta, S. 82 – 83.

② Immanuel Kant, *Kritik der reinen Vernunft*, Berlin: de Gruyter, 1968, A389.

有不可互相还原的多元性。想要在相互竞争的选择上建立普遍的准则或者可比性框架的企图都是不可能实现的，再说也没有必要。

"康德支配现代思想的影响力，以及采用他的论证来回复到先验性的愿望，只有终止他对权利的追问才能打破。为此必须首先打破图式与内容的二元论魔力。"① 在这里，罗蒂的批评其实误解了康德关于概念与对象的关系。"演绎"中，康德认为，对象是在综合中被构成的。因此对象既不存在于综合活动之外，也不能说是精神活动的产物。对我们来说，如果不理解综合与综合的意义，也就无法真正理解被综合的东西。认识和对象的关系显然不是罗蒂所说的二元关系。

综上所述，布伯纳和罗蒂大体上是站在当代的语境中，用衍生的术语来解释康德。要评价这次争论，有必要把康德的观点与他们两人的立场分离开来，最好直接面对基础主义与相对主义的选择。

从历史上说，主流的思想家们对基础问题都带有宗教般的虔诚或基础主义的"情结"。他们担心，如果丧失"基础"的东西，人类会不会在科学、道德和社会生活的各个层面上陷入疯狂和混沌？伯恩斯坦（Richard Bernstein）称这种恐惧和担忧是"笛卡尔式的焦虑"，它支配了不同时期的哲学思维。在这一点上，布伯纳和笛卡尔、康德、胡塞尔没有区别，都希望在混沌中找到一个"阿基米德点"，一个公正的"理性法庭"，从此一劳永逸。像罗蒂这样的"历史主义者"有理由说，"笛卡尔式的焦虑"其实是杞人忧天，思考"基础问题"的思想和别的思想一样都是被历史和文化所决定的。"从康德到我们的这段时期，哲学从科学那里分离出来成了自律的文化制度，这与其说是命运使然，毋宁说是历史的偶然。仅此一点就足以使困扰哲学的'奠基'的必要性及其烦恼都烟消云散了。要是对决定自身文化'正当性'的责任少点烦恼，对我们的文化来说，我们也许可成为更杰出、更有才干的贡献者吧。"② 但是对基础主义者来说，罗蒂的选择是一种对文化不负责任的态度。

---

① Richard Rorty, "Transcendental Arguments, Self-reference, and Pragmatism", in Peter Bieri et al. , eds. , *Transcendental Arguments and Science*, London: D. Reidel Publishing Company, 1979, p. 102.

② Richard Rorty, "Transcendental Arguments, Self-reference, and Pragmatism", in Peter Bieri et al. , eds. , *Transcendental Arguments and Science*, London: D. Reidel Publising Company, 1979, p. 103.

　　布伯纳与罗蒂的争论还没有完结，其实也不可能完结。在当代存在竞争理论的条件下，想要就"基础问题"达成一致是不可能的。但是，这次争论打破了欧洲大陆哲学界与英美传统之间相互隔绝的状态。从这个意义上说，争论也是一种对话。

第 二 章

哈贝马斯的重构理论及其方法*

盛晓明

进入 20 世纪 70 年代，哈贝马斯的理论活动又经历了一个重大的转折，其标志是"普遍语用学"（universal pragmatics）方案的出台。这个方案摆脱了法兰克福学派的理论基础，强调新的社会进化理论必须首先通过对社会批判方法进行普遍语用学的改造方能实现。迄今为止，国内大多数研究者对这一转向没有给予足够重视，原因相当程度上是对普遍语用学的重构方法缺乏足够的了解。本章试图在这方面作一点弥补。

一

什么是普遍语用学？要回答这一问题首先要了解什么是语用学（pragmatics）。众所周知，20 世纪以来哲学的"语言学转向"实际上是由三条互相交替的线索组成的。一是以逻辑经验主义为代表的句法—语义学的分析模式；二是以奥斯汀和塞尔言语行为论为代表的语用学分析模式；三是乔姆斯基的深层语法的构造模式。随着逻辑经验主义的衰落，第二条线索已逐渐取代第一条线索的主流地位。这就是我们通常所说的"语用学转向"，其影响之大足以改变现时代的哲学观念。难怪阿佩尔

---

* 本文原载于《哲学研究》1999 年第 10 期。

（Karl-Otto Apel）惊叹，"当今时代的哲学几乎无不带有施行论的性格"①。

首先，语用学转换了我们对语言的看法。按语用学的观点，语言本质上不是符号与句子的集合，而是言语行为的集合。一方面话语的意义并非取决于它对经验事实的表达，而是取决于它在"生活形式"的语境中的用法。另一方面，正如奥斯汀所说，语言就其功能而言不仅仅是表达了什么，更主要的是还要"有所作为"。其次，语用学把"交往能力"引入语言分析，从而形成了特有的"主体"概念。与以往实体性的理解方式不同，语用学把"主体"理解为一个构造性的概念。所谓构造性的意思是：交往者之间要想达到理解的目的，就需要对其语境，即可理解性的条件作出预设，从而把制约话语的诸条件的集合理解为"主体"或"共同体"。因此，语用学所谓"主体性"从一开始就意味着一种"主体间性"。

至于交往共同体应如何构造，以及用什么构造，尚存在分歧。迄今为止的"共同体"概念大体由两种不同类型的条件构成。一是特殊设定的条件；二是一般设定的条件。在前一种情形中，说话者总是受特定的民族、习惯、风俗、信仰、教育、社会角色，甚至时间和场合等特定条件的制约；在后一种情形中说话者则受一般条件的制约。之所以说是"一般的"，因为它们是间接的，即只有在对前一类条件的反思和批判的基础上方能构造出来。这种构造就叫"重构"（Rekonstruktion）。如果我们把前一类条件的集合称为"现实的交往共同体"的话，那么后一类条件的集合就叫"理想的交往共同体"。通常情形中，理想性的条件总是伴随着现实的条件而出现，甚至往往被后者所遮蔽。这时只有通过重构方法才能有效地把合理性的交往行为从不合理的，比如说带有强制性的和系统扭曲的交往中剥离出来。

这样一来，普遍语用学的意图也就不难理解了。按哈贝马斯本人的界定："普遍语用学的任务是确定并重构关于可能理解的普遍条件。"② 所谓"理解"（Verstandigung）也就是交往的本质。"达成理解的目标就是

---

① Karl-Otto Apel, "Warum Transzendentale Sprachpragmatik?" in Hans Baumgartner Hrsg., *Prinzip Freiheit*, Freiburg/München: Verlag Karl Alber, 1979, S. 13.

② ［德］哈贝马斯：《交往与社会进化》，张博树译，重庆出版社1989年版，第1页。

导向某种认同（Einverstandnis）。认同归属于相互理解，共享知识，彼此信任，两相符合的主体间相互依存。"① 因为交往总是以理解为目标的，我们澄清理解的意义也正是为了成功或有效地交往。在这里，澄清不是指语义上的解释，而是对不同层次的理解提出相应的限制条件。满足这些条件不是为了让人弄懂什么叫理解，而是为了让人知道如何去进行理解。

对"重构"（Rekonstruktion）概念还需再作一点补充说明。在"交往能力理论的预备考察"（1971）中，哈氏更多采用的是"Nachkonstruktion"（后构）一词。② 从思维方法的角度看，"重构"是指对作为能力（诸如从有限的语汇出发派生出无限多的表达）的前理论的知识（know-how），通过回答它是如何可能的问题而将之整合到确定的理论知识（know-that）中的过程。因此"重构"无疑具有反思的作用，其任务不是描述现实中所是的东西，而是按应该是的样子确立现实东西所赖以存在的前提条件。另外，重构还具有"奠基"（Begründung）③ 的意义。比如康德对先验条件的重构就是为了解决经验知识的可能性问题，乔姆斯基重构深层语法，则是要为无限多句子的生成寻找到合理性的根据。同样，哈贝马斯对交往能力或者说交往的情境条件的重构，其目的说到底也是为现实的交往行为乃至全部社会科学奠基。

二

人们也许存有这样的疑问，对交往的普遍性前提条件的设置或重构与语用学有什么关系？或者说，对交往能力的重构为什么成为语用学的任务呢？提出这一疑问的缘由是，语用学所研究的语言游戏在维特根斯坦那里是最无可能进入规范性研究范围的东西。历来的规范性分析只适用于对语言（langue）所作的句法—语义分析，但不涉及行为性的言语

---

① ［德］哈贝马斯：《交往与社会进化》，张博树译，重庆出版社1989年版，第3页。

② Jürgen Habermas and Niklas Luhmann, *Theorie der Gesellschaft oder Sozialtechnologie*, Frankfurt am Main: Suhrkamp, 1971, S. 103.

③ Begründung在德文中既有"辩护"（justification）的含义，也有"奠基"（founding）的意思。

（parler）。所以给人的印象是，语用学的对象只适合于作经验的描述，只适合于诸如心理语言学和社会语言学这样的经验科学。在哈氏看来，这是偏见。"我坚持这样的观点，不仅语言，而且言语——在活动中对句子的使用也是可以进行规范分析的。正如语言的基本单位（句子）一样，言语的基本单位（话语）也能在某种重构性科学的方法论态度中加以分析。"①

普遍语用学研究可以说是从维特根斯坦的语言游戏理论出发的，但是却不止于这种理论，因为语言游戏理论只满足于对现实情景条件的描述，缺乏批判的动因。奥斯汀和塞尔的言语行为论虽然实现了由描述方法向构造方法的转换，但是由于没能达到充分的概括化，而只能停留在经验的、偶然的层面上，上升不到一个先验的或者至少是"准先验的"（quasitranszendental）②反思层面上，所以不可能提出关于可能理解的普遍条件问题。只有在"准先验"的层面上，我们才不仅能设置交往的先决条件，同时也能对其有效性问题进行反思。并且只有建立在反思的基础上，我们才能真正有效地整合经验，同时也能通过构造方法自身的普遍性与必然性来回击怀疑论的挑战。可见我们不仅能在事实上构造可能理解的先决条件，同时也能对构造行为自身的有效性作出辩护。

经验分析的方法建立在观察的基点上，而观察只指向可感觉的事物与状态。与此不同，重构的方法则建立在理解的基点上，而理解指向话语的意义。③经验分析中，观察者总是独立于被观察的事件。为了论证观察的客观性，经验分析方法必须假定任何观察者都受普遍的形式条件或概念网络所制约，然而这一假定的内容恰恰是不可能被观察的。重构理论则无须作这样的假定。话语意义的理解者同时也是说话者，他不可能独立于交往过程来建立自己客观的视角。正如维特根斯坦所说，语言游戏中没有旁观者。每一个交往者都已经处在了与他人共同建立起来的以

---

① ［德］哈贝马斯：《交往与社会进化》，张博树译，重庆出版社 1989 年版，第 6 页。

② "准先验"一词最先是在《认识与兴趣》中提出的，用于"quasitranszendentales Bezugssystem"（准先验的坐标系）。在《社会理论还是社会技术论》中，哈贝马斯开始用"准先验"来表征自己的重构理论。

③ Jürgen Habermas, *Zur Logik der Sozialwissenschaften*, Frankfurt am Main：Suhrkamp, 1970, S. 184.

语言为媒介的主体间联系中了。在哈氏看来，客观性必须在主体间联系中得到体现，只有这样，主体间性才能同时保障每一个交往者保留主观差异的权利。这就要求付诸"谈论"（Diskurs）与"论辩"（Argument）来解决。与维特根斯坦不同，哈氏认为谈论行为不只是语言游戏中的一种，而且具有谈论自身的反思性，或者叫"元谈论"（Meta-diskurs）。谈论当然要有规则，但是当该规则出现问题时，我们还能就规则本身进行讨论。因此重构理论在方法上显然既不同于形式化的方法，也不同于修辞学的方法。在这一点上哈氏与过分夸大修辞学方法的后现代主义者，如利奥塔和罗蒂等人之间存在着很大的分歧。

重构理论尽管与经验分析的方法格格不入，但是却不拒斥经验。在这里，哈氏试图谨慎地与先验论保持一定的距离。要做到这一点，关键是要区分不同的经验。经验分析基于知觉性的经验，而以理解为目标的重构科学则有赖于交往性的经验。前者直接与现实相关，因而是描述性的；而后者与现实的关系还需有语言的中介，因而是解释性的。他的意思是说，这不只是类型的划分，而且有层次上的差别。哈贝马斯无意于重构某种表层的、既有的、能通过句法—语义规则来界定的知识体系，而是重构形成并能修补该体系的深层能力。对于经验性描述的方法而言，普遍语用学的重构工作无疑具有在先性，因为知道什么（语义）总是以如何知道的能力（语用）为前提的。

普遍语用学对先天性（a priori）的理解也有别于康德和阿佩尔。它虽然也要求某种在先的东西，却不认可任何纯粹的、终极的东西。从某种意义上说，重构理论就是对在先的东西进行"在事后的构造"。为此哈氏才慎重地采用"Nachkonstruktion"来取代"Rekonstruktion"一词。在他看来，"先验的这种表达——人们用它表示与经验科学的对立——即便是在没有误解的情况下，也不适用于说明诸如普遍语用学这类研究的特征"[1]。语用学应该坚决回避与经验科学的对立。合理的途径莫过于从交往性经验的角度来看待理解过程中的先验研究。科林斯（Hermann Krings）对哈氏这一立场的评论颇有新意。他认为哈氏的立场实际上返回到了谢林的哲学。谢林后期在有关"消极哲学"与"积极哲学"的互补

---

① ［德］哈贝马斯：《交往与社会进化》，张博树译，重庆出版社 1989 年版，第 24 页。

性讨论中，倾向于经验与先天的融合，提出了诸如"先天的经验"和"经验的先天"之类的说法。同样，哈氏所谓"先天"也不是在康德的意义上理解的，而是体现为一种事实、一种生成的过程。① 这样一来，我们就能把"在先的东西"（Prius）理解为重构过程的结果，并通过它来认识"在后的东西"（Posterius）。

　　另外，我们还有必要把哈氏的重构性理解与乔姆斯基的重构语言学区分开来，尽管两者都有一个共同的目标指向，即重构语言能力。在乔姆斯基看来，言语的能力作为一种语言规则的生成能力是先天的。乔氏的重构计划正是要显示出这样一个深层的规则系统，并以高度的抽象性和形式化贯彻语言的普遍性原则。这一宗旨得到了哈贝马斯的首肯。那么两种重构方案之间的界线如何划定呢？哈贝马斯首先从言语行为论那里找到了有别于乔姆斯基的东西。这就是有关施行（pragma）能力的语用学规则。由于乔氏只在重构框架内研究句法和语义方面的能力，恰好把话语的语用性质留给了言语行为论。在哈氏看来两者无疑都有偏颇，并存在互补的可能性。重构理论试图实现语用学与深层语法理论之间的互补关系，从而将两方面的成果都置于普遍语用学所附加的有效性要求之下。尽管两者都关注语言能力，尽管乔氏已富有成效地分析了构成无限多的语法性句子的能力，但这只是语言能力中的一个局部，只有当它被嵌入交往的情境中，即用该能力去进行交往时，才是可理解的。当然乔姆斯基也谈及语言的运用，但是与之不同，语用学并非把事先确定的语言意义搬到现实的交往活动中，而是强调，话语的表达只有放到可能应用的情境中才有确定的意义。当我们试图重构情境条件时，也就意味着重构了话语的意义。

三

　　阿佩尔曾将哈贝马斯的重构理论归结为下述三个原理：一是言语行为的"双重结构"原理；二是在交往型、陈述型、表现型和规制型四种

---

　　① Hermann Krings, *System und Freiheit*：*Gesammelte Aufsätze*, Freiburg/München：Verlag Karl Alber, Freiburg, 1980, S. 78.

不同的交往样式中"兑现"四种有效性要求（理解的可能性，陈述的真理性，谈论的诚实性，行为的合法性）原理；三是"理想交往共同体"的"反事实的在先性"原理。① 下面我们分别作简要分析。

首先，言语行为论的主张基于言语行为的下述本质："我通过说什么而做什么。"基于这一主张，奥斯汀把言语行为区分为"表述式"（constatives）和"施行式"（performatives），而后又调整为"语谓行为"（locutionary acts）和"语用行为"（illocutionary acts）之分。显然他的着眼点在于语用行为。这一点在塞尔那里表现得尤为突出，他认为，上述区分无非是理论的抽象，因为任何现实的语谓行为，说到底都是语用行为。塞尔的观点得到哈贝马斯的认同。在他看来，任何施行的表达都具有双重意义，一方面具有语言学意义；另一方面又具有制度性的意义。"制度"是指言语使用得以成功的情境条件。前者指施行的表达所具有的陈述成分，后者则表明，施行表达只有把话语放到特定的人际关系情境才是可能的。

哈贝马斯并非在重复言语行为论的观点，他的观点中包含了一个实质性的修正。按塞尔的说法，交往的基本分析单位不再是词语、符号和句子，而是说出句子的言语行为。② 这无疑是对的。可是把言语行为归结为语用行为却是一种偏执。因为言语行为中无疑还包含不受制度性情景约束的陈述性的成分。正确的做法莫过于把交往的基本分析单位直接理解成一个复合型的结构，其中既包含陈述成分，也包含语用成分，两者可以彼此独立。双重成分使言语行为具备"双重结构"的特征，任何一个话语都可以同时理解为是两种语句的复合型结构。进一步说，两者处于不同的交往层次中，前者处于表述性内容的层次上，而后者则处于主体间性的层次上。③

第二条原理涉及了话语的"有效性要求"问题。"有效性要求"是一

---

① Karl-Otto Apel，"Warum Transzendentale Sprachpragmatik?" in Hans Baumgartner Hrsg.，*Prinzip Freiheit*，Freiburg/München: Verlag Karl Alber，1979，S. 22.

② John Searle，*Speech Acts: An Essay in the Philosophy of Languag*，Cambridge: Cambridge University Press，p. 16.

③ Jürgen Habermas and Niklas Luhmann，*Theorie der Gesellschaft oder Sozialtechnologie*，Frankfurt am Main : Suhrkamp，1971，S. 105.

个十分重要而又十分容易引起误解的用词。哈氏指出："我将展开这样一个论点：任何处于交往活动中的人，在施行任何言语行为时，都必须满足若干普遍的有效性要求，并假定它们可得到兑现（einlösen）。"① 我们先来分析"有效性"（Gültigkeit）一词。该词语在康德的《纯粹理性批判》中频频出现，意思是某种行为或思考所具有的普遍认可的价值（Anerkennungs Würdigkeit）。而"有效"（Geltung）则意味着某种具有有效性的东西在现实场合中得到认可并成为共识。因此有必要把"有效"和"有效性"区分开来。某种东西所具有的有效性是不受特定的场合是否实际有效所限定的。相反，有效的东西则必须首先具备有效性。所谓"有效性要求"的意思是说，一个话语要想成为有效的，就必须要求事先满足有效性的条件，只有这样才能为任何可能的听者接受。②

在以理解为目的的交往行为中，首先说话者在言说时必定已经包含有效性要求了，不然的话，他就不能说是以理解为目的的。其次，说任何话语都必定包含了有效性要求，这仅仅是指逻辑的必然性，至于该话语在实际场合是否有效，究竟能否得到认可，还要由听者的肯定或否定的态度来决定。因此当主体间达成 Konsensus（同意），或 Einverständnis（认可）时，就是"有效"的，同时也就表明，包含在话语中的"有效性要求"得到了 einlösen（兑现或验证）。在这里，"有效性要求"起到了双重作用，既起着批判的作用，又肩负奠基的功能。首先，当一个话语受到广泛的质疑时，就表明听者对话语所包含的有效性的条件提出怀疑，这时就意味着基础的批判开始启动。其次，这就要求一个说话者说出一句话或作出一种断定时，必须同时承担起对话语作出辩护或奠基的义务。当他成功地说服了听者接受他的论断时，同时也使对方认可了该论断所包含的前提，以及它赖以成立的根据。

哈贝马斯指出，当你参与一个以理解为目的的交往活动时，就已经不可避免地承担了兑现下述有效性要求的义务：第一，说出某种可理解的（verständlich）东西，以便为他人所理解；第二，提供某种真实的

---

① ［德］哈贝马斯：《交往与社会进化》，张博树译，重庆出版社1989年版，第2页。

② Jürgen Habermas and Niklas Luhmann, *Theorie der Gesellschaft oder Sozialtechnologie*, Frankfurt am Main：Suhrkamp, 1971, SS. 116－123.

（wahr）陈述，以便他人能共享知识；第三，真诚地（wahrhaftig）表达自己的意向，以便自己能为他人所理解和信任；第四，说出本身是正确的（richtig）话语，以便得到他人的认同。理解和认同正是建立在可理解性、真实性、真诚性和正确性这些相应的有效性要求得到认可的基础上的。

在第三条原理中，所谓"反事实"很容易被看成是一种没有事实根据的虚构。这是误解。其实在哈氏那里，所谓"反事实"的东西有两种意思，一是指理想性的东西；二是指先天（a priori）的东西，或者说在先预设的东西。事实上我们的行为总是受规范制约的，但是为了使规范成为有效的，我们必须且不可避免地设定他人也是有责任能力的。只有这样，我们才能与他人一起进入交互行为中，才能在主体间的界面上与之相会。值得注意的是，这样的假定显然不是从既有的规范中推论出来的，因此也可以说是反事实的。不仅如此，而且这种反事实的假定恰恰是现行规范的有效性成为可能的前提条件。当我们对现实的制度赖以成立的前提条件作出反思时，就已经是在作出一种反事实的前提设定。此时"我们就已经在从事着一种理想化的工作了"①。

有关理想与现实的关系，哈氏是这样来解释的。一方面，理想的东西并非存在于现实的彼岸，而是存在于现实的交往行为之中，并在其中起作用。另一方面，理想的东西又恰恰是现实得以成为可能的前提条件，或者说理想构成了现实的基础。当然，这种基础只有在反思或重构中才能被意识到。理想的东西不能用事实为根据来进行辩护，因为事实的东西恰恰是需要加以辩护的东西。至少下述两种反事实的设定和期待是每一个交往者都无法回避的：第一，我期待着交往的诸主体在意向上遵守我自己所遵守的所有规范；第二，我期待着交往的诸主体遵守了被认为对自己是合法的规范，因为我们无法想象一个交往者在实际遵守规范的同时，却又不认可该规范。即便规范对交往者来说是强制性的、别无选择的，我们也应该设想，他的遵守规范的行为同时也能用于对该行为的辩护。这时我们已经在从事一种反事实的构想了。它要求任何交往行为同时必须包含对自身合法性的辩护与期待。

---

① Jürgen Habermas and Niklas Luhmann, *Theorie der Gesellschaft oder Sozialtechnologie*, Frankfurt am Main：Suhrkamp, 1971, S. 124.

　　这样一来，哈贝马斯的"反事实的在先性"原理便不难理解了。它的意思是：如果必要的话，交往者能进行不受（时间和空间）限制的，不带任何强制的讨论。并且对他们来说，只有其合法性得到确信的规范才能作为无可辩驳的东西加以运用。所谓"理想的交往共同体"，就是由这样一些理想化的交往者构成的。

　　事实上我们都置身于现实的交往共同体中。尽管在现实中也能达到意见的一致，但是却无法保证在非强制条件下总能达到一致。现实的交往处处都要面临障碍，并且现实的交往共同体中不存在自动排除这些障碍的机制。障碍不仅来自共同体成员之间的情绪以及理解能力上的差异，还与传统带给共同体的成见，以及由于现实的利害关系而产生的种种自我欺骗和武断有关。这些都会导致理解上的系统扭曲。同样，现实的交往情境中还存在着权力的影响，乃至暴力和胁迫等强制性因素。福柯在"知识系谱学"（genealogy）中曾对这些影响因素作了系统的描述。在他看来，权力对知识的制约作用在很大程度上是不可避免的。

　　哈贝马斯则争辩道，正是因为这些障碍的存在，我们才预先设定某种不带强制、不含扭曲的理想的交往情景。说它是反事实的，是因为它可以不受现实存在的强制和扭曲所左右；说它是理想的，是因为它是作为现实交往行为的前提被设定的。这种设定不仅是逻辑上的，而且是任何交往者为了实现理解的目标必须接受的。人们都知道，事实上达成的任何同意往往都包含欺骗的因素，正因为如此，欺骗的同意这一说法本身就已经包含它的反面，即什么是真的同意。要想达成真正的理解，交往者必定要用真的同意来对虚假的同意加以置换。① 只有这样，交往才是无障碍的，说话者对自己和他人才是开放的和透明的。并且只有这时我们才有理由宣称，说话也就是生活。

四

　　可见，重构理论的实质是重构交往理性的基础。何谓"理性"？它与

----

① Jürgen Habermas and Niklas Luhmann, *Theorie der Gesellschaft oder Sozialtechnologie*, Frankfurt am Main：Suhrkamp, 1971, S. 124.

近代以来的"理性"（Vernunft）有何区别？在重构理论中，哈氏的"理性"始终意味着"合理性"（Rationalität），指交往情境条件对交往者的要求（可理喻的）。至少，他必须是有责任能力的，生活在公共世界中的，也还是一个不做糊涂事的人。当然，简单地罗列一些否定性的实例不足以构成"有理性的"人的充分必要条件。对此，洛伦采（Paul Lorenzen）提出了一个更为深入的方案："向交谈的伙伴与话题的对象开放的人，进而使自己的谈话不受单纯的情绪和传统所左右的人，我们称之为是理性的。按这样的解释，我们就可以罗列出述语的规则。如按我们的设定，这种规则就潜在地蕴含在语言的使用中，并且同时也适合于'理性的'一词所出自的哲学传统。"① 然而，哈贝马斯认为，按传统的准则来解释合理性是成问题的。因为只有建立在合理性的基础之上的传统才是可理解、可接受的。如此说来，"合理性的"东西本身应该有独立于经验和传统的基准。然而这种基准又只能存在于合理性的谈论方式之中才有意义。换句话说，合理性的基准必须是重构的，而不能无批判地从经验与传统行为的准则中抽象出来。

对于传统的理性哲学来说，理性本身就是生活世界的终极的准则和根据。有理性就等于说是显示其拥有的根据（Haben von Gründen）。而对于哈贝马斯这样的合理性主义者来说，根据只存在于持据而辩（Begründungen）的过程之中，基础也只存在于奠基过程之中。只有通过辩护和奠基行为，根据和基础才是有效的、可接受的。这样的观念正是当代哲学的"语用学转向"或"施行（pragma）论转向"带给我们的成果之一。它用论辩和奠基行为取代了传统理性哲学中的"基础"和"根据"概念，从而也消解了我们对任何"终极基础"和"终极根据"的期待。当我们进行合理的思考和谈论时，也就同时理解了何为合理性的基准。要是我们的交往行为出现问题，谈论行为就会重新提出有效性的要求，从而矫正和修补自己的行为基准。这是一个无限的进化过程。

众所周知，自从启蒙出现分裂以来，近代的"理性"概念也始终隐含着科学与自由的紧张。一方面，科学的精神无疑出自对经验的冷静观

---

① Wilhelm Kamiah und Paul Lorenzen, *Logische Propädeutik: Vorschule des vernünftigen Redens*, Mannheim: Bibliographisches Institut, 1967, S. 118.

察与严密的分析；然而另一方面，政治上对自由的要求既不是来自对自然对象的观察，也不是来自对经验的分析，而是来自道德法庭这一无条件地设定的前提。这种紧张关系也体现在 20 世纪的种种历史现象中，比如技术官僚的统治与无政府主义之间的对立，科学与文化的对立，以及如科林斯（Hermann Krings）所说的经验（Empirie）与先天（Apriori）的对立。20 世纪 70 年代之前的各派哲学，包括逻辑实证主义和法兰克福学派在内都分别站到了对立的各方。像利奥塔、罗蒂和福科等后现代主义者则在竭力消解科学基础的同时，也消解了政治权力合法性的根据。哈贝马斯的意图是通过普遍语用学的重构方法弥合分裂了的启蒙理性的基础，同时抵制后现代主义对时代精神的侵蚀。

第 三 章

"先验语用学"与基础论辩[*]

盛晓明

迄今为止，我们在科学哲学领域中的研究还尚未对德国哲学尤其是先验哲学的演变动向给予足够的关注，这无疑是一种偏颇。其实，无论是布伯纳（Rüdiger Bubner）、埃尔兰根学派（the Erlangen school）的洛伦兹（Kuno Lorenz）和米特尔斯特拉斯（Jürgen Mittelstrass），还是哈贝马斯和阿佩尔都在先验论的方向上大大地深化了科学哲学的研究。阿佩尔的与众不同之处是，试图把先验论从康德的意识论领域移植到语用学中来，从而对"科学是如何可能的？"问题重新作出回答。他指出："在分析哲学的发展进程中，科学哲学的兴趣从句法学转移到语义学，进而转移到语用学。这已经不是什么秘密了。"① 我们知道，科学哲学的问题很大程度上是一个如何为科学知识作出辩护的问题，而语用学对当代科学论的贡献不仅在于经验地呈现知识的生成过程，同时还试图为这种知识提供有效的辩护。但问题是，什么样的辩护才算是有效的呢？是否存在一种"终极的"辩护呢？换种说法，语用学（pragmatics）一般不相信"真理"之类的词，一个科学家共同体总是基于特定的条件与地方性的情境进行研究的，那么凭什么说他们的研究成果应该并且能够获得人们的认同呢？认同当然要经过现实的商谈与论辩过程才能达成，然而商谈与

---

* 本文原载于《自然辩证法通讯》2001 年第 4 期。

① ［德］卡尔－奥托·阿佩尔：《哲学的改造》，孙周兴、陆兴华译，上海译文出版社 1997年版，第 108 页。

论辩又为何总是能达成认同呢？了解阿佩尔的"先验语用学"的解决方案和奠基策略，无疑将有助于我们回答这些问题。

一

阿佩尔曾对自己的思想作过如下概述："我本人的先验语用学之路细想起来是这样的：最初首先接受了莫里斯（进一步说是皮尔士）所达到的三维指号学的'施行'（pragma）概念，通过将指号的解释者（'发送者'与'接收者'）进行主题化，从而在语言哲学层次上返回到古典先验哲学的主体问题的建构上去。我认为在这一过程中奥斯汀和塞尔的言语行为理论起到了关键性的中介作用。"① 当然，"先验语用学"不是上述理论的简单相加，而是"哲学的转换"。"转换"（Transformation）意味着一种双向性的转换。一方面使经验的东西按先验的方式得以重构，通过奠基使语用学摆脱相对主义的困境；另一方面，同时也把康德的先验哲学按施行论的方式加以转换，转换到语用学的维度上来。这是两个互补的转换方向。"我的课题是，不仅阐明先验语用学对现代科学的经验的必然性，而且也阐明用先验语用学诸概念来批判地重建康德意义上的'批判的'先验哲学的必然性。"②

莫里斯所引入的"语用学"一词，原本是在与语型学（句法学）和语义学的分析维度相区分的意义上使用的，但是真正赋予它以哲学内涵的还是维特根斯坦的"语言游戏"说与奥斯汀和塞尔的言语行为论。按照"语言游戏"说，语言的意义并非取决于它对事实的表达，而是取决于它的用法，即在"生活形式"的语境中的使用；按照言语行为论，语言本质上是一种言语行为，它不仅要表达某种经验事实，更主要的是还要"有所作为"。用奥斯汀的话来说，"说话就是做事"。从两者的结合中可以看到，语用学从根本上改变了语言哲学的方向，即从对语言本身的

---

① Karl-Otto Apel, "Warum Transzendentale Sprachpragmatik?" in Hans Baumgartner Hrsg., *Prinzip Freiheit*, Freiburg/München: Verlag Karl Alber, 1979, SS. 16–17.

② ［德］卡尔－奥托·阿佩尔：《哲学的改造》，孙周兴、陆兴华译，上海译文出版社 1997年版，第16页。

分析转向对制约语言使用的情境条件的构造。构造的要件不仅涉及谁说话，谁接受，还涉及说话与接受的方式与媒介。当语用学把话语的"主体"作为"共同体"来构造时，也就意味着一开始就把"主体性"作为"主体间性"来理解了。

阿佩尔接受了上述语用学的基本主张，甚至把科学也直接理解为"语言游戏"中的一种。他认为，只有从"语言游戏"所提供的主体间性出发，科学才能真正有效地摆脱"方法论唯我论"的缠绕。根据语用学，任何人都没有独自拥有真理的特权，任何一种主张都已经包含了有效性的要求，它要想表明自己的科学性，首先必须能让别人接受，得到他人的认可。因此仅仅给出一种证明或者经验事实的证实是不够的，而必须付诸主体间的谈论（Diskurs）与论辩（Argument）。只有通过论辩，我们才能为自己的主张进行辩护。正是在这个意义上，阿佩尔用"论辩共同体"来取代库恩的"科学共同体"概念。

从某种意义上说，语用学返回到希腊的论辩传统上来了，从而一改以往的知识论只注重亚里士多德的"分析篇"，而轻视其"Topika"（论辩篇）和"修辞学"的偏颇。在亚里士多德那里，尽管论辩术不具有严格的三段论法所具有的普遍的强制力，然而人们在事实上想达成相互的认可，还是有赖于论辩中的说服。他觉得，论辩术所特有的关于事实的归纳法似乎特别适宜于这类说服的任务。① 但是，历史上（包括亚里士多德本人在内）的知识论始终不屑于论辩术，原因很大程度上也来自论辩自身的局限。首先，论辩不具有普遍有效的说服力，它的有效范围只限于在场的论辩对手。其次，用于支持论点的根据也只局限于对有限经验事实的归纳，而不足以支持带普遍性的命题。最后，它很容易演变成类似于智者们的诡辩术。到了近代，由于培根对归纳法的大力倡导，使长期以来遭人遗弃的论辩方法又重返科学的殿堂。这使得证明与论辩这两种科学的论证策略的地位有可能被重新颠倒过来。论辩术中用于寻找例证的方法（归纳法）有望使科学知识建立在可靠的经验事实的基础上。相反，证明方法的使用范围受到限制，其有效性也大打折扣，并最终沦

---

① 参见［古希腊］亚里士多德《论题篇》（Topika），《亚里士多德全集》（第一卷），中国人民大学出版社 1990 年版，101ᵃ20—101ᵇ。

为语言学中的修辞工具。

如今人们之所以重新估价论辩术与修辞学，个中的原因还与科学观念的转换不无关系。库恩曾把 18 世纪以后的科学称作"培根的科学"。一方面，与 17 世纪那种以数学与理论为优位的表象主义的科学观念不同，新的知识之所以有力量，是因为它是在改造对象的实验活动中构建的，并且在与产业的联系中检验自己的有效性和力量。另一方面，科学已成为一项公共的事业，而不是科学家个人的"独白"。于是库恩才强调，科学家只有通过劝导与说服来动员他人的参与，才能把自己的想法变成一项普遍接受的事业。如此说来，科学家不再是真理的代言人，要想为自己的研究作出辩护，他们还需重新找回被遗弃二千多年的论辩方法。当然，这不是要人们都去重新师从有政治头脑、能言善辩的古代希腊人和罗马人，而是要求在逻辑证明的手段之外重新寻求理论的根据，以及持据而辩的策略。

但是，简单地恢复到古代希腊人的论辩策略还不足以为科学奠基。道理不难理解，但谁能担保论辩总能达成共识？即便达成了共识，又如何保证它没有受到系统扭曲的污染以及权力因素的干扰？要想解决这些难题，还须对可理解的条件进行重构，因为只有经过合理性重构的"论辩共同体"才能真正有效地发挥奠基的功能。为此，阿佩尔根据"论辩共同体"在科学活动中的不同作用，将它区分为三种类型，即"现实的交往共同体"、"先验主体"和"理想的交往共同体"。当然这并不意味着存在三种不同类型的共同体，而是指同一种"论辩共同体"和三种不同的位格。

关于"现实的交往共同体"，阿佩尔的理解与哈贝马斯大同小异。无论维特根斯坦、库恩还是费耶尔阿本德都执着于描述历史和现实的情境与制约条件，因此最终都不可避免地陷入相对主义的困境。因此，我们有必要对地方性的情境条件加以重构，看看什么是普遍交往所必不可少的条件，用这样一些理想性的条件来构建新的研究主体。这时，我们就已经进入"理想的交往共同体"中了。按照哈贝马斯的"反事实的"在先性原则，正是因为现实中存在种种交往的障碍，我们才预设某种不含强制和扭曲的交往条件。因为当你知道什么样的状况是"被扭曲"时，你肯定已经清楚什么是未被扭曲的状况。① 按照阿佩尔的理解，理想状况的在先性意味着某种先天的条件"总是已经"（immer schon）被设定，并且在起制约作用了。

关于"先验主体"，阿佩尔有自己独特的理解。在哈贝马斯看来，正如维特根斯坦所说的那样，我们在玩游戏的同时修正着它的规则。商谈（Diskurs）活动也具有同样的反思的功能。我们不仅能就某事进行商谈，一旦商谈出现问题时还能就商谈本身进行商谈。就商谈本身的合法性问题所进行的商谈就叫论辩（Argument）或叫"元商谈"。哈贝马斯的看法是，"元商谈"也是一种经验性的活动。然而在阿佩尔看来，当我们通过反思达到了"元商谈"时，便已经赋予了这种论辩以先验的位格，再也不能与经验性的论辩活动混为一谈。人们不可能被封闭在被给定的"语言游戏"中，他们总是能够超越并达到新的前提和基础。这是一种更高层次的普遍交往共同体，也是一切经验理解的可能性之前提条件。按康德对先验性的理解，作为一切经验可能性的条件的东西，其自身不可能是经验研究的对象。在区分哈贝马斯的"理想的交往共同体"与阿佩尔的"先验主体"的准则上，科林斯把握得十分准确。他指出："在我看来，在分析哲学传统之外认可非经验的理论方向的，是哈贝马斯的普遍语用学；而在处理有效性基准和前提的，是阿佩尔的先验语用学。或者说这是一种奠基哲学，是一种追溯回到作为终极奠基法庭的，先验地施行（pragma）的论辩或论辩共同体的先验哲学。"②

现在我们清楚了这样一点，当现实的论辩（共同体）在合法性上出现问题时，便要求以自身的合法性根据为主题进行论辩，于是论辩活动便同时具有了"先验论辩"的意义。在阿佩尔看来，这种"先验主体"最重要的特征就是不可还原性，因为它本身就已经是一切经验可能性的"终极的"条件了。对此，只要不出现自我矛盾，就不可能加以否定。在这里，先验性的特征表现为，通过反思所确定的先验前提不是外在地设置在实在的交往共同体之上的，而是"总是已经"包含在现实的共同体

---

① 盛晓明：《哈贝马斯的重构理论及其方法》，《哲学研究》1999 年第 10 期。

② Hermann Krings, "Die Grenzen der Transzendentalpragmatik" in Hans Baumgartner Hrsg., *Prinzip Freiheit*, Freiburg/München: Verlag Karl Alber, 1979, SS. 376 – 377.

中的有效性要求。我们之所以不可能否定它，那是因为，即便否定了，现实的论辩共同体仍然会重新提出这种有效性要求。这便是"终极奠基"的奥秘所在。

二

阿佩尔认为，语用学与先验哲学的融合趋势其实已经包含在从奥斯汀的"语用力量"（illocutionary forces）到哈贝马斯有关言语行为的"双重结构"理论的发展之中了。在发现这些理论之前，人类语言始终为逻各斯优位的思想所占据。语言的功能被限定在"命题"和"表达"，而言语中"施行"层次的问题恰恰被划归到行为主义的经验课题中。哈贝马斯的"双重结构"原理使传统的语言观与知识论呈现了新的生机。比如何谓"真"？在塔尔斯基那里，这是一个不同于对象语言的元语言的陈述。而在语用学看来，"真"是一种对人类知识加以反思而形成的陈述。这种反思无疑是通过共同体成员对真理性的要求来实现的。借助于言语行为中的施行成分（performativa），我们就有可能把交往行为对真理性的要求以命题形式表述出来，使之进入科学知识的范围。可见，科学知识是"命题内容"与"语用力量"的并存，或者说"knowing that"与"knowing how"的并存，在阿佩尔看来便是关于对象之知和关于对其自身的反思之知的并存。离开后一种知识，人类的逻各斯就会丧失自我奠基、自我辩护的能力。因此如果让语用学仅仅停留在莫里斯和卡尔纳普那样的经验语用学上，恐怕是很难有所作为的。既然如此，超越经验语用学中的描述主义而转向"先验语用学"，这正是语用学对自身所提出的有效性要求。①

转向"先验语用学"的必然性也可在科学哲学的发展历史中找到佐证。"批判的理性主义"的意图原本是拒斥科学论中的怀疑论观点。为此，科学共同体对真理性的要求本来只有以论辩行为为前提才是可能的。可是，波普尔本人却热衷于逻辑主义的论证程序，而遗忘了先验的施行

---

① Karl-Otto Apel, "Warum Transzendentale Sprachpragmatik?" in Hans Baumgartner Hrsg., *Prinzip Freiheit*, Freiburg/München: Verlag Karl Alber, 1979, SS. 18 – 19.

因素。这无疑是他的一个致命的弱点。问题就出在波普尔不理解论辩在科学活动中的反思功能。科学无疑需要"普遍的规则",而规则只有得到科学家共同体普遍认可才有效,因此只有付诸论辩才能达到。论辩是一种辩护行为,包含了劝说、说服。不过辩护性的说服不仅要求对方接受自己的结论,在接受结论的同时也要连带接受达成结论的前提条件。正是由于波普尔对论辩的忽视,致使它成为费耶尔阿本德手中的有力武器。

可是在费耶尔阿本德那里,论辩不是被看成奠基的方式,而是被当作消解任何基础的手段。按竞争理论的"增生"(Proliferation)原则,任何魔术、神话、故事都可以和科学一样,通过论辩的劝说而让对方相信。我们根本就没有必要为"普遍的规则"的奠基而操心。这种情况也发生在罗蒂那里。罗蒂用"连带性"(Solidarity)来取代"客观性"及其奠基要求。在阿佩尔看来,费耶尔阿本德和罗蒂都走到了另一个极端。他们的问题就出在忽视了科学共同体的论辩所具有的"先验反思"功能。这样一来就丧失了理论比较的客观基准,致使科学沦落到与巫术、神话和故事同等的位置上去。从上述两种倾向的谬误中,阿佩尔有理由得出结论说,只有先验语用学才能有效地揭示论辩的反思与奠基功能,才能在经验科学与先验哲学之间寻找到沟通的桥梁。无论何种经验科学,在其形成理论的过程中,先验的论辩都是一个无可规避的前提。离开这个前提,科学论要么导致自以为是的科学主义,要么滑向类似于费耶尔阿本德的反科学主义立场上去。①

站在"先验反思"和"先验位置"的层面上看,波普尔的"三个世界"的理论也是成问题的。问题不在于是否存在这样"三个世界",而在于划分"三个世界"究竟基于什么样的标准。比如人们对话语和理论所提出的有效性要求,按波普尔的划分法它们应属于第二世界,可是这些要求却又与经验的和心理学意义的行为无关。就这些要求的内容而言更应该划归于第三世界。波普尔的麻烦首先是有效性要求、论辩及其反思所依据的一般性前提,这一切都是一个不可分割的统一体。它们既可以同时属于三个世界,又可以不属于其中任何一个。其次,对于波普尔学

---

① Karl-Otto Apel, "Warum Transzendentale Sprachpragmatik?" in Hans Baumgartner Hrsg., *Prinzip Freiheit*, Freiburg/München: Verlag Karl Alber, 1979, SS. 19–20.

派的"无主体的认识论"来说，尽管它可以或这样或那样地划分不同的世界，却无法在"先验位置"上反思不同世界之间的关系。因为原则上三个世界的划分者一次只能置身于其中的一个世界。要是这样的话，他就不能客观地划分出不同的世界，除非设定一个"先验主体"来进行反思性的考察。可是波普尔一开始就犯了"抽象的谬误"，不仅抽离掉了能够进行商谈的实在主体，同时也抽离掉了能够进行反思的"先验主体"。阿佩尔说："在我看来，站在'先验主体'的角度看，这种关系（三个世界之间的关系）是能够被思考的，实在主体对规范的理解和遵守（或不遵守）的可能性与必然性也能被思考。在此，我们并非回到康德以前的有关世界的形而上学实体化的柏拉图主义，同时也能与维特根斯坦和奎因之后的相对主义和历史主义划清界限。"①

就拿现实中的论辩来说，它既可以是一种奠基的方式，也可以是一种策略行为，一种争强好胜的手段。作为策略性的论辩，其中不乏欺瞒、暗示、诱导……它无须提出真理性的要求，只要能打动别人，说服对方即可，哪怕强词夺理也无妨。正像费耶尔阿本德所说的那样，关键是面对论敌如何为自己辩护，以及论辩策略所取得的当下效果，至于自己所辩护的东西究竟是科学的知识，还是神话、巫术和故事都无关紧要。但问题是，我们的论辩难道是无前提的吗？要不然任何一种漫无边际的漫谈也叫论辩了。因此论辩本身必须同时是一种奠基行为，而奠基的本意就是持据而辩。一种基于根据的辩护，本身就意味着有先决条件了。任何一个科学家在公布自己的成果时，就已经包含了为其论断辩护的方式及条件，这表明他已经对自己的理论提出了有效性要求，即要求得到同行的普遍认可。对此，哈贝马斯已经在"理想的交往共同体"原理中有过详尽的论证。但是阿佩尔认为，仅凭这样的原理还不足以对交往的条件进行有效的反思。要想解释经验，就必须超越经验的辩护方式，达到某种"先验的"或者说是"终极的"根据。

---

① Karl-Otto Apel, "Warum Transzendentale Sprachpragmatik?" in Hans Baumgartner Hrsg., *Prinzip Freiheit*, Freiburg/München: Verlag Karl Alber, 1979, S. 21.

三

波普尔和阿尔伯特曾借助弗里斯的"三难推理"向"终极奠基"的目标提出非难。按照"三难推理",任何"终极的"的基础论证都是不可能的。因为这种论证如果不求助于某种独断的前提的话,要么只能求助于循环论证,要么势必陷入无穷倒退之中。这时无论你怎么做,都将陷入进退维谷的境地。针对这样一种指责,阿佩尔争辩道,首先,"三难推理"无疑具有逻辑的辩驳力,但它只是对"无主体的认识论"而言的,或者只在"逻各斯中心主义"的语境中才有效。其次,即便是一个基于合理化系统的演绎过程,也不足以否认其他形式的终极的基础论证。比如波普尔把逻辑先行设定为一切基础论的前提,并且认定该前提是不能为逻辑之外的实践的前提所取代的。这难道不正是在先验反思的意义上探究的一种终极基础吗?波普尔对"终极奠基"的成见,很大程度上是由囿于句法—语义的分析维度而造成的。如果回到语用学的界面上来,"三难推理"便不足以成立。①

阿佩尔认为,正是由于波普尔学派对终极基础论证的取缔,导致了两个连他们自己都始料不及的后果。一是,当他们用具有普遍性的批判要求来替代"终极的"基础论辩时,势必会面临一个有关批判的可能性与有效性的问题,而这恰恰是基础论辩问题。可见,即便对逻辑主义而言,基础论辩也是时时面临,并且无可回避的。二是,如果放弃"终极的"基础论辩,那么波普尔所提倡的"开放社会"的理想将会丧失其合理性的根据。因为一经中止对该根据的讨论,唯一的出路只能是诉诸信仰和非理性抉择,但蒙昧主义和非理性主义的倾向又与他本人的批判精神格格不入。②

接下来的问题是,我们究竟应该选择什么样的策略来进行基础论辩

---

① Karl-Otto Apel, "The Problem of Philosophical Fundamental-grounding in Light of a Transcendental Pragmatic of Language", *Man and World*, Vol. 8, 1975, pp. 239 – 275.

② Karl-Otto Apel, "Warum Transzendentale Sprachpragmatik?" in Hans Baumgartner Hrsg., *Prinzip Freiheit*, Freiburg/München: Verlag Karl Alber, 1979, SS. 21 – 22.

呢? 在这一问题上, 阿佩尔赞同斯特劳逊的"先验论辩"方案。斯特劳逊曾尝试对康德"先验演绎"中的辩护结构作出调整。调整后的论证是: 当我们能把意识的条件归诸他人时, 才能把意识的条件归属于自身。只有这样, 我们才能一开始就进入主体间关系, 从而挫败对他人心的怀疑论态度。因为为了怀疑他人心的存在, 怀疑者就必须使用他人心的概念。要是没有这个概念, 他不可能有效地把自己的意识条件与他人的意识条件区分开来。事实上我们都在有意义地谈论"我的经验", 这既表明我们已经把自己和他人的意识条件区分开来了, 同时也表明我们已经认可了作为区分标准的概念图式。有了这个标准, 我们也就具备了把发生在自己身上的行为的条件归诸他人的合法性根据。对于这种根据是不能轻易进行怀疑的, 因为任何怀疑的成立要想得到他人的认可, 怀疑者就必须有效地表达这种怀疑, 而有效的表达又恰恰建立在他所要怀疑的根据之上。这时, 怀疑者就陷入了进退维谷的尴尬境地, 要么他没有根据作出怀疑, 要么他不可能有效地表达自己的怀疑。①

布伯纳把"先验论辩"的辩护策略归结为"别无选择性"(Alternativenlosigkeit)原则是有道理的。② 由于对该原则所确立的辩护程序既不可能再作回溯, 也不可能有任何疑义, 因此也可以说是"终极的"。阿佩尔所谓"终极奠基"也正是在这个意义上说的。"我倒倾向于认为, 论辩的间接的自相关性——它包含在关于一般论辩(的可能性条件)的先验语用学的谈论中——只有当它否定自身的真理性或不相信自身的真理性时, 才陷于一种自相矛盾; 这种情形发生在彻底的怀疑论那里, 或者说发生在关于日常语言的话语——这种话语是关于话语之真理性的话语——的根本非一致性的谈论中。"③ 这里的表达既是对"别无选择性"原则的确认, 又是该原则的运用。阿佩尔的意思是: 我们一经确认了该

① P. F. Strawson, *Individuals*, London: Methuen, 1959, pp. 35–36. 另外也请参见拙文《康德的"先验演绎"与"自相关"问题——评布伯纳与罗蒂的争论》,《哲学研究》1998年第6期。

② Rüdiger Bubner, "Selbstbezuglichkeit als Struktur transzendentaler Argumente", in Eva Schaper und Wilhelm Hrsg., *Bedingungen der Möglichkeit*, Stuttgart: Klett-Cotta, 1984, S. 70.

③ [德]卡尔-奥托·阿佩尔:《哲学的改造》, 孙周兴、陆兴华译, 上海译文出版社1997年版, 第313页。

原则，就已经进入了一个不可回避的笛卡尔式的"阿基米德点"上来了。这是一个毋庸置疑的出发点，任何试图对之提出挑战的人，实际上都是自挖墙脚。因为要使他的怀疑成为可理解的，"总是已经"预设了某种理想的制约条件，"总是已经"毫无例外地受制于这些条件了。

在阿佩尔看来，体现在维特根斯坦思想中的"先验的语言游戏"，无疑也已经预设了一个先验的论辩共同体。只不过维氏没作这样的反思性区分罢了。在他那里，共同体成员之间对制约游戏的前提条件所作的谈论，本身也属于语言游戏。对维特根斯坦来说，关键是要让游戏玩下去，只有这样才能产生出自我修正、自我完善的能量。对阿佩尔来说，一个具有先验的反思意识的人，不仅仅是一个游戏的参与者，同时也能自觉地意识到，并承担起对游戏的责任。尤其值得注意的是，不能像波普尔那样一笔勾销基础论辩意义，因为这最终会把基础问题付诸直觉。阿佩尔认为，任何诉诸直觉的讨论，其实都将中止讨论本身的进行。所以说，只要讨论在继续进行（其实不可能停止），那么讨论对"终极奠基"和终极辩护的要求就一刻也不会停止。即便你人为地否定它，讨论本身也会重新提出这样的要求。结果正如阿佩尔所说的那样："如果我们愿意用思辨神学的概念来表达，那么我们可以说，魔鬼只有通过自我毁灭的行为，才能够摆脱上帝。"①

先验的论辩共同体是"先验语用学"出于"终极奠基"的要求而构造出来的"先验主体"。它存在于任何可能的人对任何可能的"语言游戏"所作的辩护中。至少理论上我们必须认定"先验主体"的存在，不然会陷入日常的事实论辩之中，无视人类中存在普遍可交往性的事实；或者即便事实上接受了这种"理想的交往共同体"，但是由于其合法性不能得到最终的确认，也会沦入乌托邦的构想中。要是这样的话，即便你认可了它，也不可能自觉地为它承担责任。换句话说，奠基是为了落实责任。"终极奠基"就意味着终极的责任。从先验语用学的观点看，人本身是具有合理性的和伦理责任感的存在者，他不可能对自己所应承担的责任视而不见。一个有意识逃避普遍责任的人，实际上等于否定了自己

---

① ［德］卡尔－奥托·阿佩尔：《哲学的改造》，孙周兴、陆兴华译，上海译文出版社 1997 年版，第 318—319 页。

作为人的资格。

四

阿佩尔的基础论辩在结论上可能过于严峻，激起了一些多元主义者，乃至相对主义者的愤慨，同时也招致了基础主义阵营内部的非议。在他们看来，阿佩尔与其说是在进行哲学讨论，不如说是在构造一种理想的宗教共同体。能维系这个共同体存在的唯一力量就是对它的虔诚和对异端者的排除。至少，如此严厉的强制性（尽管是理论上而非"教规的"），其后果无疑是与语用学所提倡的自由主义观念格格不入的。科林斯指出，阿佩尔对论辩共同体的构造几乎是世俗化的教会理论的翻版。这种教会理论的基础是奠基在"教会神学"（theologisch）之上的。按照这种理论，不是基督徒们构成了教会，而是教会决定了基督徒。当阿佩尔把论辩共同体升格到终极的"先验位置"上时，它对个体的交往行为来说就具备了无条件的优先性。那些拒绝接受理想交往条件的人，等待他们的只有一种命运，就如同教会对待拒绝接受教义的异端者那样，被逐出教门（excommunicatus）。于是，先验论辩的"别无选择性"原则也就演变成了"教会之外无拯救"（extra ecclesiam nulla salus）的原则。① 在当今的国际一体化进程中，这种强制性原则已经暴露出了自身的种种矛盾与弊端。

科林斯的批评尽管尖刻却也中肯。的确，论辩共同体如果一开始就把不认同其前提的人都拒之门外的话，那么它什么也论证不了。所谓"商谈""说服"云云都成为一句空话。另外，如果把阿佩尔的论辩共同体比作一个虚拟"法庭"的话，那将是一个很奇怪的"法庭"，这里没有控方，因此也没有辩方。"法庭"所做的唯一一件事是表明理想法则的不可抗拒性。阿佩尔成功地做到了这一点。不过这需要有个前提，即一开始就要求把一切可能的违法者和对法规的质疑者都排除在"法庭"之外。与斯特劳逊相比，阿佩尔的方案更显得雄心勃勃。他想借助"先验论辩"来做更多的事情，以达到更实质、更宏伟的目标。而这恰恰是"先验论辩"所力不从心的。

---

① 盛晓明：《哈贝马斯的重构理论及其方法》，《哲学研究》1999 年第 10 期。

　　至此，我们有必要来回答这样一个问题，即通过先验论辩实现的"终极奠基"有什么实际的意义呢？阿佩尔回答说："在我看来从所有哲学论辩的这一（蕴含的）要求中，我们可以为每一个人的长远的道德行为策略推导出两个根本性的规整原则：首先，在人的全部所作所为中，重要的是保证作为实在交往共同体的人类的生存；其次，要紧的是在实在交往共同体中实现理想交往共同体。"① 这就是阿佩尔为终极的基础论辩所设定的两个实质性的目标。原则上这两个目标应该是从先验论辩中推出的，尽管事实上很难推导出来。第一个目标是：我们借助科学技术的规范来营造合适的生存环境。但是正如我们所知，在科学时代，任何求助于科学手段的活动都同时包含着威胁人类生存的负面效应。这很大程度上是由于受特定的历史和社会条件的限制，人们往往满足于现实的交往条件，对科学和文化的基础作出相对主义的论证。要想克服这一局限，还须预设第二个目标，即"解放"的目标策略。该策略只有求助于先验论辩才能形成普遍有效的限制条件，才具有康德意义上的"绝对命令"的价值。

　　在阿佩尔那里，康德在"永久和平论"中设想的关于世界一体化的共和理想，它的实现有赖于每个人所承担的共同责任。而对这种责任的意识只有通过先验的反思，从而摆脱了特定情境条件的限制才能达到。他的目标策略归结为一句话就是：我们"总是已经"处在一体化（包括经济与科技）的进程中了，也就应该毫无例外地受其前提条件的约束。尽管论辩的结论过于苛刻，但是我们认为在方向上阿佩尔没有错。

---

　　① ［德］卡尔－奥托·阿佩尔：《哲学的改造》，孙周兴、陆兴华译，上海译文出版社 1997 年版，第 337 页。

第四章

客观性的三重根[*]

盛晓明

引 子

如今，"客观性"一词在日常用法中已成了一种赞誉。我们经常用"客观的"这类形容词来修饰某种看法、说法与做法。当我们说某个表达是"客观的"，意味着它是有实在基础的、有理据的、中立的、刚性的，因此是有说服力的、带有强制性、无可辩驳的，甚至是普遍有效的。自19世纪以来，欧洲人还赋予了"客观"与"主观"这类词以道德上的含义，因为"主观的"通常是指武断的、有私利的和偏见的。更重要的是，客观性还与科学性不可分割地扭结在一起。由于科学在事实上的成功，使人们一说到"客观的"就表明这是"好的"。

按理说在如此崇尚客观性的时代，人们应该很清楚"客观性"究竟是什么意思，但是实际上哲学家在面对该词的多重用法时常常会犯难。海德格尔曾在《林中路》中指出，客观性是主体在揭示对象时表现出的一种特征，它受下述关心所驱使，即让对象如其所是地自我呈现，不受我们的特殊建构和解释所影响。但是，后来它演变成主体所要采取的一种恰当的方法和姿态，即以正确的方式观察对象。作为认知者，我们很想弄清楚哪些行为对于正确地（客观地）观察世界来说是本质性的，哪些只是特殊的、拟人化的或"主观的"。在这种观念的支配下，人们坚持

＊ 本文原载于《年度学术2005——第一哲学》，赵汀阳主编，中国人民大学出版社2005年版。

主体与对象的分离，排除所有与客观理解相对立的情感因素，并认为操作和控制仅仅是为了揭示自然的"真相"，而不受主观的需要或旨趣所左右。支撑这种观念的基础如今发生了动摇，有人试图通过精神分析模型表明，近代关于客观性的解释其实是一种不健全的（比如男性中心主义的）心理发展形式，也有人把它视为统治的意识形态，从而展开社会政治的批判。

客观性概念的另一种用法是"奠基"。一般说来，人们要想正当地使用"客观的"这个形容词，心里总有一个标准之类的东西，不管你是否清楚地意识到它。对于哲学来说，这些事实上的标准必须是连贯的、经过论证的，并且是指向某种终极的理据的东西。于是便有了这个概念，它的意思是任何事实上是客观的看法、说法、做法背后都存在着必定使之达到客观的条件。以往，哲学家们打开"客观性"根号时总能找到一个唯一确定的根，比如上帝或者外部实在。但是现在已经做不到了，他们发现里面有不止一个根。还有一些愤世嫉俗的哲学家甚至告诉我们，也许这里面原本就没有什么根。对于后一种极端相对主义乃至虚无主义的说法我们不必太过严肃地做出反驳，因为即便像后期维特根斯坦这样一个激进的反基础主义者也会慎重地看待蕴含于"生活形式"之中的客观性要求。用他的话说，如果在我们看来似乎正确的东西就是正确的，这就意味着我们根本无法谈论"正确"。

最令哲学家为难的正是多重根的问题。我们知道，自从上帝被逐出知识领域以来，主流的哲学家们一直相信，外部实在与内部合理性并非两种不同的根据。不过这种信念中包含了一个潜在的预设，即"causa（因果性）＝ratio（合理性）"。所谓潜在是说它是未经论证的。休谟发现，把这两码子事情牵扯在一起其实是一个历史的误会。康德也这么认为。如果上述等式真的不成立，那么我们只能从等式中择其一端来开始自己的思考。

康德选择了"ratio"，当今的科学实在论者与自然主义者则选择了"causa"。在康德看来，由于没有知识通道，任何诉诸外部实在的辩护都是不合法的。于是乎，客观性的根据只能诉诸人类自身的（主观的）理性。为了有别于独断的实在论，康德颇费苦心地使用"有效性"（gültigkeit）一词来替代"客观性"。有效性的意思是指达成认同的必然条件。从某种意义上说，这种做法开启了哲学通往相对主义的大门，因为自然主义者会说，我们可以用后天的必然性来取代先天的必然性；解释学家们也有理由认为，我们完全可以用解释学来替代认识论。

1983 年，罗蒂在日本名古屋做过一次讲演，题目颇具挑战性："连带性还是客观性？"（Solidarity or Objectivity?）。所谓"连带性"，就是通过磋商达成的某种认同，当然不是什么普遍的认同，而只是局部的和特定文化群体内的认同。与基于人类主体的先天理性不同，"连带性"基于主体间性。从康德的"普遍有效性"到罗蒂的"连带性"，我们看到，客观性的含义越来越弱。这里之所以还要把连带性作为客观性的一种另类的表达，是因为主体间性依然是人们避免主观性的一种努力。

除此之外，客观性在当今的哲学中还有一种表达形式，它与马克思、尼采的哲学传统有关。马克思通过身体的介入来展示某种直接驾驭外部实在的力量，接着福柯通过权力的行使描述了知识形成的微观机制，海德格尔则通过缄默的实践技能向我们呈现了一种技术哲学。对于各种形式的后现代主义者来说，客观性与其说是一个合理性问题，毋宁说是一个合法性问题，对这个问题的讨论完全是政治哲学的事。女权主义者甚至认为，客观性是男性中心主义用以掩饰性别歧视的一种托词。在这样的语境中，客观性无非是力量的较量，当你无法突破实在的抵抗并成功地支配对方时，你就是主观的，否则就是客观的。

在这里，我之所以要铺陈这个概念的歧义及其演变主要想表达两层意思。首先，客观性绝非像人们通常想象的那样，是一个刚性的、超越时间与空间的绝对性。相反，它是一个历史性的、与特定时期的文化价值与科学观念休戚相关的概念。其次，也是本章的重点，这种歧义源自哲学类型的差异，因此必须从不同时期的人们如何从事哲学探索这样一个元哲学的问题谈起。

需要首先说明的是，迄今为止哲学对客观性的追问都基于人类以下三种行为模式：看、说、做。当我们展开一种行为便可以展示一种客观性的根据。客观性是，至少迄今为止是一个三次方的根式。如果读者非要追问，为什么非要用三种行为来展示呢？回答是，没有什么特别的理由，因为迄今为止的哲学恰好是这样展开论证的。当然，从元哲学的层面看，哲学所选择的任何一种分析平台至少都得满足下述三方面的条件。

首先，看、说、做是最日常，也是最直接、最感性（与间接性的思维不同）的行为；其次，它们都具有意向性，都能独立地构成我们与世界的互动；最后，它们都能满足知识对反身性的要求，即我们不仅看到什么、说出什么、做了什么，而且还要知道我们是怎么看、怎么说和怎么做的。

西方理智主义的科学观是建立在"看"的基础上的，理论必须以客观的、中性的观察与测量为根据，这个解释模式能把我们引向实在，引向真理。然而，基于"说"的解释模式却能揭示科学活动的另一个维度。它告诉我们，竞争的利益关系是如何在科学活动中得到体现的，科学事实能否以及如何在争议中建构并且被强化起来的；它把我们带入情境，带进科学活动的现场，去领略，从而也去参与。另外，基于"做"的解释则别具风格，它既挑战科学的理智主义模式，也反对话语模式，科学以一种实践的方式、一种自然主义的因果作用方式回归到了实在。无疑，这是一种被我们改造过了的技术实在，从而告诉我们科学是如何仰仗于实践技能与智慧的，以及它如何成为一种"地方性知识"（local knowledge）、一种"生产力"的。我不想说究竟哪一种解释更好、更正确，只希望读者能交替地用它们来打量科学、打量知识。我的意思是说，当你拥有了一个工具箱，就绝对不会轻易地下结论，说锤子一定比锯子、起子更好用。

自近代以来，哲学经历了"认识论转向""语言学转向"，以及如今各种形式的"文化研究转向"。每一次的转向都使客观性的内涵及其实现方式得到重构，当然，重构中也包含了批判乃至颠覆。读者也许会问，既然客观性的含义有如此大的差异，为什么还要沿用同一个概念呢？客观性真的是不可或缺的吗？答案是肯定的。原因是我们，尤其是科学家们的观察、表达、做事都需要有一组稳定的信念，同时也需要别人的接受，要不然知识既不能生成，也无法得到有效的辩护。客观性问题代表了哲学家们寻求稳定性与确定性的一种持续的努力，尽管根本不存在任何恒常永驻的东西。也许正是因为稳定的信念不断受到怀疑、批判，并发生动摇，才需要我们不断地重提或重构客观性的要求。

看

一 "纯直观"

在康德之前，自然哲学对"客观性"一词并无明确的定义。Objektiv 一词最初出现在中世纪的经院哲学中，在那里，客观性不是指常人所见的外部世界，而是指存在于神的观念中的客体。奥古斯丁曾断言，真正实在的客体只能是神之所见。知识与"看"（vision）的联系源自希腊。他们意识到感知是极其私人的、不确定的、千差万别的。柏拉图（Plato）认为，真正实在的东西必定独立于日常所见，尽管他所谓"eidos"就是"看"，但是他认为要想真正达到事物本身还必须求助于相互之间的"说"（辩证法）。关注超验性的倾向一直延续到笛卡尔。在他们看来，只有超验实体与外部原因才是思维确定性的终极根据。但是经验主义者不相信这些，他们专注于所见的经验事实，这就叫现象论。现象论只关心表象。一种表象只能通过另一种表象来辩护，不必求助于外部原因。也正因为如此，经验主义无法有效地抵御怀疑论的攻击。

当 18 世纪的法国哲学家还在兴致勃勃地讨论真理符合论时，一种新型的客观性概念出现了。但它并未出现在自然哲学中，而是出现在伦理、美学与法学等实践领域中。在这些领域中，人们提问题的方式不是如何达到实在，而是如何使自己的行为与判断不再主观，比如如何消除个人倾向、远离情绪等。法学所追求的公正，德行所要求的无私，审美（移情）所寻求的无我境界无不如此。当我们克服了主观性，就意味着达到了客观性。在评判艺术作品时，休谟曾这样要求人们，尽可能忘掉自我的存在及其特殊的背景，因为一个受主观成见所影响的人，他的鉴赏就会远离真正的标准，其结论自然就有偏颇，丧失了可信度和权威。在这个意义上，客观性被置于合理性问题上来讨论。当然这个"理"不再是希腊人的"逻各斯"，也不再是中世纪那样一种神的主观，而是公众能接受的理据。

我们知道，对客观性的认识论改造始于康德。康德是从"Vorstellung"着手的，英语把它译作"representation"（表象）也许是误解，因为康德的表象既不表现什么，也无须与外部实在（物自体）相符。表象只能与表象相符。为了避免循环与无穷后退，他预设了一种先天有效的表象，要不然就无法规避休谟式的怀疑主义。在康德那里实际上存在着两种不同的客观性概念："客观性1"是表象与外部世界之间的相符；"客观性2"则是后天的经验表象与先天的表象（理性自身的法则）之间的相符。严格地说，谈论"客观性1"是不合法的，因此只能用"客观性2"来取代。"客观性2"也就是"客观有效性"（objektive Gültigkeit），说得直白一些就是普遍的可接受性。当我们发现一个判断事实上为人们所普遍接受时，就必定会进一步追问其在先的或先天的（a priori）条件。通过理性的自我批判可以了解到，"客观性1"所依赖的超验性依据之所以是不合法的，是因为主体不具有达到外部实在的知识通道，因此，"物自体"不能用以保障经验观察的有效性。

　　客观性的条件只能在理性自身中寻找。就拿直观来说吧，尽管看到的东西是因人而异的，但是人的直观形式却是共通的，不受后天因素干扰。康德称这种直观形式为"纯直观"。时间与空间就是纯直观。首先，时空不是物自体存在的形式，而是我们直观的形式。其次，不是经验的直观使时空成为可能，相反，时空使一切直观成为可能。换句话说，当直观具备了客观有效的秩序与准则时，我们才能相信自己所看到的必定也是别人所看到的。数学的基础就是"纯直观"，比如几何学基于空间，算术基于时间。康德论证到，自欧几里得以来，由于数学事实上已成为一切知识的楷模，那么以"纯直观"为条件的任何感知也必定是客观有效的。

　　纯直观只涉及看的方式，与看到什么无关。因此，"纯直观"至多是真理构成的形式条件。康德很少涉及真理性，他只讨论"经验的实在性"，因为经验自身包含了达到客观有效性的条件。自然界本无所谓客观性，只有用统觉的先验统一性来整合表象，才能建构出了普遍有效的自然图景。与后来的建构论者不同，尽管康德的自然图景也是建构出来的，但是数学与自然科学的有效性范围不局限于特定的共同体或文化群体，而是适合所有的人，用康德自己的话说甚至适合"一切有理智的生物"。

二　"非透视性的客观性"

　　无概念的感知，纯粹的所予，绝对的直接性，纯洁的眼睛，这些想法对 19 世纪的人很有感召力。人们意识到康德的"哥白尼式的革命"是不可逆转的，然而又对先天性与普遍必然性之间的联系持保留态度。也许根本无须作这样的预设，只要能寻找到公认的规则与可操作的程序，就能切实地保障自然科学，甚至社会科学知识的客观有效性。亚当·斯密的下述想法颇具代表性。他认为，如果我们都从个人兴趣或私人利益的角度审视事物，就不可能用同一个天平来比较不同的甚至是对立的观察结果。为使观察结果更客观，我们必须改变自己的位置，既不是用自己的眼睛也不是用对方的眼睛，而是用第三者的眼睛去看。作为第三者，观察者与任何一方都没有特殊的利益瓜葛，因而能在两者之间做出公正的评判。

达斯顿（Lorraine Daston）曾为这种客观性起了一个新鲜的名字，叫"非透视性的客观性"（aperspectival objectivity）。① 我们知道，现实中的任何观察都是有位置的，面对同一物体，观察者一经改变位置就会呈现不同的样子。尽管毕加索（Picasso）他们打破了透视的惯例，但是这样一种反透视主义仍然是有位置的，仍然是一种透视。与之不同的是，"非透视性"要求抽离一切与位置有关的东西，比如人的品性与感知个性、利益关系与社会地位、民族与文化，以及趣味、情绪、记忆、想象力等因素，最后，用赤裸裸的眼睛来审视对象。抽离是为了获得"真正的标准"，个体"自然位置"的特殊性必须被忘却、被超越。从这个意义上说，所谓"中立的"不是指某种折中的立场，而是指通过"去情境化的"（decontextualized）方式达到的无立场状况。

随着"大科学"的兴起，科学交流的范围变得更广，种类更多，并且更加非个人化了。这些因素使"非透视性的客观性"在以数学与物理学为典范的各学科的研究中得到普及。科学的职业化则使这种新的客观性在制度上得到了保障，每一个科学从业者在入门的规训中就严格地要求规范化的操作。于是，特殊的情境性因素消失了，测量有了统一的尺度，观察取得了一致，测量的仪器得到校准，实验有了可重复的程序，学术论文也有了统一评价基准。请注意，这一切定量化、程式化、标准

---

① Lorraine Daston，"Objectivity and the Escape from Perspective"，*Social Studies of Science*，Vol. 22，No. 4，1992，pp. 597 –618.

化努力之所以与客观性相关，并非为了更精确地反映或表达事实，而是为了与交流的理想化的目标相适应，尤其是为了穿透时空距离、文化差异这样一些导致不信任的屏障。

"非透视性"在当时产生了两种意想不到的后果。第一，客观性被赋予了某种道德价值。在当时，科学家确实因为放弃了自利的动机，在面对公众的躁动与冷漠时仍能保持平静，从而成为无私美德的典范。由于非个人化的要求常常会导致科学家用匿名的方式发表成果或表达见解。斯密相信，数学家和自然哲学家几乎总是最亲切最朴素的人，彼此相处融洽。在他那里，精确性、确定性与无私性、公正性似乎被赋予了同等的道德价值。第二，由标准化引发的对机械化的渴求。因为机械装置最容易摒除观察者的精神因素和个体特质，一经校准，就能避免因能力、训练、技能的差异而造成的失真，即便是一个平庸的观察者也能重复并读懂观察记录。毫无疑问，能广泛复制与传递的东西才有普遍有效性可言。当生理学家马雷试图用记录仪器，如脉搏计来取代人（医生）的感知时，他的理由很简单，他说即便一个收入不高的生手也能取代经验丰富的医生。可见，标准化、计量化、机械化的兴起使科学告别了精英与天才的时代，迈入了一个世俗化的时代。

新康德主义者与马克斯·韦伯（Max Weber）都是基于这一时代的特征来改造康德的先验哲学的。韦伯把这一时代的客观性的特征理解为"世界的祛魅"。我们对事实的陈述必须基于客观的、"价值中立"的标准，并且可以做理性的讨论。这一切与我们如何从整体上看世界的立场无关。在这里，理性不再具有先天性的理据，而只具有工具性的含义，即具有冷静观测与精密的计算能力，有效地使用资源，快捷地达成目的。与康德一样，韦伯的中立性依然是一种形式的有效性。在这里，观察的客观性要求与看到了什么，比如洛克所谓"第一性的质"或者"第二性的质"无关，只取决于我们怎么看。

在西方文化中，看是唯一重要的感知形式，它能与文明、理性相称，至于那些更多地依赖于身体的感觉，如嗅、触、味等都是低级的、动物性的。达尔文与弗洛伊德都曾强调各种感觉在进化谱系中的梯度，在他们看来，视觉是最高级的，也是最文明的。当然也有人对这样的说法不以为然，偏重于视觉，是否会导致一个社会中本来是活生生的、各种意向行为息息相通的知识系统的破裂呢？最明显的例子莫过于对人造物品的癖好了，人们从历史与现实中把某种有着丰富意义的现象抽离出来，制作成相片或者一动不动的样品，放在博物馆的玻璃罩内供人观赏。亚里士多德认为，基于看的认知旨趣是受好奇心驱使的，当然也有人（比如福柯）会说，这实际上是一种窥视癖。在这里，需要表明的是，"看"之所以在18—19世纪被强调到极致是有原因的。这一方面是当时的照相、电影等视觉技术的发展，大大弥补了视觉在空间与时间上的限制，也突破了观察者直接在场的限制；另一方是我们前面提及的原因，即视觉与科学性的高度契合，科学能把观察做成某种程序或技术，并使所见的东西成为中立的证据。福柯在《临床医学的诞生》（1973）中指出，在当时，科学家成了一种象征，他们看东西的方式成为获得知识的唯一通道。

人们通常以为，各种看的意向行为在结构上是一致的，无论你是通过窗户看还是通过显微镜看，是通过空气看还是通过真空看，我们总是指向一个特定的对象，并从中获得信息。其实，科学的观察与日常生活中的看完全是两码事。确切地说，科学的观察是一种技术，或者说是一套程序和方法，说它是"看"无非是类比罢了。与日常的看不同，科学观察基于两个步骤的分离，它首先要求把对象与观察者分离开来，其次是要求把对象与其所处的特定的情境隔离开来。从某种意义上说，这也就是现象学所倡导的还原方法。胡塞尔曾有意识地把"直观"与日常的看区别开来，在他看来，直观所达到的绝非主观的表象，而是事物的本质。请注意，他所谓本质并非某种隐藏在现象背后的东西，相反，本质也是一种现象，一种能呈现事物本身的现象。另外，他所谓"直观"也不是什么隐秘的能力，而是一组操作程序。通过悬置观察者所具有的种种主观倾向、预设与成见，停止向对象做任何形式的移情，最终使事物直接呈现其本来的样子。很显然，现象学的"直观"与自然科学的观察有相通之处，但是在胡塞尔看来，并非现象学模仿了自然科学的方法，而是相反，自然科学只有自觉地建立在现象学的基础上方能保障自己的客观有效性。

科学观察说到底也是一种还原，它把对象孤立起来，使之脱离情境的干扰，从而在一种标准的、理想的环境中观察它。为了看到细胞的结构，我们需要从有机体上取下标本，用超薄切片机将标本切成薄片，需要用苯胺颜料来染色，当然还需要显微镜，采用单色光源，还要有调整焦点的螺旋微调计、固定液和离心机，必要的话还要用微小的玻璃针来刺入细胞壁……接着是拍摄，或者记录，报告观察的结果。这一系列的手段、环节就构成了我们所谓"观察"。由此可见，观察与实验的边界其实是很难界定的。当观察需要有理想环境时，观察本身就是一种技术、一项实验。"看"的过程很大程度上伴随着"做"。用哈金的话说，观察与其说是"表象"，毋宁说是"介入"。我们所看到的结果恰恰是我们用技术手段按特定的程序精心地构造出来的。

那么，是什么使得观察者相信从这种光学系统中产生的图像是"真实"的呢？当你提出诸如此类的疑惑时，观察者就会毫不犹豫地说，你也可以观察到的，只要严格地按步骤去做的话。只有当人们学会了如何消除扭曲时，图像才是真实的。这就意味着，我们之所以相信自己所见的，是因为我们信赖自己所做的。用显微镜观察细胞时就是这样，观察者或许会把液体注入细胞中，期待细胞改变形态或颜色，如果观察到了预期的效果，也就进一步强化了我们对显微镜合理操作和观察的信任。关键在于能否对干预的效果做出预期。

在这里，我们遭遇到了一种与先天的必然性不同的东西，即后天的必然性。康德只相信有先天性与必然性的配对，任何后天的（posteriori）、经验得来的东西都是与必然性不相称的。现在情况变了，只要严格地遵循了操作程序，就能预期某种现象的出现，并相信自己所看到的东西是客观的。爱尔兰根学派所谓"测量的先天性"正是表达了这个意思。对洛伦采来说，观察必须仰仗规则的确定。观察内容的确定性有赖于操作方法的确定性。任何可重复的操作都可以还原到按物理测量规则进行的操作，还原到在经验条件下逼近理想要求的操作。这也就是说，任何测定都必须以理想的空间、时间、质量等为前提。

这样的操作主义会把我们引入一种反实在论的立场上，我们与其说是接受真理，不如说是接受了一种合理的程序与方法。尤其是在量子力学出现之后，哲学开始被一系列新的问题所困扰，诸如"电子"这样的东西是真实存在的，抑或只是通过一套特定的程序制造出来的现象？另外，合理的方法果真能保障观察的中立性与客观性吗？前一个问题我们稍后再谈。七十年前，海森堡在汉诺威做过一次题为"严密自然科学基础近年来的变化"的报告，报告的内容涉及后一个问题。他认为，在量子论中我们甚至无法在观察的手段与被观察的客体之间划出一条明显的界线。因为不管什么样的测量仪器都无法排除对被观察客体的干扰。进一步说，任何观察原则上都无法控制这种干扰，从而会受到"测不准关系"的限制。本来你要想知道杯子里的水温，只要插入温度计，然后查看一下读数就行了。但是当你考虑到温度计自身的温度是否多少会影响杯子里的水温时，情形就不同了。于是人们不禁会问，果真有后天必然性这样的东西吗？也许还是康德说得对，后天性没有必然性可言，它只能跟可能性、偶然性或概率相匹配。

这样一来，纯粹的测量就成问题了。任何测量都必须把测量的技术与物质条件考虑进去，更重要的是把观察者对研究对象的介入与干预考虑进去。

三　"看"还是"说"

尽管"非透视性的客观性"遇到了这样那样的问题，但是它依然成为科学方法论的基本信条之一，之所以会出现这样的格局，无疑得益于20世纪前期占统治地位的实证主义哲学。如今，几乎不再有哲学家称自己为实证主义者了，如果还希望维系观察在科学中的基础地位，他们宁可回到洛克与休谟那里去，称自己为经验主义者（如范·弗拉森的"建构经验主义"）。逻辑实证主义的要点在于理论与观察的分离，认为"中立的"观察能为判定理论的真假提供独立的证据。

说白了，这就叫眼见为实。于是我们便能理解，为什么所有的实证主义者都抵制理论实体，而只相信现象的规律。孔德在当年之所以拒绝牛顿的以太，后来也拒绝那种遍及太空的电磁以太，就是因为它们没有经验上的证据。维也纳学派的成员同样也不相信理论实体，他们宁可接受罗素的还原策略。这个策略要求我们，如果可能，就要用逻辑来构造，或者说用有经验证据支持的语句来取代推论性的、不可观察的实体。在这一点上，后来的范·弗拉森也不例外，他认为我们之所以接受一种理论不是因为它是真的，而在于它的经验适当性（empirical adequacy）。和康德一样，他们原则上并不拒斥实在性概念，只不过把它限制在可观察的范围内。

维也纳学派有一些若即若离的人物，如哥德尔、维特根斯坦、波普尔等。就拿波普尔来说，他与实证主义者之间存在着诸多瓜葛，比如，他用演绎性的证伪原则来抵制归纳性的实证原则。但是请注意这样一种现象，每每两种思想之间产生众多的分歧，乃至激烈的对抗时，恰恰是因为它们有着黏黏糊糊的缠绕关系，甚至有着同样的基础。波普尔至少共享了若干实证主义的基本预设，比如观察独立于理论，并且"中立的"观察可以独立地构成对理论的检验，等等。某种意义上说，实证主义与证伪主义都是一种"无主体的哲学"。关键的问题是用何种方式看，并且看到了什么，而与谁在看无关；同样，对理论的辩护必须诉诸经验的证据，与谁在辩护无关。让我们先看一看维特根斯坦在《逻辑哲学论》中的表述："世界上哪里可以指出一个形而上学的主体？你会说这正和眼睛及其视野的例子完全一样。但是你确实没有看见眼睛。并且，视野中没有东西可以推断出，它是为眼睛所看到的。"①

当然，历史主义者与解释学家会求助黑格尔式的中介理论反驳道，历史主体总是基于特定的视角创作出一个文本的世界，并且还可以通过这个视野返回去审视主体自身的眼睛。在海德格尔看来，任何主体总是已经"在世界之中存在"，必定都受到身份、立场、成见（社会连带）、文化等因素的限定。很显然，这种反驳本身就已经是一种透视主义了。自狄尔泰以来，欧洲大陆的主流观点始终把透视主义限定在人文学科的研究中，这同时也意味着"非透视性"只对自然科学来说才是有效的。

在 20 世纪中期，"非透视性的客观性"所遭受的最大的冲击莫过于汉森提出的命题，即观察渗透理论，或者说任何观察都是具有理论负荷的。道理不难理解，如果观察中已经渗透了理论，那么观察就不可能独立地构成对理论的检验，要不然就会在证据与理论之间产生循环，因为一切观察事先都受到了理论立场的污染。因此并不存在一种赤裸裸的看。既然如此，任何受立场、态度所牵制的观察都只能是主观的。现在我们知道为何库恩会接受解释学了，他的想法来自心理学。格式塔心理学有一幅经典的图例，有的人从中看到了两个人的侧影，有的则认为这是一

_____

① ［奥］维特根斯坦：《逻辑哲学论》，贺绍甲译，商务印书馆 2002 年版，第 86 页，译文略有修改。

只花瓶。它告诉我们，一旦换了看法就会看到一个完全不同的东西。这就叫"格式塔转换"。库恩是想说，随着每一次范式转换，我们以不同的方式看世界，这时我们仿佛生活在不同的世界中。

晚年时，库恩在立场上有所后退，但是仍然没有放弃"不可通约性"这样的说法。"不可通约性"的意思是说，不同的理论体系在语言、标准和用法规则之间是不可公度的。既然如此，我们不太会走向一幅正确的世界图景，因为不可能有这样的图景。其实，我认为在卡尔纳普那里，"客观性"的概念就已经在弱意义上使用了，它总是相对于一个给定的"语言构架"而言的，不存在一种能在不同构架之间进行选择的客观准则。正如彭加勒所说的那样，在欧氏几何学与非欧几何学之间，我们对后者的选择并非基于什么"客观的"准则，而只是受制于在自由契约或约定基础上建立起来的一些实用的、合理的、相对的标准。

库恩的工作首先要使"非透视性的客观性"彻底地淡出科学，这意味着科学哲学将告别中性的、无立场的观察这样一种经验性的基础，同时也告别"无主体的哲学"。其次，他试图在言说的平台上重构客观性。在这里客观性与其说是一个看的问题，毋宁说是一个说的问题。在《必要的张力》中，他认为"范式"就是一种"解释学的基础"，同时"范式"也指科学共同体。请注意，科学共同体的意思不是指一定量的科学家的集合，而是指科学家们赖以商谈，并达成共识的情境性条件的集合。尽管库恩称自己为"康德主义者"，但是在他那里，康德式的建构路径已经被深深地打上了社会的与文化的烙印。共同的信念赋予了科学家以特定的世界观与文化立场。共享的价值同时也使科学家之间产生某种连带性，于是乎客观性就被湮没在连带性中了。对此，哈金评价道："哲学家长期以来都在制作着科学的木乃伊。当他们最终剖开尸体，看到了变化和发现的历史进程所遗留下来的东西时，他们为自身制造了合理性危机，这发生在 20 世纪 60 年代。"①

这场危机的始作俑者正是库恩，面对危机，哲学必须对自身的分析平台加以改造。

---

① Ian Hacking, *Representing and Intervening*：*Introductory Topics in the Philosophy of Natural Science*, Cambridge：Cambridge University Press, 1983, p. 1.

说

一 "语言学转向"

在元哲学的意义上说，至少"说"比"看"拥有更多的哲学资源。古希腊人就已经清楚地意识到了这一点。他们所谓"logos"既有"理"的意思，同时它也是一种"说"。"理"是看不到的，它只能被说出来。当他们把人定义为"zoon logon exon"时，它的原意不像人们通常理解的那样，人是"有理性的动物"，而应该是"会说话的动物"。现代哲学向语言的回归，其实也是向希腊回归。用洪堡的话说：是人，就叫作说话者。海德格尔对"说"更是推崇备至："人说话。我们在清醒时说，我们在梦中说，我们总是在说。哪怕我们根本不吐一字，而只是倾听或者阅读，这时，我们也总在说。甚至，我们既没有专心倾听也没有阅读，而只是做某项活计，或者悠然闲息，这当儿，我们也总在说。我们总是不断以某种方式说。我们说，因为说是我们的天性。"①

据说，希腊人好辩，认为只有通过辩论才能达到真理。不过，这里所说的真理不是事物真实的样子，而是城邦市民达成的共识。这无疑与希腊发达的民主传统有关。民主政治就是建立在说服、劝导、认同的基础之上的。问题出在智者那里，由于修辞堆砌过头了，他们反而使话语变得含混、空洞无物，让人莫名其妙、无所适从。撇开智者不说，仅就话语本身看，它也有着诸多局限：首先，它的说服力在有效范围内仅限于在场的参与者；其次，谁都不能担保交谈的过程必定能达到某种共识；最后，即便达成了共识也很难确保它的真理性。所以到了拉丁时代，人们总以为科学只能基于看，它在本质上是独立于说的。用海德格尔的话说，"说"其实是一种最难说的东西。

在 20 世纪初，哲学家尝试"语言学转向"是需要勇气的，只是由于意识哲学陷入了绝境，他们不得不另觅他途。如今，我们都意识到这个"转向"不仅是合理的，而且也是不可逆转的。继古代的"物的分析"（本体论）与近代的"意识分析"（认识论）之后，"语言分析"成了现

---

① ［德］海德格尔：《在通向语言的途中》，孙周兴译，商务印书馆 1997 年版，第 1 页。

代"第一哲学"的范式。在当今的哲学家看来，构成知识的能力以及客观性的条件不应从感知意识中寻找，而应从人们使用语言的能力中寻找。

维特根斯坦的格言是，哲学并不是一种学说而是一种活动。他所谓活动显然是指说话。"说话"所应恪守的原则是：可说的都能清楚地言说；不可说的就应"沉默"。但是在 20 世纪上半叶，哲学家们（包括维特根斯坦本人）依然对话语持谨慎的态度，他们对上述原则的注释是：只有两种东西是可说的，它们分别是分析的陈述和综合的陈述。那时，他们不太在意人们实际上怎样说话，而是关注怎样才能正确地说话。在维特根斯坦看来，经验事实构成了世界，而语言就是这个世界的"图像"。他想做的事无非是用"纯粹语言批判"来取代康德的"纯粹理性批判"，因为语言的逻辑形式就是经验可能性的条件。因此他说："我的语言的界限意味着我的世界的界限。"

但是在《哲学研究》中，维特根斯坦发现自己前期的语言观是成问题的。事实的东西与应该的东西之间有着很大的出入。在说话活动中，词汇的意义不是由指称来决定的。比如一位工匠对徒弟说："石板。"他并非想告诉徒弟"石板"是什么东西，而是让徒弟把石板递过来。可见，语词的意义只能通过它在语言游戏中的用法来揭示。在这里，语言游戏实际上就是一种特定的说话共同体。现在他意识到，语言并非只是经验赖以传递的媒介，更主要的是，语言同时也是经验可能性的前提条件。任何经验，哪怕是世界上最私人的经验都具有主体间性，即都以别人的理解为前提。这引发了他对"私人语言"与"私人规则"的批判。任何只有自己才理解的经验表达，最终连自己都无法理解。换句话说，理解一开始就是公共的，总是以他人的接受、以主体间的有效性为前提的。

维特根斯坦的论证隐含了对意识哲学的整体清算。在笛卡尔看来，最清楚、最明晰的看必定能看到真实的东西；而对于洛克来说，最私人、最当下的感知才是最真实的。诸如此类的想法最终把一切认知都困在唯我论的樊篱中。从你自己以为是正确的出发去推想别人也会认为是正确的，这样的做法是不正当的。原因是你怎样知道别人认可或者赞同什么，你如何拥有一个人们都能接受的、能判定正确与否的判据。

现在我们知道了，我们不是事先经验到什么，然后找一个符号表达它们。实际情况正好相反，我们只有事先参与某个语言游戏，才学会了如何用语言来表达自己的经验。关于他人心的问题也可以遵循同样的方式来解决。要想判定他人的某种想法，你的判据也只能是他所说的话、所做的事。维特根斯坦的解决方案大体上是自然主义的。对他来说，任何"一种'内部过程'都需要有外部的判据"。因为只有外部的判据才是受规则制约的，才能为公共所理解。

自然科学家也同样要受公共理解的规则所制约，至少他们都不可能作为孤独的自我，仅仅为自己来说明所看到的东西。现在我们知道，即便想说明自己看到的"什么"，他也必须先就这个"什么"与别人形成沟通。从皮尔士到维特根斯坦，再到哈贝马斯、阿佩尔与库恩，他们都认为，科学家的工作总是以一个交往共同体（或者叫解释共同体）为前提的。这种主体间层面上的沟通不可能被还原到"非透视性的客观性"的方法与程序上来，因为交往共同体恰恰是使任何科学的客观说明成为可能的前提条件。阿佩尔甚至认为，在这里我们碰到了任何一个客观说明性科学纲领都具有的绝对界限。

尽管我不完全苟同阿佩尔的说法，他显然是矫枉过正了，因为把解释学的透视主义上升到先验的位置上去无疑会削弱解释学的经验性基础，但是他至少让我们明白了，对客观性问题的考察不能不同时注意到一种科学说明的可接受性，或者说是有效性。我们知道，当代的科学观更倾向于把科学理解为一项公共的事业，而不只是存在于少数知识精英和技术专家头脑中，并且自以为是的东西，有效性必须以别人的参与和实际认可为前提。

芝加哥大学费米研究院的一位教授在《纽约时报》上发表过一篇题为"物理学家做些什么：整理宇宙"的文章，他想告诉我们的是，物理学并非如人们通常想象的那样刻板、枯燥、抽象寡味。在举了诸如一只标准的蚂蚁在一只标准膨胀的气球上之类的例子后，他说道："物理学就像生活一样，没有绝对的完美……理论不断出现又消失，理论并没有对与错，理论就像社会学的立场一样，当一些新的信息来了，它可以变化的。爱因斯坦的理论是对的吗？你可以来个民意测验看看，爱因斯坦其实现在只是'逢时'。但谁又知道其理论是不是'真理'？我认为有一种见解认为物理学具有一种淳朴性、正确性和真实性，但我在物理学中却一点也没看到这些……物理学在迷惑，恰似生活本身也会容易陷入困惑一样。"① 我认为，这位费米研究院教授的困惑其实也是理论物理学本身的困惑。当物理学家失去了昔日的光环，丧失了做真理代言人的特权时，他们必须得重新挖掘并整合辩护的资源，乃至使用说服与劝导的修辞术。这位教授同时也注意到：科学不应该成为我们与日常生活之间的屏障，而应该时时地从人文中寻找自己的目标、价值与关怀。

二　"说"与"做"

在"语言学转向"的过程中，最具影响力的事件是语言分析与实用主义的合流。如今，我们之所以把维特根斯坦的"语言游戏"理论，奥斯汀、塞尔的"言语行为论"都叫作"语用学"（pragmatics）就与这一合流有关。因为语用学与实用主义（pragmatism）共享了同一个词根"pragma"，它的意思就是施行、实效。

人们通常以为，强调语言就等于强调了说，这是误解。自"语言学转向"以来，近半个世纪的语言分析实际上很少把说话行为考虑进去。塞尔最先告诉我们，语言交往的基本单位不是语词和语句，而是说话或言语行为。换句话说，语言并非语词与语句的集合，而是言语行为的集合。这是有道理的。说话不仅要有能为各方所理解的语词与语句，还需对说话者与听者的资质提出要求，而且要考虑到语言游戏的特定情境。奥斯汀还指明了语言游戏的另一个更重要的特征，"说话就是做事"（to say something is to do something）。说的意义不在于表达，而在于做事。说话不仅仅是说说而已，说话包含了引发行动的语用力量，并且还能直接取得效果。施太格缪勒曾在《当代哲学主流》中发出这样的感叹，这简直是一件令哲学家们羞愧不已的事，他们竟然在"语言学转向"出现半个世纪之后才发现存在像言语行为这样的东西。同时更令两千五百年间的哲学家们都难堪的是，他们居然没能在奥斯汀之前发现这个最直白不过的道理：我们通过说话就可以完成各种各样的行为。

我们不能把奥斯汀的话仅理解为说话是为了做事。确切地说，说话本身就是在做事。设想一下"命令"这种语言游戏。当你对秘书说："下

---

① 转引自［美］吉尔兹《地方性知识》，王海龙、张家瑄译，中央编译出版社 2000 年版，第 219—220 页。

午两点到我办公室来一下。"她答应道："明白了。"在这里，"明白了"不仅指她领会了包含在命令中关于时间、地点的信息，以及"来"这个动词是什么意思，重要的在于她执行了命令。如果你等到了两点，她却没有来，你能说她真的"明白了"吗？可见，在命令游戏的构成中，必须包含执行与效果在内。

在这里，我们看到了语用学与实用主义之间的内在联系。首先，任何说与听的行为都需要有身体的介入，并且在说话与所引发的行为之间存在着可预期的因果关系。对语用学来说，一个人自己意识到了什么是无关重要的，重要的是他能说出什么，并产生怎样的效果。其次，语用学重新引入了"主体"概念，这是一个构成性概念，恰好与实用主义的共同体概念不谋而合。对任何一个言语行为的分析都必须建立在话语共同体的基础之上。在实用主义者（比如罗伊斯）看来，共同体是至少由三个（A、B、C）以上的成员构成的解释结构（A 作为解释者，他向 B 转达 C 所意味的东西）。在语用学的理解中，共同体就是沟通赖以进行的情境性条件的集合。但是至少两者均把共同体理解为主体，也理解为认知活动的基本单元。用海德格尔的话说，任何个体"总是已经"被抛入共同体中，摆脱不了与他人的种种纠缠；用库恩的话说，任何个人的认知总是已经接受了共同体赋予他的种种"成见"或"偏见"，不可能有"中立的"观察；对于罗蒂来说，共同体说到底是一种连带关系。这种连带既可以以血缘、地缘、信仰、意识形态的认同为纽带，也可以以共识为纽带。即便是库恩意义上的"科学共同体"也毫无例外地是一种连带群体，可以通过"说服""劝导"的方式来达成。一经受制于共同体的约束，要想摆脱它就如同"改宗"一样困难。

现在我们所谈论的都属于后天的必然性，它与康德的先天必然性一样都作为知识可能性的条件，对认知活动构成约束。只不过，后天的必然性所导致的是一种地方性知识，而不再是普遍有效的科学知识。

在这里，我们遇到了一切话语的最终界限，即话语的有效性需要以外部实在为前提吗？共识能用来取代真理吗？我们先看皮尔士的解决方案，他首先认可了实在概念，认为这是语言（符号）最终将指向的东西，要不然一切话语都会空洞无物、信口雌黄。但是他同时又否认符号能在当下直接达到实在，于是便在两者之间插入了共同体概念，因为任何符号的使用都预设了一个能通过相互间的解释来理解它的主体（共同主体）的前提。"因而实在概念的来源本身表明，它在本质上蕴含了共同体的观念。这个共同体没有任何确定的限制，却能确定地增长知识。"①

很显然，这里的实在概念是通过他那种特有的溯因推理（abduction）构造出来的假设。之所以做这样的假设，是因为我们需要它，要不然知识的可能性问题就得不到有效的说明。事实上，我们的知识由于有了这一假设而得到了确定的增长，从而也就表明了，这个假设在实践上是可行的。

皮尔士的方案其实是一种事实论证，或者说是后天论证，因此不能为知识的普遍有效性提供任何支持。从另一个角度看，它甚至与社会建构论走到一起了。社会建构论者认为，我们之所以要建构某物是因为它的缺失会给我们造成麻烦，你不能"随意去掉它"。比如性别，我们就没办法忽视它，因为性别的结构产生了人们不得不承认的限制与资源。相反，如果我们建构出它来，就会获得一些便利，至少比不知道它的人要胜出一筹。在这里，建构的"被迫性"把我们直接引向了实用主义的准则。概念的意义在于可行性与实际的效果，更进一步说，可行性本身就是一个社会性的概念，因为任何可行与否总是相对于特定的共同体而言的。

皮尔士认为，知识的探究过程都要承受公共批判能力的批判，社会建构论者也同样认为，知识的建构都将在共同体中经历一个由争议、对话、磋商到认同的过程。如果我们从一个共同体转换到了另一个共同体，那么可行性标准也将随之而切换，用另一个范畴系统来调整自己的行为。于是在社会建构论者眼里，世界或自然就成为一种选择机制，作为一种限制来确定我们的建构是可行的还是不可行的。事实上自然的知识都受到共同体的制约，因为自然科学本身无法提供一条直接从自然通往自然观念的路径，除非我们主动地构建出这种观念。就如同罗蒂所说的那样，自然科学是"不自然"的。科林斯的"实验者倒退"论证为这种说法提供了有力的支持。这个论证表明，只有在实验的操作是恰当的前提下，

---

① Charles Sanders Peirce, *Collected Papers of Charles Sanders Peirce*, Vol. 5, Cambridge: Harvard University Press, 1960, p. 311.

实验得出的证据才构成辩护。而恰当性不可能独立于产生结果的能力而得到评价，判断实验结果的正确性的依据最终还须诉诸共同体。

社会建构论者的核心主张是，自然科学从本质上说是社会的。他们所谓"社会"大体上是由各种利益关系构成的竞争空间，当然，这个空间受游戏规则与制度所制约。在《实验室生活》中，拉图尔（Bruno La-tour）与沃尔伽（Steve Woolgar）记录了科学家们日常的操作与言谈，并一一加以分析。这些言谈的内容表明，科学"证据"的接受很难说是逻辑上的必然性推论，而是一个如何做出决断的问题，同行间如何磋商的问题。比如，说某种肽的静脉注射能否产生心理行为效应，这显然是一个实践问题，取决于注入量，取决于科学家参照何种量化标准。他还发现，科学家对一种科学主张的评估往往不是以其纯粹的知识内容为依据，他们更多地考虑到研究兴趣上的侧重点、职业实践的迫切需要、学科未来的发展方向、时间上的限制，乃至对科学从业人员的权威甚或人格的评价，等等，这些考虑直接影响到一种科学主张能否被接受。

三　客观性的条件

如果自然的观念都受共同体所制约，那么库恩遇到的"不可通约性"的麻烦就会继续困扰我们。前面我们已经提到，受制于两种不同"范式"的科学家就如同生活在两个不同的世界中，并且不同世界中的科学家实际上是基于各自不同的理由来做事情的，我们甚至不能说革命后产生的理由要比革命前的"好"，因为评价"好"与"坏"的标准蕴含在范式中了。他们不仅在观察时是如此，在言谈时更是如此。库恩喜欢用"方言"来进行类比，他说道："我曾主张，不同理论的拥护者好像操不同的方言……可以肯定地说，不同理论的拥护者之间在交流的内容上存在很大的限制。正是这种限制使一个人很难甚至不可能在心里同时支持两种理论，将两者逐一比较，并再与自然界进行比较。"[①] 他的意思是说，操不同方言的人即便使用了相同的语汇，所指称的对象也有可能是全然不同的。如果这个类比成立，将使现代性的所有追随者都陷入尴尬，因为

---

① Thomas Kuhn, "Objectivity, Value Judgement, and Theory Choice", in *The Essential Tension*, Chicago: University of Chicago Press, 1977, p. 338.

人们甚至无法谈论科学的进步。科学的合理性与客观性便一并都成了问题，于是反对者们便有理由指责库恩为相对主义的入侵开了大门。尽管库恩在晚年试图用不同的形式来修补自己捅下的娄子，但都无济于事。

库恩之后，后实证主义者们试图通过历史元方法论来重建科学的合理性。夏佩尔与劳丹采用了历史元方法论策略，试图在科学史中为可通约性寻找资源，从而解决意义变迁的不可通约性问题。如果意义、价值观和标准的转换阻碍了在竞争性的科学理论之间进行直接的比较，那么诉诸元层次上的标准与历时性的评价也许可以在竞争性理论之间做出客观的比较，从而对科学合理性加以修复。现在看来，这一策略整体上是失败的，原因主要在于历史元方法论在哲学基础是成问题的，甚至是过时的。在"语言学转向"之后，科学的客观性问题实质上是一个语言学问题，只能置于语言平台上来解决。有两个解决方案值得我们注意，一是基于语义学的科学实在论；二是基于语用学的奠基理论。

与历史元方法论相比，科学实在论更像是语言哲学，不，更像是一种有关词与物之因果关系的科学理论。在后者看来，真正能够解决不可通约性与意义变迁的有效途径应在语义学中寻找。如果我们只能通过谓词所表达的意义来确定它们所指称的对象的话，自然会出现不可通约性的后果。因为谓词在意义上的变迁，竞争性理论实际上是指称或谈论完全不同的对象。相反，如果指称可以独立于谓词，那么不可通约性难题也便迎刃而解了。从克里普克（1972）和普特南（1975）提出的新的"直接指称"理论中，实在论者找到了一种能应对库恩挑战的更具吸引力的解决方案。按照这个方案，人们之所以用某个词来指称某物，是因为他们与此物之间存在着因果互动。如果后来的使用者都能保持或者回溯到原先的因果互动情境的话，那么这种指称关系就会稳定地维系下去。从观察的理论负荷中，实在论者进一步得出结论说，观察不具有独立于理论解释的合法性。力学、天文学、解剖学之所以在 17 世纪开始取得前所未有的成功，并不是因为科学家们所进行的实验与观察，而是因为他们幸运地获得了理论词汇，并以此来引导自己的研究，而这些理论语汇事实上又非常合理地与研究领域中具有因果效力的存在物相符。

然而，普特南的"悲观归纳"却引出了一个令人尴尬的问题，即我们怎样知道哪些术语具有成功地指称实在的因果效力，哪一种理论更逼近真理呢？正如康德指出的那样，我们没有达到实在物的知识通道。好在波义德用一种巧妙的论证策略解决了这一难题。他认为，只要承认至少是"成熟的科学"都能获得工具性的成功，并且这些科学的方法和数据高度依赖于理论，那么我们就能论证，科学中成功的理论是近似正确的，其理论术语（比如"电子"）也必定能成功地指称独立于意识的、不可观察的对象（电子）。要不然，依赖于理论的方法所取得的科学上的成功都将成为某种不可理喻的"奇迹"。

这种论证受到反实在论者的抵制，原因在于它超越了内在主义的边界。实在原本是我们与世界互动的结果，而不是前提，任何求助于实在的论证都是在窃取论点。另外，求助于科学在事实上获得成功的论证更像是皮尔士的溯因推理，它很难为科学的真理性或逼真性提供理论上的支持。但是，实在论的真正困境主要不在于它在论证上有什么问题，而在于论证实在论的版本五花八门，多到了泛滥成灾的地步。每一个新的版本都在反实在论者的反驳面前有所退缩，有所修补。最后，我们甚至无法判定，它所支持的究竟是一种实在论还是反实在论立场了。正如劳斯所说的那样：这样一来，"实在论"一词越来越像一个尊称，表示对科学持积极态度，而不是特殊的、可争议的哲学学说。

现在让我们再回到实用主义策略上来。这种策略不是把实在当作前提，而是当作某个研究共同体在讨论中达到的结果，并以此为标准来解决真理问题。在这里，真理是作为无限推进过程中通过非强制性的磋商所达成的结果。甚至连我们的评价方法和标准都无法事先给定，因为它们也能在磋商过程中得到改进。当然，磋商过程实际上绝不会终结，谁都无法断定某个特定的结果是否会被进一步的研讨推翻。但是不必担忧我们的磋商能否揭示事物真实所是的样子：因为在我们当下进行的磋商中，事物呈现自身的方式正是它们真实所是的方式。

接下来的问题是，这样的磋商能否确保达成共识呢？尤其是在有争议的情况下，争议通过什么样的机制才能被终止呢？在哈贝马斯与阿佩尔看来，只要我们能寻找到为不同的共同体成员或不同"世界"的居民都接受的理据，就能有效地规避主观主义与相对主义。当然，这样的理据不可能在外部实在中寻找到，也不可能通过元方法去寻找。真正的理据必定包含在语用学所强调的日常话语之中。言谈既是语用学的起点，也是它的终点。关键的问题不在于说得正确与否，而在于如何把交谈无障碍地持续下去。设想一下，我们可以围坐在一起谈论何谓"电子"，当谈论出现严重的分歧，比如实在论与反实在论者因对立而使谈论无法进行下去时，我们甚至也可以坐下来就谈论本身进行谈论。换句话说，日常语言既是对象语言，又是它自身的元语言，只要它能顺利进行，就能完成对自身的奠基（建立理据）。

哈贝马斯与阿佩尔选择了一种不同于连带性（罗蒂）的奠基策略，这种策略把我们引入了一种理想的交往共同体。从康德那里我们了解到，任何奠基性的辩护都必须从经验出发。不过在这里，我们所面对的不再是知觉经验，而是交往经验。哈贝马斯的预设是：任何处于交往活动中的人在说话时，都必须满足下述普遍的有效性要求，并假定它们都能得到兑现：第一，说出可理解的东西，以便为他人所理解；第二，提供真实的陈述，以便他人能共享知识；第三，真诚地表达自己的意向，以便为他人所信任；第四，说出正确的话，以便得到他人的认同。这些要求都是规范性的，都在理想的或者说"反事实"的意义上成立。尽管事实上存在种种不诚实、欺诈、扭曲的交往行为，但都不足以否定这些要求。从先验论证的角度看，任何试图怀疑、反驳上述规范性要求的人均会陷入自相矛盾的境地，因为只有以上述规范性要求为前提，方能让别人相信并接受你的怀疑与反驳。

和实用主义一样，语用学家通常都是反实在论者，他们不拒斥"真理"这样的词汇，但是它的意思绝非如实在论者想象的那样，真理原本的意思在于认同、有效。任何一句话、一个观点或一种理论都潜在地包含了有效性的要求，即需要得到他人的认同。在交往中，真理性的判定只能付诸对话与磋商。在真正兑现真理性要求之前，谁都无权宣称自己所见、所说的东西就是真理。交往共同体的存在自然地对每一个观察者或说话者构成限制。

不过，真理的认同说历来存在着一个致命的弱点，即尽管真理都需以共同体成员的认同为前提，但是我们不能反过来说，凡是被认同了的都是真理。可见，认同对真理而言是一种必需的条件，然而却不充分。这就是皮尔士和哈贝马斯要用共同体的无限进化作为补充条件的原因。当我们说真理的认同说是不充分时，丝毫不意味着它的对立面，即符合论或"图像说"就是对的。其实后者同样也是不充分的,因为陈述与实在之间如果存在对应关系的话,这种关系还需通过陈述来表达。那么,实在性本身是否就意味着真理性呢?也不是。因为要使这一说法成立必须基于一个奇怪的假设,即"实在"的概念中已经包含了实在的东西本身就是真的。

哈贝马斯与包括罗蒂在内的实用主义之间存在着诸多分歧,比如,对罗蒂来说共识始终是从一种地方性知识向另一种地方性知识的扩展,而在哈贝马斯看来,共识的达成必须以普遍的同意为目标,以理想交往共同体为前提才是可能的。不过,就本章而言重要的问题不在于他们之间的分歧,而在于他们的共同旨趣。在我看来,他们之所以用话语来取代观察,用共识来取代真理,都是为了弥合启蒙所导致的科学与自由之间的分裂,为科学寻找到一种民主的底蕴。的确,这一分裂在现代社会中造成了诸多弊端,比如专家统治与无政府主义的对立、劳动与文化的对立、认知与伦理的对立、教养与技能的对立、对自然的榨取与环保主义的对立,以及科学系统与生活世界的对立,等等。从谢林、黑格尔开始就已经着手和解的工作了,语用学与新实用主义的哲学尝试无疑是这项工作的延伸。

但是从结果上看,他们尚未让全社会接纳一种新的、以磋商与共识为基础的科学观,也没能说服科学家们放弃把观察看成独立的判定证据的做法,更难让他们相信,科学家的一切努力不是在发现科学事实,而只是在争夺话语权。也许是因为,将科学民主化的工作打从一开始就把自己置于科学文化的对立面上,所以一切的努力就不再是弥合分裂,而是进一步加深了斯诺所谓"两种文化"之间的鸿沟。接着,我们只好做第三种尝试了。

做

一 从表象到介入

一般说来,"说话就是做事"没有错,但是在一些哲学家,尤其是波兰尼和哈金看来,这句话很容易使人误以为做事与说话就是同一回事。事实上做事不一定非要喋喋不休。波普尔对语言哲学也没什么好感,他甚至认为语言分析对我们理解科学没有任何实质性的帮助。波兰尼曾呼吁："让我们把塑造知识时我们自身必然贡献到里面去的部分并入我们的知识的概念。"这种通过"内寓式参与"形成的知识就叫"缄默之知"（tacit knowing）。波兰尼之所以不看好语言是因为担心语言的解释框架局限性很多，不大可靠，并且语言的演变也很难跟上知识的增长。

当然，我不认为哲学家在"语言学转向"的选择上有什么问题，因为从意识分析转向语言（语义或语用）分析毕竟是一种无可逆转的趋势，同时我也不认为语言分析是哲学唯一能做的事。事实上，从马克思、尼采到海德格尔、阿尔都塞与福柯的传统已经为哲学对科学的研究开辟了一个新的空间，在这里，科学本质上不再是一项理智的事业，它与人的历史、文化及实践息息相关，甚至还可以说，科学知识本身就是存在的一部分。我们之所以能了解这个世界，是因为我们正好扎根于其中，并共同地创造了它。与英美表象主义的传统相比，来自欧洲大陆的这种实践主义传统更加关注诸如科学知识是怎样从技术活动与产业实践中产生出来的，又是如何被意识形态与文化环境所缠绕的之类的问题。

与"看"和"说"不同，"做"是以身体的介入为前提的，人所拥有的感性的力量能与环境进行物理的互动。在这里，人的技能起着关键性的作用。我们知道，希腊人所说的 episteme 与英语中的 knowledge 有所不同，它除了"知识"的含义外还包含创制的技能（techne）与经验（empeiria）。在早期柏拉图那里，工匠是指有创制技能的人，他们能把知道如何生产 X，与知道什么是 X 联系起来。对此，我们可以用下述两个可逆的命题来表达：（1）一个人知道 X，当且仅当他能做出 X；（2）一个人能做出 X，当且仅当他知道 X。医生不能光知道何为健康与疾病，而应该在治病过程中表现出艺术和技能。如今，谈论一种脱离技术的纯科学，与一种脱离科学的纯技术一样都是不可思议的。在实验室中，科学本身就是一个不断增强技术对现象加以控制的历史。因此，讨论现代科学而不对其技术能力做必要的解释是行不通的。这就要求我们把科学发展与技术能力的提高看成是一种内在的关系，而不是把对自然过程作技术控制所取得的成就看作理论发展的副产品。布鲁尔（David Bloor）对科学哲学做过这样的批评："记住下列事实是非常有益的，即波普尔的哲学使科学变成了一个纯理论的问题，而不是变成了可靠的技术。他只为研究纯理论的科学家提供了一种意识形态，而对那些技术人员和体力劳动者则没有提供任何帮助。"①

对技术的关注不只是科学哲学的一种延伸与调整，而且是一种根本性的转型。尼采写过一部叫《偶像的黄昏》的书，他在书名下面特意加上一个令人诧异的副标题：如何用铁锤进行哲学思考。如果认为他只是在哗众取宠，以达到惊世骇俗的效果，那就错了。他希望哲学能实实在在地做事，而不要总在如何观察、如何表达的问题上徘徊不前。马克思也有过类似的说法。铁锤与观念不同，不会停留在对象的彼岸，而是能与对象构成直接的因果关联。说白了，它可以把对象砸烂。

牛顿称自然物之间的因果作用为"力"，于是政治学中也便有了"权力"的说法，用以表达诸如控制、支配之类的意思。当培根提出"知识就是力量"时，他所强调的也正是这层意思。他说，我们可以鞭笞自然，使它屈从于主人的意志；我们也可以像法官一样，强迫自然回答我们提出的问题。培根有时也在自然界与女人之间做各种粗俗的类比，令当今的女权主义者大为光火，不惜一切地要对他做彻底的清算。但是如果撇开培根的一些粗俗的类比，冷静地反思一下我们的认知活动就会发现，它与权力之间的确存在着牵扯不清的关系。

如今，认识论的自然主义转向引起了人们的高度关注，但是在我看来，本体论的自然主义转向才是问题的关键。人们也许会担心，把粗俗的躯体、冰冷的铁锤与仪器一并纳入"主体"概念，会不会使高雅的哲学事业以及科学事业都变得世俗起来，以至于斯文扫地呢。答案是肯定的。我们甚至可以说，这一转向与20世纪初的"语言学转向"一样，是一种不可逆转的趋势，而不管你是否愿意。

前面提及的重建合理性的方案与科学实在论的进路说到底都没能摆脱表象主义的束缚，即都把科学知识理解为某种表象或表象的集合，而不是理解为实践及其条件的集合。科学哲学究竟能否从传统的"理论主导型"转向"实践主导型"，关键在于我们能否超越我们的理论和知觉表象去把握被表象之物。哈金曾以"用显微镜看"为例告诉我们，实验中

---

① ［英］大卫·布鲁尔：《知识和社会意象》，艾彦译，东方出版社2001年版，第251—252页。

的"观察"与其说是看，不如说是做，其中包含了复杂的操作和对实在对象的介入过程。比如说电子是否实际存在的问题，这不是一个诉诸理论争论所能解决的，"如果你可以发射它们，那么它们就是实在的"。我们对世界的介入不一定非要通过理论才能进行，相反，理论的表象则必须以实践的介入为前提。汉森告诉我们，任何观察都具有理论负荷，而哈金想要说的是，任何理论都具有实践负荷。他说："实在论和反实在论四处奔忙，试图抓住表象的本性，从而击败对方。然而在那里什么都没有。这就是我从表象转向介入的原因。"① 只有介入世界，我们才能发现世界是什么。世界不是处在我们的理论和观察彼岸的遥不可及的东西。它就是在我们的实践中所呈现出来的东西，就是当我们作用于它时抵制或接纳我们的东西。即便是十分推崇理论的波普尔也注意到，实在是一个与因果作用有关的概念。按他的说法，这个概念是我们从婴儿时能塞进嘴里去的东西那里得来的。

不能说自然主义者不关注表象，只能说他们不太在意私人意识中的意象。在他们看来，表象是人们建构起来的东西，它既可以是符号，也可以是物。总之，表象一开始就是公共的。"表象"一词既有"表现"的意思，也有"代表"的意思。人们习惯用路标指示路，它的作用不在于告诉我们路是什么，而在于教人如何行路。如果还不够清楚的话，我们甚至可以建一个城市道路的模型，放在沙盘或橱窗中展示。模型也是一种表象。可见，表象原本就是一种介入并建构世界的方式。

当我们从观察与理论的框框中走出来，进入科学活动的现场，去考察科学家们的作业时，就会深切地感受到技能与实践智慧的重要性。科学家当然也需要理论，但是他们只要求能与实践环节相匹配的理论。在这里，理论就是一种模型，具有工具性的意义，能有助于他们理解与把握所研究的对象。而这种理解就体现在用以控制并改造研究对象的技能之中。理解不一定非要对世界进行概念化的处理，更重要的是对如何与世界打交道进行施行性的（performative）把握。科学家当然也说话、商谈，但是其话语的意义取决于由对象、技术、仪器、技能，以及对概念

---

① Ian Hacking, *Representing and Intervening*: *Introductory Topics in the Philosophy of Natural Science*, Cambridge: Cambridge University Press, 1983, p. 145.

的实践性把握所构成的情境。他们对现象的建构为我们提供了与物理实在相对应的模型和规范化的情境。他们之所以更新设备，修补模型，是为了进行更精确的实验操作，以获得更稳定、更可靠的结果。这就是为什么哈金试图赋予实验以自己的生命的理由所在，他的意思是说，实验的存在并非只是为理论提供证据。

在海德格尔看来，我们的日常活动体现了对世界和我们自身的解释，他以锤子为例加以说明。锤子首先不是作为理论对象和认识对象而存在的，它首先是一种用具（在他看来，每一件东西都是首先作为用具而存在的），具有"为了做……的东西"的属性。锤子之为锤子，在于适合锤打，因此锤打活动揭示了什么是锤子。正是在锤打（此在的一种存在方式和实践方式）活动中，锤子才获得了某种定向、某种索引关系、某种功能，才显现自身为世界的一部分。但是反过来，锤打之为锤打，也依赖于锤子、钉子、木板、锤打所要实现的目标等东西。同时，锤打还需要有从事锤打的人，他通过熟练的锤打使自己成为木匠。锤子、锤打以及与锤打有关的事物共同地构成了"做"的行动。总之，实践有其自身的逻辑，自身的洞见。因此他指出："实践"活动并非在"无视"（sight-lessness）的意义上是"非理论的"，它同理论活动的区别也不仅仅在此处是观察，而在别处是行动……［因为］行动有其自身之见（sight）。①

二 知识的力量

那么，做事为何能与知识发生直接的联系呢？在作进一步的讨论之前，有必要先弄清赖尔关于所知（know-that）与能知（know-how）的区分。我们知道，前一类知识是编码化了的，因此也是既成的，而后一类知识则往往处于生成之中，并且很难做出规范性的表达。很显然，海德格尔所讨论的实践性的知识属于后一种。现在我们想知道的是，这类知识有没有，以及如何达到客观性。

前面已经提到过，达到"非透视性的客观性"需要种种实验手段把对象加以隔离。现在，福柯试图通过知识的谱系学告诉我们，在任何客

---

① 转引自 Ian Hacking, *Representing and Intervening*: *Introductory Topics in tthe Philosophy of Natural Science*, Cambridge: Cambridge University Press, 1983, pp. 167－168.

观化过程的背后其实都隐藏着某种支配关系与权力的运作策略。在《规训与惩罚》和《性史》中，他具体地展示了微观权力的运作各种策略：监视、检查、追踪、记录、分类、隔离、分割、规范化和忏悔，等等。这些策略在监狱、精神病院、军营、学校的管理机制中得到了充分的体现。以军营为例："在理想的营房中，所有的权力完全是通过严密的监视得以运作的；每一次窥视都是整个权力运作中的一部分。无数新的设计方案大大改进了陈旧的、传统的四方形设计。道路的几何形状、帐篷的数量和分布、入口的方向、档案和职位的配置都被严格限定；相互监视的窥视之网被编织出来了。"①

　　学校的情况也大致如此。现代的实验技术与传统的技能至少在下面一点上是共通的，即它们都对新的从业者设置门槛，要求对新手进行严格的规训。传统的规训比较灵活，通常师傅交代什么，学徒就做什么。掌握一门手艺一般需要数年的时间。现代的规训不同，它有严格的计划，并要求按部就班地进行。学生在进入第二阶段学习之前，必须要求掌握第一阶段的内容。规训的内容不再是模仿某个特定的动作，活动被分解为各种要素，身体、四肢和关节的位置都受到限制，每个动作都要求有明确的方向、力度、时间，并且动作的顺序也是事先规定好的，然后再组合成连贯的整体，从而精心地造就出能掌握某项技能的行动者。如果违反这些规范化要求，肯定会受到各种形式的惩罚。只要我们稍加留意，就会发现渗透在知识生成过程中的权力运作。

　　科学活动之所以能达到"非透视性的客观性"，是因为科学家事先被训练出了某种行事的方式。看一下拉图尔和沃尔伽的《实验室生活》，我们就能明白一位缺乏训练的新手会面临什么样的窘境："最困难的任务之一是稀释药剂，并把它倒入烧杯中。他必须牢记应该把药剂倒在哪个烧杯中，他必须做记录：（比如）他把 4 号药剂注入 12 号烧杯。但是他发现自己忘了记录时间间隔。当他把吸管举在半空的时候，他发现自己不知道是否已经把 4 号药剂注入了 12 号烧杯中了。他开始变得惶恐不安，并向 12 号烧杯搅动巴斯德吸管。但是，或许他现在已经在这个烧杯中加

---

　　① Michel Foucault, *Discipline and Punish*, trans. , Alan Sheridan, New York：Random House, 1977, p. 171.

了两次药剂。如果是这样的话，读数就会出错。观察者缺乏训练意味着他将不断重复这些活动，实验结果肯定是乱七八糟的，对此我们丝毫不感到奇怪。"①

我们似乎有理由说，在实验室中，事物的"真相"始终受严格的操作规范所限制，或者说任何"真相"都是在特定的规范结构中被建构出来的。于是，我们就有必要去考察究竟是哪些因素与条件左右了"真相"的构成。讨论客观性而不去涉及隐藏在认知背后的学科规训，不涉及监视与惩罚等强制性手段将是很奇怪的，因为只有通过强制性的手段，才能把研究者训练成整齐划一的行动者，并且只有通过规范化的操作程序，他们才能达到公认的"真相"。

当我们对行动者提出客观性的要求时，规范性的力量尽管是必要的，但是却不够充分。行动者除了受到规范的限制外，还受到研究对象本身的限制。因为任何一个行动在付诸实施时，都将在不同程度上遭遇到对象的抵抗。在《行动中的科学》中，拉图尔指出，研究者要想成为研究对象的唯一合法的"代言人"或"代理者"（agent），就必须有效地克服来自对象的种种抵抗。然而，实在的东西不会总是顺从于研究者摆布的，尤其是当研究者试图介入并操纵它们的时候。卡龙（Michel Callon）曾对三位年轻海洋学家在圣柏鲁克湾的失败经历作过剖析。为了挽救当地濒临灭绝的海扇，他们从日本引进了网箱养殖的技术。结果是以他们的失败而告终的，大多海扇逃走了，其余的也被渔民捕得所剩无几。海扇是不会说话的，需要有人替它们说话。在这里，三位海洋学家就充当了海扇的"代言人"。如果海扇养殖成功，他们就有资格写文章报告成果，介绍他们是如何驾驭了海扇的。问题是他们的养殖失败了，也就丧失了作为"代言人"的合法资格。

通过"代言人"概念，我们就可以对传统认识论中的"客观性"和"主观性"概念重新做一番解释。但是经过重新解释后的"客观性"已不再是认识论概念，而是一个社会学乃至政治学概念。在拉图尔看来，所谓"客观的"或"主观的"总是相对于在特定的环境中的力量对比而言的。"代言人"为了表明自己的合法性资格，就必须从"行动者网络"中

① Bruno Latour and Steve Woolgar, *Laboratory Life*, London: Sage, 1970, p. 245.

调集一切可能的资源来支持自己。三位海洋学家的失败意味着他们作为海扇的"代言人"是"主观的"。"'客观性'和'主观性'是相对于力量的考验而言的，它们能够逐渐地相互转化，很像两支军队之间力量的较量。受异议者之所以受异议是因为力量过于单薄，他的想法与做法就有可能被谴责为是'主观的'，如果他想在不被孤立、嘲笑和抛弃的情况下继续自己的研究的话，就必须着手进行另一场战斗。"[1]

为了有别于用言辞进行的辩护（"弱修辞"），拉图尔给出了一种"强修辞"的途径。当别人对你关于某物的说法与计划质疑时，最强的辩护就是做出这个产品并摔在质疑者面前："你自己看吧!"这时，一切争议都会戛然而止。另外，哈拉维所谓"强客观性"（有别于通过中立性达到的"弱客观性"）概念也是在这层意思上成立的。

三 "利维坦"

1651 年，霍布斯写出了《利维坦》。在这部书里，他用《圣经》传说中一种力大无比的巨兽来比拟国家，认为国家的诞生也就是"活的上帝的诞生"。现在我们知道，科学正在取代国家的力量而成为一头"利维坦"。科学与技术成了最具特权的知识，不仅政府在制定政策时需要求助于它，甚至当一种权力本身的合法性受到质疑时也要诉诸科学的权威。因此，对客观性的要求不仅是科学家自己的事，它同时也是政治家们的事。拉图尔曾经断言道："在我们的现代社会，大多数真正的新权力来自科学——不论何种科学——而并非来自古典的政治过程。"[2] 哈贝马斯也意识到，科学与技术已经成了一种意识形态。

事实上，科学的确也适合充当这种"上帝"的角色。科学携带着技术的力量不仅改造或重塑了自然界，以至于我们都面对并生活在一个人工的世界中，同时它也改变着社会的制度性生活。我们随手就能列出一张清单：恒定电流的发明以及转化为功与热；在合成有机化学和石油化

---

① Bruno Latour, *Science in Action*: *How to follow Scientists and Engineers through Society*, Cambridge: Harvard University Press, 1987, pp. 78 – 79.

② Bruno Latour, "Give Me a Laboratory and I Will Raise the World", in Karin Knorr-Cetina and Michael Mulkay eds. , *Science Observed*, London: Sage, p. 168.

学中成千上万的新物质的合成和分离；电磁辐射（可以通过频率和振幅的变化来传递信息）的传送、接收和处理；恒定的核裂变链式反应；制药、外科以及其他的医学干预的方式的发明……仅凭这些就可以改变政治生活的重心，乃至改变社会的整体面貌了，更何况这张清单还能无限制地罗列下去。

在电影和小说中，我们常常看到一个"科学怪人"是如何制造出一头具有摧毁世界能力的科学怪物的。不过人们不会对科幻的东西产生恐慌，因为他们相信科学家是有理智的，或者认为科学的客观性本身就具备某种道德的约束力。

现在我们知道，从科学的客观性本身中不可能直接派生出道德价值，更主要的是，19 世纪以来的科学理性也只具有工具的意义。在工具理性的支配下，任何科学活动正如海德格尔所说的那样，都成了一种"企业活动"（Betrieb）。在他所理解的"企业活动"中，每一个岗位的科学家都受过专门的训练，他们各自都在自己的专业范围内忙忙碌碌，然而又井然有序。于是乎，以教养为己任的学者淡出了，被技能型的研究专家所取代。专家们通常四处奔波，与各方人士磋商谈判。他们必须写什么，现在也得与出版商一道来决定。"企业活动"的实质在于制度化。制度化使得智力资源与经费得到了合理的配置，从而使总体的效率达到了前所未有的高度。

在这里，所有的研究者都被一股无形的力量挟持着，去做一项连自己都不知道为什么的工作。他们的目标似乎就是不遗余力地得到某个研究项目，对他们来说，要到这笔钱，仅仅是为了能要更多的钱。

另外，本章的考察也已表明，19 世纪以来的客观性概念与真理性没有多大干系。我们之所以抛弃实证主义的科学观，主要不在于它是错误的，而在于它已不合时宜。这时，最好的办法是先别去考虑一种观点和主张怎样才算是正确的，或者说是已经得到证实的，而是应该直接考察什么使得一种主张、程序和实验被认为具有科学的意义。相比于前者，后一问题更基本，但是却很少引起科学哲学家的关注。我们知道，并非所有有关自然世界的真理都有科学的意义，都能引起科学家的兴趣。在科学史上，有多少正确的、已经证实的观点被人遗忘，悄然消失，不是因为它们是错误的，而只是由于对当下的科学事业来说显得不那么重要罢了。试想一下，哪一种规划是值得实施的？什么样的结果和效果是值得重视的？哪些实验和计算工作是必需的？何种设备和技能是必须具备的？什么样的成果才值得推广、出版？正如劳斯所说的那样："除非我们了解了科学家如何判定什么是值得去知道，值得去做，值得运用，值得考虑的；什么是无关紧要、无用和无意义的，否则就不可能真正理解科学。"①

这样一来，科学这头"利维坦"的面目在我们面前渐渐地清晰起来了。如果科学仅仅停留在看或说上，那么无论它怎么看、怎么说都是无伤大雅的，因为一种看法与说法行不通的话，还可以换另一种看法或说法。但是做就不同了，它赋予了科学以现实性的力量，能直接介入自然，使自然产生不可逆的变化；同时它也直接介入社会，从根本上改变了我们的生活方式；更值得注意的是，它还直接影响并操纵我们的身体。福柯甚至认为，科学对自然与社会的操纵与塑造实际上都是以对身体的支配为前提的。

我想，至此为止我们才真正领会到什么叫"客观性"。

在这里，客观性就是不以你我的意志为转移，换句话说也是一种无奈。尤其对非西方国家的知识人来说，甚至还面临着一种别无选择的尴尬。我们之所以接受来自西方的技术工业生活方式及其科学基础，是因为我们不得不这样做。阿佩尔说得很对，当西方人觉察到了科学的乖戾时，还可以尝试着通过解释学的反思来弥补已经出现的与传统的断裂，但是东方人则不行。因为我们被迫与自身造成了间距，被迫与自身的文化传统相疏离。当我们展开自己的文化研究时，不能不考虑到这一点。

另外，女权主义者对待客观性问题的态度也值得引起我们的注意。因为在科学的文化研究中，不发达国家的话题总是与作为弱势群体的女性话题交织在一起的。我认为，女权主义者的动机不是想要挑起一场新的性别战争，她们主要是不满意女性在科学这种主流文化中所处的边缘的地位，或者说"主观的"地位。如果我们更多地从批判的意义上来理解女权主义的科学观的话，那么这种观念还是很有价值的，批判性的立

_____

① Joseph Rouse, "The Narrative Reconstruction of Science", *Inquiry*, Vol. 33, No. 2, 1990, p. 186.

场能促使女性在不同的层面上参与科学。通过参与，她们不仅能独到地揭示大多主流观点与权威性成果中存在的问题，而且还能对科学研究的优先性、资金分配、学科等级制度和声望、不同的证明责任、对科学资质或者能力的评估等构成挑战。既然科学已成为一项公共的事业，那么每一个文化群体在有权共享科学成果的同时，也都有义务对它的目标形成共同的制约。

结束语

在本章中，始终在描述客观性事实上是怎么一回事，而不想说它应该是怎样的。事实上不同时期的哲学家在打开客观性的根式时似乎都找到了一个确定的根，从而把找到的答案看成是唯一的解，并以此相互攻讦。当我们以三种不同的模式依次展开三种答案时，并非为了表明哲学的进步，或者说后一个必定要比前一个来得"好"。在我看来，哲学无所谓进步，至多像库恩所说的那样，是一种格式塔式的转换。这丝毫没有贬低的意思，而只是想让思想者持一种更谦逊，因而也更客观的态度。

前些年爆发的所谓"科学大战"，说到底也是两种客观性之争。在科学家们看来，看（观察、事实、证据）才是至关重要的，凭这些就能达到，至少能逼近真理。至于说（争议、说服、磋商），那是政治家的事，他们各自的表达至多是一种意见罢了。科学家尤其是理论物理学家们很难理解甚至有点愤怒，为何后库恩时代的哲学家总是尝试用政治（民主）的基础来解释科学。科学家绝非一些要嘴皮子的人。但是对方也自有他的理由，现代科学作为一种"大科学"已不再是少数几个科学家凭兴趣、热情与信念就能完成的事了，它牵涉到了技术、工程、产业、政府、军事，更主要的是它开支掉了纳税人的钱，对于这些，公众难道不该有自己的说法吗？很显然，科学已成为一项公共参与的事业，既然如此，哲学告别实证主义，用解释学的基础来谈论科学就不见得是什么出格的事了。

到1990年，美国科学促进会（AAAS）终于开口就这场争论做出表态。考虑到科学事业的复杂性，因此它认为争论的双方都有道理。科学作为一种自由的艺术，应该维系自身的理智传统，但同时它又是公共的事业，因此科学主张的合法性不仅取决于科学本身，更应该取决于广泛的社会思想。①

　　从 AAAS 和稀泥的态度中不难看出，我们已经进入了这样一个时代，任何单一的解释模式都不足以解释复杂的现象，哲学也需告别奠基（赋予纷繁的社会思想以一种统一的基础）志向，宽容地接纳一个多样性的世界。

　　①　The American Association for the Advancement of Science（AAAS），*The Liberal Art of Science*：*Agenda for Action*，Washington：AAAS，1990.

第二部分

科学实践哲学

第 五 章

对库恩的两种解读

盛晓明　邱　慧*

一　晚期库恩对自己的解读

自出版《科学革命的结构》（1962）一书到去世（1996）前的三十多年间，库恩是在荣誉、误解和诋毁中度过的。在晚年，尽管他依然无休止地为自己的学说辩解，但是并未一味地指责他的批评者如何曲解了他的思想。他意识到《科学革命的结构》一书在表述上存在很大的含混性，值得去做的工作是重新系统地阐释自己的观点。

库恩找到的第一种阐述自己立场的方法就是解释学（hermeneutics）。他认为："不管自觉不自觉，他们（指历史学家们）都在运用解释学方法，但是对我来说，解释学的发现不仅使历史更重要，最直接的还是对我的科学观的决定作用。"① 与德国的思想家不同，库恩对解释学的兴趣仅仅是为了重新表述、定位自己的科学论。他承认："就我自己来说，上面简要用过的'解释学'一词，甚至直到五年以前在我的词汇中还不存在。"其实解释学的观念在《科学革命的结构》中就已经存在，只是到了后期他才明确意识到这一点，并主动向它靠拢。

---

* 邱慧：现为中国科学院大学人文学院副教授，发表该文时系浙江大学哲学系科学技术哲学专业研究生，1998 年求学于盛晓明教授门下，2001 年获硕士学位。本文原载于《自然辩证法研究》2000 年第 5 期。

① ［美］托马斯·S. 库恩：《必要的张力》，纪树立等译，福建人民出版社 1981 年版，第 V 页。

　　众所周知，由于"范式"本身的含混性使他一度想放弃这个概念，并用"专业母体"（disciplinary matrix）来取而代之。但是到了 1988 年夏天，他在哈佛召开的题为"解释与人文科学"学术大会上发表讲演，这时他对"范式"的态度发生了重大的转变。在讲演中，他坚持认为自然科学，如天文学与人文科学一样，都依赖于他们所从事的共同体。他总结道："迄今为止，我仍认为任何阶段的自然科学都基于一套概念体系，这些概念是现代研究者从他们直接的祖先那里继承下来的。那套概念体系是历史的产物，根植于文化，现在的研究者通过训练而入门，并且只有通过历史学家和人类学家用来理解其他思维模式的解释学方法才能被非成员所理解。有时，我称它为特定阶段科学的解释学基础，你可能注意到在其中一种意义上，它与我曾称作范式的东西十分相似。尽管这段日子我很少使用这个词，几乎完全失去了对它的控制，但为简洁起见，这里我有时仍使用该词。"①

　　可见，晚年库恩对"范式"概念的确认并非简单地恢复到 1962 年的观点上去，而是重新将它理解为"解释学基础"。自狄尔泰以来，人们自觉或不自觉地用解释学方法来区别于自然科学，似乎这种方法的确更适合于非科学的经验。然而到了韦伯、帕森斯和雅各布森的诗学理论，狄尔泰的努力开始走样，他们希望把自然科学所具有的性质、方法和解释的有效性推广到人文与社会科学中。这两种倾向在伽达默尔的哲学解释学中得到了综合，经他改造后的解释学要求把问题置于一个包含传统在内的特定情境中来讨论，但是同时又要求超越这种情境。解释学既不限定于人文科学，也不限定于自然科学，而是先于这些科学，并使它们成为可能的东西。哲学解释学主张："问题不是我们做什么，也不是我们应当做什么，而是什么东西超越我们的愿望和行动与我们一起发生。"② 正是在这一点上，库恩与伽达默尔达成了某种默契，尽管他从未提到过伽达默尔的名字。现在库恩认为，自然科学与人文科学一样也是有着"解

---

　　①　Thomas Kuhn, "The Natural and the Human Science", in David Hiley et al. , eds. , *The Interpretive Turn*：*Philosophy*，*Science*，*Culture*，Ithaca：Cornell University Press, 1991, p. 22.

　　②　［德］汉斯 - 格奥尔格·伽达默尔：《真理与方法》（上卷），洪汉鼎译，上海译文出版社 1999 年版，第 4 页。

释学基础"的理智事业。既然如此，自然科学就可以通过下述方式与人文科学和社会科学进行比较："如果某人采纳了我描述自然科学的观点，值得注意的是，其研究者通常所做的是给定一个范式或解释学基础，不是一般的解释学。更确切地说，他们所用的范式是努力从老师那儿得来的，我曾称之为常规科学，即试图解难题的行业，如那些在该领域的最前沿，提高并拓展理论与实验之间的契合。另一方面，社会科学则是解释学的，解释的（interpretive），不断反复的。在它们中很少会发生类似于自然科学的常规解难题研究。"① 按他的理解，在常规科学研究中，作为"解释学基础"的范式始终是被给定了的，它是使科学研究成为可能的前提条件，而不是研究的对象。

　　当然，在这里全方位地比较库恩与解释学家们的观点既无可能，也没有必要，因为库恩是在科学论的方向上通过独立的研究来切入解释学维度的。伯恩斯坦（Richard Bernstein）指出，库恩有时以较弱的意思使用"解释学"这个术语来表示那种在解释学传统中总是被认为必不可少的敏感看法。在解释学中不存在任何"裸露的事实"，"事实"是解释者参与解释的结果，而不是解释的前提。同样库恩也教导他的学生说，在读一位重要思想家的著作时，首先要找文本中显而易见的谬误，并询问自己，一个神志清醒的人怎么会写出这样的东西来。当你找到了答案时，就会发现原先自以为理解了的东西，它们的意思现在完全变了。②

　　和现代解释学家一样，库恩也告别了启蒙主义遗留下来的进步模式。在他看来，逻辑实证主义的套箱理论无非是这种模式的翻版。"他们创造了那种起初曾使我误入歧途的阅读原著的方式，而他们自己也常陷入这种误读之中。"③ 库恩重新"发现了历史"，这种"发现"的途径说来也简单，即"对过时的著作恢复过时的读法"。也只有这样我们才能真正理解变革。变革并非知识的增加和积累，也不是对传统错误的逐步修正，

---

　　① Thomas Kuhn, "The Natural and the Human Science", in David Hiley et al. , eds. , *The Interpretive Turn*：*Philosophy*，*Science*，*Culture*, Ithaca：Cornell University Press, 1991, pp. 22 –23.

　　② ［美］托马斯·S. 库恩：《必要的张力》，纪树立等译，福建人民出版社 1981 年版，第Ⅳ页。

　　③ ［美］托马斯·S. 库恩：《必要的张力》，纪树立等译，福建人民出版社 1981 年版，第Ⅴ页。

变革实际上是一下子切换到了"另一种思路"。只有这样理解，我们才不至于离传统越来越远，而是以新的形式返回到传统。

库恩找到的第二种解读自己的途径是转向对科学知识发展模式的构造。这种构造通常是在与两种途径的比较中推进的：一种是与语汇变迁的模式进行比较，另一种是与一定形式的进化理论作比较。当他的关注点从新旧理论的关系转向了当代竞争理论之间的关系时，引入康德那种同时态的构造方法是势所必然的。的确，"不可通约性"只意味着构成一种理论的要素不能被穷尽地还原到另一种理论中去，而丝毫不意味着这些理论之间没有任何共同和重叠的东西。要不然作为科学"主体"的范式或共同体将会封闭自己，堵绝了一切可供出入和交往的可能途径。这样的"范式"必定是唯我论的，至少不能与方法论的唯我论划清界限。在交往中，构成范式的规则与要素会发生变化，承认这一点又势必要导入进化的观念。于是他说："现在可能已经清楚我正逐步发展的立场是一种后达尔文的康德主义。像康德的范畴一样，语汇提供了可能经验的前提条件。但是语汇的范畴并非如它的祖先康德所认为的那样，它是能够变化的，并且确实在变化，当然这种变化历来不会太大。"①

第二种解读方式还需以第一种为前提，只有通过交往性的实践我们才同时做出静态和动态的解释。在库恩及其后继者看来，科学家对一种理论或范式的赞同或拒斥并没有什么太大的奥秘，也不像局外人所想象的那般神圣。说白了就如同面对一场游戏，要么加入，要么退出。对此既不能诉诸演绎逻辑来证明，又不可能通过观察、证实或证伪来解释。在这里，库恩为我们构造了一种新的讨论界面和语境。在这个界面上，选择总是与"论辩""说服""劝导"相关。如果在不同的范式和理论之间发生冲突，一方总希望对方转变看待科学的方式，这时与其诉诸证明和实验数据，不如转向修辞学来探讨"说服的技巧"。

① Thomas Kuhn, "The Road since Structure", *Philosophy of Science Association*, Vol. 2, 1990, p. 12.

二　劳斯:"库恩Ⅰ"与"库恩Ⅱ"

当今科学论（science studies）已经进入了一个"后库恩时代",大多数思想都是从对库恩的解读中引发出来的。劳斯（Joseph Rouse）的"科学的文化研究"方案就是其中之一。早在《知识与权力——走向科学的政治哲学》（1987）中他就指出,对《科学革命的结构》存在着两种读法。[①] 第一种读法是人们通常通过范式之间的"不可通约性"所理解的库恩,劳斯称之为"库恩Ⅱ"。实际上这是误读,因为它忽略了"库恩Ⅰ"的存在。"库恩Ⅰ"是解释学或者语用学意义上的库恩,他把科学理解为一种我们都参与其中的实践,乃至理解为维特根斯坦意义上的"语言游戏"。劳斯认为,其实只有以"库恩Ⅰ"为前提,"库恩Ⅱ"才是可理解的。

"库恩Ⅱ"把"范式"概念既直接理解成"世界观",也理解为一种与现实的科学研究相适应的规范体系。认可"范式"是科学家被纳入"科学共同体"的前提条件。因此,可以说"范式"是与"科学共同体"等价的构造性概念。不同的构造规则之间形成了"不可通约"的问题。"不可通约"实际上是一个"非本质主义"的概念。用维特根斯坦的话说,在家族成员之间尽管不存在共同的"本质",但是他们还能被识别为一家人（"家族相似性"）;而库恩则强调,既然在"范式"之间没有共同的"本质",就不能用衡量一个共同体的标准来衡量另一个共同体。在主张合理性进步的学者看来,库恩（确切说是库恩Ⅱ）实际上是把科学的进步建立在非理性的基础上,使之受某种"暴徒心理"支配。

劳斯认为这样的解读至少是片面的。真正的库恩（"库恩Ⅰ"）所注重的是科学知识的"内在的"性质,即把科学首先理解为一种实践性的参与和投入,而不仅仅是把科学作为考察和研究的对象。如果说后者是一种"说明性"的研究的话,那么前者则是"解释性"的。"说明的"科学论固然注意到了既有科学理论所具有的普遍的阐释力和广泛的社会

---

① Joseph Rouse, *Knowledge and Power: Toward a Political Philosophy of Science*, Ithaca: Cornell University Press, 1987, chap. 2.

使用价值，但是正如卡特赖特（Nancy Cartwright）所揭示的那样，它尽管能用少数原理来涵盖广泛多样的自然、社会乃至精神的现象，就如同做一个特大号的盖子一下子罩住所有的东西，然而这样的"说明力"恰恰是以牺牲具体的情景条件为代价的。[①] 相反，"解释的"科学论则不把既成的科学理论作为研究的对象，而是把科学理解为自己正在参与其中的"游戏"。在维特根斯坦那里，游戏是一个逐渐形成、不断变化的过程。科学共同体也是如此，永远没有旁观者。比如一位科学家要从事某种实验，参与某项课题的研究，就必须考虑经费的来源，并根据有限的财力添置必要的人员设备，当然还要考虑到与其他成员的合作，或者接受他人的观点，或者说服他人接受自己的方案与想法。这一切，包括他的操作程序和辩护方式都是在一种限定的条件、旨趣和立场中进行的。或者说，参与科学就意味着介入特定的共同体。

伯恩斯坦在为库恩辩护时，也倾向于"库恩 I"。他说："或许可以为库恩做出这样的辩护，那些指责他提出科学形象为一种非理性活动观念的人并没有把握他论证的主要之点。他的主张是，构成科学之理性的许多传统的或标准的理论都是不充分的，如果我们要理解科学是如何发挥功能的，它在什么意义上是一种理性活动，我们就必须对那些传统或标准的理论做出修正。库恩本人将此视为一个解释学任务，在那里人们试图通过科学被付诸实践的方式来澄清和阐明在科学研究中表现出来的合理性类型。"[②]

三　从科学社会学到"科学知识的社会学"

关于库恩的争论很难一下子平息下来。默顿的支持者们希望通过这场争论来重新发扬结构功能主义的理论，试图在科学论中找回科学社会学的一席之地。然而，默顿学派的这种"科学—社会"的分析模式却与库恩的解释学精神格格不入。20 世纪 70 年代之后，欧美的科学社会学的

---

① Nancy Cartwright, *How the Laws of Physics Lie*, Oxford：Clarendon Press, 1983, p. 139.
② ［美］理查德丁·伯恩斯坦：《超越客观主义与相对主义》，郭小平等译，光明日报出版社 1992 年版，第 72 页。

研究领域和研究传统虽然保存下来，并得到了长足的发展，但是其基本信念却发生变化，甚至出现分裂。分裂后的两派中，一派以美国的社会学家为中心，依然坚持默顿的结构功能分析方法，把科学社会学作为社会学的一个分支来定位，所以也被称为"科学共同体的社会学"（Sociology of Scientific Community）。另一派则以英法等欧洲国家（尤其是以爱丁堡和巴斯）为中心，兼收并蓄了库恩的科学观、德国的知识社会传统乃至后期维特根斯坦的哲学观念。这一派的成员大多是哲学和自然科学出身，不屑于社会学的科班训练。他们强调要从科学实践层面关注科学知识，反对像默顿那样把知识作为既成的东西，放到暗箱里封存起来的做法。具有这种方法论的研究者称自己为"科学知识的社会学"（Sociology of scientific Knowledge，简称"SSK"）。

上述两派的分歧很大程度上是基本信念的分歧。"科学共同体的社会学"大体上把自己的信念定位于"客观主义"。在《社会理论与社会结构》一书中，默顿指出，为了达成科学知识增长的目标，科学活动就必须有相应的理念来支撑。这种理念为科学共同体所共有，是制约科学家行为的价值与规范的复合体，可以落实在"普遍主义"、"公有性"、"无功利性"和"系统的怀疑主义"等规范之中。正是因为受如此严格的规范所约束，与其他社会系统相比，科学共同体相对地更健全，而它所提供的科学知识也更客观，更加受信赖。然而正如我们所知，学术界并非像默顿刻画的那样神圣。如今人们已渐渐习惯于把学术界看作市场的一个重要部分，而不再是一块超尘脱俗的"飞地"。再说，作为市场的学术圈也很难称得上是公正的自由市场，其中存在着种种特权和保护主义的壁垒，以及默顿本人也承认的"马太效应"现象。这些现象显然不合乎默顿给定的理念和规范，但是具有这些现象的活动依然被称为科学。于是人们意识到，必须把科学共同体置于一个更宽泛、更具体和更现实的文化境遇中，才能对之进行有效的讨论。

科学知识的本质特征究竟是什么？它是普遍有效的吗？是一系列已经证实的命题集合吗？在科学知识的社会学看来，在尚未详细考察科学知识的形成过程和制约条件之前，且慢回答这些问题。在1975—1977年，拉图尔与沃尔伽着手尝试做这样的工作。他们直接参与萨克（Salk）生物学研究所的研究活动，大胆地采用文化人类学的研究方法来描述并分析科研活动的实情。在《实验室生活：科学事实的建构过程》（1979）中，他们以其亲身经历向我们描述，科学家们实际上是怎样推进研究的，以及科学知识是如何在研究活动中被构造出来的。萨克研究所的所长对他们的研究方法十分欣赏。按他的理解，"（参与性的观察者与分析者）成了实验室的一部分，在亲身经历日常科学研究的详细过程的同时，在研究科学这种'文化'中，作为连接'内部的'外部观察者的探示器，对科学家在做什么，以及他们如何思考做出详尽的探究"①。也有人把这种通过详细周密观察来分析科学知识的形成过程的研究方法称为"微观科学社会学"。不管这种叫法是否合适，至少自 20 世纪 80 年代至今，他们作为"实验室研究"（laboratory studies）的创导者这一点还是公认的。正是在《实验室生活：科学事实的建构过程》的方法论基础上，塞蒂纳在《制造知识：建构主义与科学的与境性》（1981）中明确指出，科学知识不是被发现的，而是被构造出来的。②

设想我们有了一定的实验数据，按往常的看法，总以为它们已经决定了我们该有什么样的科学知识。这是一种成见。实际上，实验数据总是受制于特定的情景（context），因为数据还要经过科学家解释，还需以特定的范式为前提。由于范式的差异，人们从同样的实验数据中可以引申出不同的科学知识。结论只能是相对的。科学史上形形色色的科学知识总是被嵌入了当时特定的社会与文化情景中，即便是我们现在对它们的评价与选择同样也受制于当下的文化情景。由此很容易得出一个结论，也许根本就不存在普遍有效的科学知识。任何科学知识中至少都掺杂了社会文化的成分，因此也始终带有局部或地方的性质。实验室本身就受局域的（local）限制，实验所能提供的设备和测定手段也只是偶然的（contingent）条件，另外科学家们还得花工夫和口舌与上下左右交涉（negotiation）才行。科学知识很难摆脱这些因素的影响。有鉴于此，劳

① Bruno Latour and Steve Woolgar, *Laboratory Life: The Social Construction of Scientific Facts*, London: Sage, 1979, p. 12.

② Karin Knorr-Cetina, *The Manufacture of Knowledge: An Essay on the Constructivist and Contextual Nature of Science*, Oxford: Pergamon Press, 1981, chap. 1.

斯甚至干脆把科学知识叫作"地方性知识"（local knowledge）。[1] 从中可以看出 SSK 对科学知识理解上的叛逆风格，也许我们还得承认，这种观念的始作俑者除了维特根斯坦外还有库恩。

四　"科学的文化研究"课题

此外，我们看到一种据说是可以取代"科学知识社会学"的研究方向，它被称为"科学的文化研究"（Culture Studies of Science，简称"科学的 CS"）。1996 年，劳斯出版他的近作《涉入科学：如何从哲学上理解科学实践》（*Engaging Science：How to Understand Its Practices Philosophically*），明确界定了"科学的 CS"的概念并描述了它的特征。至今为止，"文化研究（CS）"在欧美依然方兴未艾，劳斯之所以把 CS 引入科学论是为了跳出 SSK 那种传统的社会构造主义方法。"科学的 CS"也可以说是在 SSK 与 CS 基础上实现的新综合，它很难说是科学论中的一个研究领域，而只是一种方法、视角、观念。进一步说，甚至也不是一种固定和单一的视角，而是集历史学、哲学、政治学、社会学、人类学甚至女权主义、文艺批评在内的全方位视角。"文化"从来是一个最混乱不堪的用词，但凡严肃的科学论研究都不屑介入这类谈论。但是劳斯则认为，只有用"文化"这样的词语才能包容各种异质的东西，它不仅能表现社会的实践、语言的传统，或认同与交往以及连带性（solidarity）组织，甚至兼具"物质文化"的意思，而且蕴含着构造该词的情境。因此不选择"文化"这样词汇便不足以贯彻某种通达、开放乃至全方位的科学观。[2]

根据"库恩 I"的观点，在《科学革命的结构》中最具革命性又最容易为人们所疏忽的是"作为实践的科学"这样一个着眼点。现在劳斯进一步强调，只有把实践置于文化中来考察，才有可能把库恩的科学论与海德格尔的实践解释学、法兰克福学派的社会批评理论和福柯的文化

---

① Joseph Rouse, *Knowledge and Power：Toward a Political Philosophy of Science*, Ithaca：Cornell University Press, 1987, chap. 4.

② Joseph Rouse, *Engaging Science：How to Understand Its Practices Philosophically*, Ithaca：Cornell University Press, 1996, p. 238.

批判紧紧地捆绑在一起，并以此为契机进一步拆除存在于它们之间的屏障。劳斯认为，欧洲大陆的科学论存在着一种弊端，它们很少直接置身于科学研究的实地，也不太在乎科学知识的生成过程，只是站在科学的对立面上进行理论批判。但是它也有优势，即一开始就把自己的视野投放到了更开阔的"生活世界"中。正是从"生活世界"的观点出发，他们始终不承认科学知识在文化中的特权地位。如今我们都能领略到科学知识转化为技术时所发挥的巨大的物理能量，我们在享受着它的恩惠的同时，也感觉到了它带来的威胁。另外，欧洲的思想家们早就明确地意识到，科学知识的产生与使用始终受某种政治因素的左右，并往往通过权力的关系来强化知识自身的有效性与合法性。当然科学知识也能反过来充当权力的意识形态。

在《涉入科学：如何从哲学上理解科学实践》一书的最后一章中，劳斯对"什么是科学的文化研究？"的问题作了简要的回答，"什么是科学的 CS？我使用这个词语来广泛地包摄有关实践的种种研究，即通过实践使科学的理解条理化，使之适合于特定的文化情景，并通过转译向新的文化情景扩张"①。同时他也承认："科学的 CS 与其说从属于学院派历史的、专业化科学史的、哲学的和社会学的解释范围，不如说从属于科学本身的历史、科学自身的文化以及围绕科学知识的政治斗争。"② 尤其到了 20 世纪末，"科学的 CS"更应该发挥自己的"杂交"优势，强化与现代科学的内在交往，通过认识论与政治批判直接参与科学的实践过程，反思它遇到的种种问题。为此目的，劳斯提出了六个课题，涵盖了"科学的 CS"的六个方面的特征。③

第一，"非本质主义"。罗蒂说过一句很有意思的话："自然科学并不自然。"它的意思是说，自然科学一直刻意追求统一的"科学性"，当它意识到自己是"科学的"时，就把与自己不相容的东西都认定是"非科

---

① Joseph Rouse, *Engaging Science: How to Understand Its Practices Philosophically*, Ithaca: Cornell University Press, 1996, p. 238.

② Joseph Rouse, *Engaging Science: How to Understand Its Practices Philosophically*, Ithaca: Cornell University Press, 1996, p. 241.

③ Joseph Rouse, *Engaging Science: How to Understand Its Practices Philosophically*, Ithaca: Cornell University Press, 1996, pp. 242 – 258.

学的"。然而，科学的实践活动是一个历史的过程，始终受制于历史给定的条件和规范。既然历史在发展着，这些条件和规范也毫无例外地变动着，那么所谓统一的"科学性"也就变得"不自然"了。科学实践是一种不断地设定着专业、学科间的边界，而又不断地打破、超越这些边界的活动。比如高能物理学、低温物理学、生态学、分子生物学乃至分类学、古生物学、气象学等，都是不同类型实践的多角度的聚集。即便同一学科内部，也存在文化的多样性。比如科学研究的类型、定向、标准等，在不同国家之间常常存在着差异。这样说并不意味着不同的科学文化都是自我封闭的，而是说不同科学共同体之间的可交往性无须以某种统一的"本质"为前提。

第二，把科学理解为实践性的参与。这一特征是"非本质主义"的具体展开，也是"科学的 CS"与社会建构主义传统最实质的分界线。"科学的 CS"要求对这些结构进行"解构"，把对科学实践的解释交还给科学所归属的文化传统。劳斯的文化观念多少受到后殖民主义的文化人类学传统的影响，反对帝国主义的文化人类学把科学作为文化权威，作为普遍有效的行为准则来对待。我们对科学的考察其实是科学对自身的文化意识，包括它对自身的认识论意义以及政治关系的反思等。只有把科学理解为实践，科学的"反思性"才有可能得到落实。正如哈拉威（Donna Haraway）所说的那样："对自然诸科学……的文化和政治的评价，不仅是'外在的'，更应该是'内在的'，因为这种评价已经与评价者的旨趣和利害关系深深地交织在一起了，当现实中的人叙说作为条件的生活时，本身已经成为意义源头的实践领域的一部分了。"[1] 把科学理解为实践，本身就是一种"内在论"的观点，这种观点初看似乎有失于"客观的"立场。这是误会，正如库恩所强调的那样，一种诉诸沟通的态度就已经不再是"主观的"了。再说通过反思性，科学还可以进行"谦虚的"自我批判。

第三，强调科学实践的"局域（local）性"与"物质性"。科学知识原本是以物质的工具为媒介的实践，那么通过物质媒介确立的观念，

---

[1] Donna Haraway, *Primate Visions: Gender, Race, and Nature in the World of Modern Science*, New York: Routledge, 1990, p. 13.

也只有与物质相联系才能找到解释的根据。然而以往的科学观却切断了这条纽带，把科学知识想象成一个"自由的"观念体系。"科学的 CS"首先要求我们回到科学实验所基于的条件上来，只有这样，知识的形成才能用实验工具，以及作为操作程序的技术或技能来加以论证。另外，我们很难把实验工具从特定的情景条件中分离出来。只有与特定的情景，比如说课题、操作者的观念意识以及其他配套的条件相关，工具才能发挥作用，才有意义可言。在这一点上劳斯赞同 SSK 的主张，正是由于科学知识本身具有"实践性"和"物质性"，它必定也带有"局域性"。关于这种性质，人们很容易会联想到波兰尼的"个人知识"（personal knowledge）理论。尽管它们之间存在着诸多的理论相似点，但劳斯本人明确地拒斥了这种联想。波兰尼之所以把知识建立在缄默无语的"意会之知"（tacit knowing）的基点上，是由于语言的解释框架不大可靠，并且很难跟上知识的增长，用它来表达认知要冒一定的风险，因此最好还是保持缄默。对此，劳斯不敢苟同。因为科学实践的"局域性"并非自我封闭的，还需要向新的"局域"环境扩张，这就使交往与沟通成为必需。

第四，强调科学实践的文化开放性。与此相反的观点是主张科学共同体的封闭性，对别的社会共同体和文化的实践类型视而不见、漠不关心。库恩尽管是劳斯的启蒙者，但是他对科学共同体规范的自律性与统一性的强调却与"科学的 CS"的理念相去甚远。在这一点上追随库恩的恰恰是 SSK 这类社会建构主义者，他们更关注科学共同体所共有的信念、价值、旨趣，以及产生它们的社会结构。"科学的 CS"却试图去超越科学共同体与其他文化和亚文化群体之间的界线。科学家们总是不断地寻求物质和经费的支助、人才的补充、有价值的课题，甚至也吸纳流行的话语以及与此相关的隐喻、类比、辩护方式等。

第五，反对实在论及其"价值中立"的原则。在这一问题上，"科学的 CS"只是对"价值中立"原则发起挑战，而不想提出某种取而代之的方案。这体现了 CS 的认识论与政治的批判性立场。劳斯对待实在论和科学的"价值中立"原则大体上持康德式的批判态度。科学实在论是这样一种观念，它认为科学的任务就是提出理论，理论的任务就是正确地描述世界，而世界是独立于人的范畴和理论能力的。"科学的 CS"拒斥把图式与内容、活动与情景对立起来的二元论观点。我们都知道，说话总是离不开一定的情景。同样，情景也不可能独立于特定的说话行为。排除了实在论的前提条件，所谓科学的"价值中立"原则也就丧失了存在的根据。科学实践本来就不必刻意追求"中立"，反过来说也用不着夸大自己的"非中立性"。

第六，积极投入对科学知识的认识论和政治批判。该特征是在反实在论和反"价值中立"原则基础上的引申，同时也是针对社会建构主义方法而提出来的。社会建构主义者把"价值中立"认定为科学的理想，据此，他们把有关科学知识的认识论价值和政治价值的问题都"悬置"起来，或放入"括弧"中加以还原。劳斯认为，这是一种把科学的权威与政治的权力对峙起来的做法。"科学的 CS"则与此相反，认为科学知识的形成中本来就有权力因素的介入，因此我们一经投入科学实践，也便同时介入了政治的批判。

综上所述，我们认为，库恩转向解释学的一个重大成果就是把科学论的研究理解为一项实践的任务，这项任务要求我们面对不同时期、不同场合的科学活动，及时调整研究者自身的方法与观念结构。因为科学论的研究者不再是科学活动的外在的旁观者，而是参与者。当然参与并不要求实际地介入，而是想象地参与；另外，所介入的活动甚至也可以是可能的活动和"可能的世界"。在这一点上，默顿的后继者们为了达到"客观性"而放弃了参与，而《实验室生活：科学事实的建构过程》的作者则对"参与"作了过于狭窄的理解。按照这样的理解，我们就不可能像库恩所描述的那样去参与亚里士多德时代的生活。至于劳斯的"科学的文化研究"方案则无疑走得过远，它甚至把自然科学所固有的特征都全部消解在后现代叙事中了。我们知道，库恩晚年曾多次拒斥对他作后现代的解读。我们已经展示了库恩及其后继者在科学论中的解释学转向，至于后续的路究竟该怎么走，这对库恩和我们来说都同样是悬而未决的问题。

第 六 章

地方性知识的构造*

盛晓明

一 何为"地方性知识"?

自 20 世纪 60 年代以来,我们的知识观念正处在悄悄的变革之中,"地方性知识"(local knowledge)正是这一变革的产物之一。这里所谓"地方性知识",不是指任何特定的、具有地方特征的知识,而是一种新型的知识观念。而且"地方性"(local)或者说"局域性"也不仅是在特定的地域意义上说的,它还涉及在知识的生成与辩护中所形成的特定的情境(context),包括由特定的历史条件所形成的文化与亚文化群体的价值观,由特定的利益关系所决定的立场和视域等。"地方性知识"的意思是,正是由于知识总是在特定的情境中生成并得到辩护的,因此我们对知识的考察与其关注普遍的准则,不如着眼于如何形成知识的具体的情境条件。人们总以为,主张地方性知识就是否定普遍性的科学知识,这其实是误解。按照地方性知识的观念,知识究竟在多大程度和范围内有效,这正是有待于我们考察的东西,而不是根据某种先天(a priori)原则被预先确定了的。

相对于近代的科学理念和启蒙精神来说,"地方性知识"显然具有矫枉乃至"颠覆"的意义,因此人们往往把这种观念与后现代主义等量齐观。这有一定的道理,但也不无偏颇之处。历史上的经验论者,当其拒

---

* 本文原载于《哲学研究》2000 年第 12 期。

斥先验主义的解释，主张从有限的、局部的经验出发来构造知识时，其实都有意无意地倡导着地方性知识。然而，地方性知识的观念尽管与经验论交叉，但并不重合。这种观念带有更浓厚的"后殖民"时代的特征。它的兴起与流行于欧美人类学界的文化研究、新实用主义、法兰克福学派和后结构主义对科学的政治批判，以及社会构造论研究有关。这些思潮相互辉映，在对"西方中心主义"的文化霸权发起冲击的同时，也要求对作为传统科学观念的核心的"逻各斯中心主义"作出批判。

可见，地方性知识首先具有批判的意义，其次才谈得上实质性的和建设性的意义。当今，不少人类学家和社会学家都执着于后一层含义。为此，他们必须寻找到一些只能满足"local"条件的知识范例。在他们眼里，最明显的范例除了土著人的知识外还要数我国的中医。中医显然能治好疾病，但是按照西方的知识准则，它很难称得上是科学。原因就在于中医知识是在中国传统的和本土文化的情境中生成的，因此也只能通过本土文化内部的根据来得到辩护。按此逻辑，我们似乎能得出结论，即便牛顿的万有引力定理也是在当时英格兰那种特定的情境中生成的，它之所以被看成是普遍有效的，完全是由于辉格党人的政治胜利，或者由殖民化的顺利进展等社会文化因素所致。这样的结论又嫌过强，知识毕竟包含不为特定情境所决定的确定的内容。本章倾向于从批判的意义上来理解地方性知识。当我们说知识并非普遍有效的时，丝毫不意味着一切知识都是局域地有效的。

当代地方性知识的支持者们往往把这种观念溯源到亚里士多德、维科、尼采，甚至是马克思那里。在《资本论》中，马克思无疑是站在劳动的立场上来反思资本及其运动规律的，但是这种非中立的立场丝毫没有损害其分析的科学性。列宁则进一步把马克思主义的活的灵魂归结为：对具体问题的具体分析。是的，我们平常所面对的实际问题总是具体的，仰仗于任何抽象的和教条都不足以解决它们。

直到20世纪中叶以后，人们进一步认识到，所谓"知识"是随着我们的创造性参与而正在形成中的东西，而不再是什么既成的，在任何时间、场合都能拥有并有效的东西。如今我们所提倡的知识创新和素质教育都必须诉诸实践来理解知识，即要求我们提升解决实际问题的能力，而不是去空泛地恪守某种普遍有效的原则。人们同时也认识到，知识的主体既不是单一的个体，更不是什么普遍的人类性，而是特定时间和场合中具有连带关系的共同体。经历解释学或语用学转向的哲学则把主体性理解为主体间性，而文化学家们则更直接地在种族和文化群体的连带性（solidarity）意义上来解释主体性。用连带性来解释科学，科学家不是什么中立的、公正的代表，科学知识也不再以普遍有效性为前提。

在当代科学论中，地方性知识真正的始作俑者当数库恩。库恩不屑于去分析现成的和既有的知识，只关注知识实际生成和辩护的过程。通过"范式"这一"解释学的基础"，他告诉我们，任何科学共同体都带有历史的成见，因而都置身于一种局域的情境中了。重要的与其说是分析普遍有效的方法，毋宁说是描述特定的历史情境，以及在这种情境中实际有效的范例。在他之后出现的"新科学哲学"（如波兰尼的"个人知识"）和科学知识的社会学（SSK）的社会构造论都试图在此基础上作进一步的引申，从正面来构造地方性的知识。在作进一步的分析之前，我们最好对当今时代知识观念的特征作几点确认。

首先，正如我们刚才提到过的，知识在本质上不是一系列既成的、被证明为真的命题的集合，而是活动或实践过程的集合。活动不只是在思维中进行，更主要的是在语言交往、实验，乃至日常生活中进行着的。正因为如此，我们探讨知识时就不可能不涉及能力、素质与条件。在这里，我们应该把科学或知识理解为动词，即拉图尔所谓"行动中的科学"。其次，科学或知识是一项公共的事业，而不只是存在于少数知识精英和技术专家头脑中的东西。知识的有效性必须以别人的实际认可为前提。从这个意义上说，他们一起共同构造了知识。知识作为一种"语言游戏"，它没有旁观者，而只有实际的参与者。"参与"（engaging）是表达"地方性知识"的一个关键词。由此可见，知识的主体必定是共同主体（"共同体"）。最后，既然知识的有效性问题归根结底是一个主体间性的问题，那么有效性的实现也必定诉诸说服与劝导这样的论证与修辞手段，诉诸认同、组织之类的社会学原理，并且也与权力这样的政治学问题密不可分地纠缠在一起。

在《地方性知识》一书中，吉尔兹曾转引《纽约时报》刊登的一篇短文来告诉我们，究竟何谓"地方性知识"。文章的作者是芝加哥大学费米研究院的物理学教授，他在举了诸如一只标准的蚂蚁在一只标准膨胀的气球上之类的例子后，得出结论说："物理学就像生活一样，没有绝对的完美。也不会将所有的东西都整理好。它的实质就是一个问题，或进而言之，即你到底花了多少时间和兴趣去投入进去。宇宙真是曲线做的吗？这问题并不是那么界限分明和枯燥。理论不断出现又消失，理论并没有对与错，理论就像社会学的立场一样，当一些新的信息来了，它可以变化的。……物理学在迷惑；恰似生活本身也会容易陷入困惑一样。它只是一种人类活动，你应该去做出一种人性的判断并接受人本身的局限性。"①

二 知识的构造与情境

地方性知识的兴起无疑与康德对科学知识的先验构造，也与胡塞尔对严密科学的构想的失败有关。康德承认，科学知识本质上不是分析命题，而是综合命题。对综合命题的奠基要求有逻辑以外的经验根据。然而在经验的条件下，尽管知识也可以是有效（Geltung）的，但是不足以保障它在任何情况下都有效。为此，我们必须预设某种"有效性"（Gültigkeit）的条件来保证知识"普遍认可的价值"（Anerkennungs Würdigkeit）。这些独立于经验来源的先天条件便构成了所谓"先验主体"。胡塞尔的做法与康德不同。在反驳心理主义时，他要求我们把知识的实际生成过程与知识本身所包含的内容区分开来。后者作为客观的观念是不受任何心理的和历史的因素所制约的，因而是绝对的。但问题是，这种客观的和绝对的观念又是如何生成的呢？为了解释这一点，他要求我们必须还原到某种纯粹的意识结构中来。严密的科学知识只有在这种纯粹的生成结构中才能得以奠基。

后来人们渐渐发现（其实胡塞尔本人在后期也意识到），这种纯粹的意识结构实际上并不纯粹，也许科学只有在更日常的"生活世界"才能寻找到自己的根据。另外，康德之后的研究者们也发现，作为先天的时空形式，甚至可以作经验的研究；任何范畴也都能从特定的文化背景中

---

① ［美］吉尔兹：《地方性知识》，王海龙、张家瑄译，中央编译出版社 2000 年版，第219—220 页。

找到它的起因。与康德相比，胡塞尔更清醒地意识到了欧洲科学的危机。他已经听到了相对主义逼近的脚步声了。鉴于胡塞尔的告诫，20 世纪上半叶主流的哲学家（如波普尔）与社会学家（如默顿）还依然恪守着这样的戒律：尽管我们可以用经验、社会与文化的因素来描述知识的生成过程，但是这与知识内容无关。然而，这种戒律最后遭到库恩的摧毁。库恩发现，站在牛顿物理学的基点上根本无法判读亚氏物理学的价值。我们只能这样来解释，由于两者是依据不同的原则构造而成的，因此不能用牛顿的读法来解读亚里士多德。换句话说，知识的内容与准则只在特定时代的共同体内部得到辩护，因此也只对共同体成员有效。

如果库恩的说法成立，那么有效性问题只有置于一个特定的共同体中才有意义。或者就如同罗蒂所说，有效性与其说是客观性问题，不如说是一个连带性问题。连带性在人类学家眼里往往是一种种族关系，人们只能以自身所属的种族为中心获得判定知识的基准。然而扩展开来看，人们不只是由于血缘或地缘而产生连带，其实信仰、利益关系、观点和立场也均能产生连带感。基于连带性，我们才能理解为何在看待经济规律时，东亚与欧美之间存在如此大的分歧。基于同样的道理，我们才能明白为何女权主义者和绿色和平组织成员在看待技术进步、环境和基因工程问题上有着不同于别人的准则。

库恩的做法实际上把知识的内部问题与外部问题搅和在一起了。他后来声称自己找到了一种同时又是内部史的外部史方法。依据这种方法，通过对社会文化史问题的研究同时可以解决认识论的问题。由于这一转变意义过于重大，他不得不谨慎处置。后期的库恩曾稍带犹疑地说："尽管自然科学可能需要我所说的解释学基础，但它们本身并非解释学的事业（hermeneutic enterprises）。"① 也就是说，科学知识有着独立于情境解释的客观内容。与他相比，发端于爱丁堡的 SSK 则显得直言不讳。在布鲁尔看来，既然有效性是一个主体间的问题，那么一切科学知识都必须，也只能通过具体的社会因素来加以构造。另外，在拉图尔、沃尔伽和卡龙等人看来，既然知识本质上是一种活动或实践的过程，那么对科学知

① Thomas Kuhn, "The Natural and the Human Science", in David Hiley et al., eds., *The Interpretive Turn: Philosophy, Science, Culture*, Ithaca: Cornell University Press, 1991, p. 23.

识的考察就必须，也只能从当事者的当下活动出发，或者说是从科学家从事研究活动的现场出发进行考察。鉴于这样一种方法论特征，他们都自称为社会构造论者（或社会建构论者）。

人们通常总以为，社会构造论是一种社会还原论，在方法上与胡塞尔批判过的心理主义没什么两样。这是误解。因为这样理解的社会构造论与其说是一种非本质主义的观点，毋宁说是一种新型的本质主义。其实真正贯穿于社会构造论的特征恰恰是"反思性"（reflexivity）。只有通过反思性，我们才能真正消除隐含在以往社会构造论方案中的社会实在论的幽灵。拉图尔和卡龙的"行为者网络"（actor network）方案就充分体现了这种反思性。在这里，我们固然不能脱离社会因素来思考自然与技术，而反过来说，离开自然和技术的社会同样也是不可思议的。科学研究与技术创新正是在这样一种由人、人造物和自然交错形成的复杂的网络中进行的。人们之所以会误认为两者是可分离的，正是由于受到了技术决定论或者社会决定论观念的驱策。当他们把社会设定为终极的根据时，就把行为者网络投射到该点上去了。反过来说也一样。以往，人们总是把研究的对象定位于自然—社会两极的位置上，其实，任何一种纯粹的自然现象和一种纯粹的社会现象一样都是抽象的产物，现实的研究对象总是介于两极之间，是一种自然的与社会的"杂交物"（hybrids）。① 可见，社会构造论的宗旨并非为既成的知识作出辩护，而是通过展示行为者网络情境来构成知识的内容。他们相信，根本不存在与活动或实践无关的，或者与社会因素无关的知识内容。在揭示科学家构造世界活动的理论框架中，他们把科学家、利益集团以及组织之间的"社会"关系与科学家、物质设施以及自然现象（如微生物、海扇、潮汐、风等）之间的"技术"关系置于同一层面上来进行考察。为了置身于这样的网络，科学家们还需要采用修辞的，乃至马基雅维利式的阴谋权术来加入或组建成"不同族类的联盟体"，从而创造出了一种持久的权力—知识的搭配模式。

---

① Michel Callon, "Some Elements of a Sociology of Translation: Domestication of the Scallops and the Fishermen of St Brieuc Bay", in John Law ed. , *Power, Action and Belief: a New Sociology of Knowledge?* London: Routledge, 1986, pp. 200 – 201.

在考察 SSK 时，有两个关键的论点值得引起我们的注意。第一，科学的发现与技术的创新绝非一个封闭的过程，而是一个自始至终都受到社会的、政治的、文化的、价值的因素制约的开放的过程。并且，对于科学而言，这些因素绝非某种外在的影响因素，而恰恰是科学与技术知识的构成中必不可少的内在因素。第二，对于科学、技术是什么的问题，不同的人完全有理由根据其不同的用途给出不同的回答。真正的答案应该根据共同体成员之间的争执、商议来作出。或者说，不同的解释之间的分歧与协和就构成了"科学"与"技术"这样的东西。宾奇（Trevor Pinch）把这样一种典型的社会构造论观点归结为"解释的可塑性"（interpretative flexibility）。① 实际上，它意味着解释的流变性和不确定性。

通过行为者网络来研究科学活动，与文化人类学家们所采用的"田野"方法最为相近。SSK 实际上正是把科学家及其在实验室中的活动作为自己的"田野"。在这一点上，拉图尔和沃尔伽在《实验室生活：科学事实的建构过程》中对萨克生物学研究所科研活动的实际描述，以及卡龙有关海扇养殖的报告最具代表性。在该书中，拉图尔与沃尔伽以其亲身的经历向我们描述，科学家们实际上是怎样推进研究的，以及科学知识是如何在研究活动中被构造出来的。他们试图证明，曾获 1977 年诺贝尔生理学医学奖的奎莱明和萨利两人关于促甲状腺素释放因子（TRF）化学序列的发现是一种社会的构造。书中他们还花了大量的篇幅来描述威尔逊和弗劳尔两位科学家之间的社会磋商过程，从而表明，科学家在他们的工作中所从事的社会磋商，其实与发生在社会上其他人身上的种种日常磋商，诸如政治的和商业的磋商并无二致。萨克研究所的所长对拉图尔和沃尔伽的研究方法十分欣赏。按他的理解，这种方法是："（参与性的观察者与分析者）成了实验室的一部分，在亲身经历日常科学研究的详细过程的同时，在研究科学这种'文化'中，作为连接'内部的'外部观察者的探示器，对科学家在做什么，以及他们如何思考作出详尽

---

① Trevor Pinch and Wiebe Bijker, "The Social Construction of Facts and Artefacts", in Wiebe Bijker et al. , eds. , *The Social Construction of Technological System*, Cambridge: The MIT Press, 1987, p. 40.

的探究。"①

　　社会构造论者用实际构造出来的"地方性知识"来告诉我们，只要介入科学知识生成过程并做实地考察，我们无论如何也寻找不到科学知识普遍有效的根据。卡龙和拉图尔曾明确承认，他们的研究目标就是自然科学的"祛合法化"（delegitimization）。② 要弄清这一点，还须进一步探讨知识的辩护问题。

三　知识的叙事重构

　　依据地方性知识的观念，我们对知识的辩护只能伴随着知识的生成过程来进行，任何独立于生成过程的辩护都是无效的。从这个意义上说，辩护既是描述（叙事）、解释，也是论辩。图尔敏在《论辩的用途》中指出，作出解释就是发表观点，而发表观点则意味着一旦它受到怀疑和诘难，就需要作出辩护，用更充足、更令人信服的证据来支持它。这就叫"论辩"（argument）。历史上的论辩形式大致有三种：一是基于事实根据的"论题的论辩"（topical arguments）；二是基于逻辑根据的"形式的论辩"（formal arguments）；三是基于论辩本身之必要条件的"元论辩"（meta-arguments）。与以往的演绎证明不同，康德在"先验演绎"中为知识的普遍有效性寻找到了一种"元论辩"的方式。后来，斯特劳逊把它引申为"先验论辩"（transcendental argument）。

　　近来兴起的亚里士多德热，很大程度上与地方性知识的流行有关。如果说知识必须根植于科学的研究实践中，而不是被完全抽象化于表象理论中，并且理论只能在其使用中得以理解，而不是在它们与世界的静态相符（或不相符）中得以理解的话，那么对这样一种知识的辩护就既不可能用形式的论辩来证明，也不可能用先验的方式来一劳永逸地建立起合法性的基础。如果我们所获得的只能是地方性知识的话，那么对它

---

　　① Bruno Latour and Steve Woolgar, *Laboratory Life：The Social Construction of Scientific Facts*, London：Sage, 1979, p. 12.

　　② Michel Callon and Bruno Latour, "Don't Throw the Baby Out with the Bath School！" in Andrew Pickering ed., *Science as Practice and Culture*, Chicago：Chicago University Press, 1992, p. 358.

的辩护也只能诉诸亚里士多德意义上的"论题的论辩"。反过来说也一样。由于这种论辩必须基于事实的根据，因此也是一种"叙事"。在前面提到的实验室研究中，当科学被作为实践活动来考察时，科学知识的构造中就已经包含叙事的成分在内了。科学家需要用自己的业绩来证明自己的能力，说服政府或企业财团以获得足够的研究经费，劝说和动员研究者来参与研究，还要用各种修辞手段来宣传、推销自己的成果，等等。关键不在于是否有真理，而是在于动用一切修辞手段来营造出可信的情境，以说服别人。

亚里士多德的论辩有力地支持了地方性知识的观念。首先，"topica"原本也有"位置"的意思，表明论辩不是中立的，而是有立场的。当科学家以具体的身份参与研究时，他不可能没有历史的负荷，不可能不带任何传统与成见。其次，叙事和事实的辩护反对方法，它总是在特定的情境中进行，没有普遍适用的常规可循。包括一个人如何说话，如何倾听，如何达成对生活世界的理解等等，都是如此。唯一能够求助的只有"实践智慧"（phronesis）这样一种行动的技能。正如亚里士多德所说："实践智慧不只是对普遍者的知识，而且还应该通晓个别事物。因为实践智慧涉及行为，而只有对个别事物的行为才是可行的。所以，一个没有普遍知识的人，有时比有普遍知识的人干得更出色。"①

由于研究者受一定的利益关系支配，并且由于论辩各方的不对等地位，事实的辩护中必定包含了权力的因素。这与其说是科学哲学、科学社会学，不如说是科学政治学的问题。劳斯认为，所谓现代性与后现代性叙事的区分，实际上为我们提供了两种政治学，即现代性政治学和后现代性政治学。科学知识起源于权力关系，而不是反对它们。或者从某种意义上说，知识就是权力，并且权力就是知识。权力关系构成了这个世界，在这个世界中，我们找到了特殊的行为者和利益。福柯评论道："权力必须被分析为一些循环的东西，或者宁可说，被分析为一些只有以链锁的形式运作的东西。它绝不会停留在这儿或那儿，决不在任何人的手中，决不适合作为日用品或财富。权力通过一个像网一样的组织而得

---

① ［古希腊］亚里士多德：《尼各马可伦理学》，《亚里士多德全集》（第八卷），中国人民大学出版社1993年版，1141^{b}15，译文有改动。

以使用和行使。"① 新实用主义者也告诉我们，权力与知识或真理具有内部联系，打开了科学实践领域的权力关系也就是揭示了真理的关系。从描述到介入与操纵，从知道什么（know-what）到知道如何（know-how）的转变，把我们引入知识和权力的关联域，从而也引入地方性知识以及解释这种知识的科学政治学中。

如今，有关地方性知识的叙事经常会遭受到一种两难的指责：你如果反对现代性的整体性（global）叙事，你就是后现代主义者；如果你拒绝接受为科学所讲述的合法化故事，那么你就得接受相对主义和反科学主义的方案。其实，如今作出第三种选择的大有人在。法因（Arthur Fine）、哈金、卡特赖特（Nancy Cartwright）、赫斯（Mary Hesse）和劳斯等人都在主张地方性知识的同时，又拒绝对相对主义和反科学主义的倾向作出让步。他们反对整体性叙事的理由很简单，即便这种合法化的努力失败了，或者压根就不存在这种合法化，也看不出有任何严重后果，科学技术照样迅猛发展。哈金的"实验实在论"强调，实验的进行依赖于实验室的地方性情境，并取决于实验所产生的预期效果。他认为，如果按下述方式理解的话，"现代性"还是可接受的，即"现代性"不是建立在统一的基础之上的确定的、普遍的情境，而是一个包含冲突的场所。在这里，之所以有潜在的认同，正是为了使尖锐的实质的分歧成为可能。在哈金的意义上，地方性知识与普遍性知识的分歧，就成了现代性内部的分歧。

与传统的科学哲学一样，社会构造论方案其实也犯了同样的错误，他们的所作所为实际上为科学知识构造出了一套共同的社会解释的图式。当他们用新的教条来取代旧的教条时，SSK 就背离了地方性知识的初衷，即对具体的问题作具体分析的态度。由于每一种知识生成的情境总是具体的，因此不可能套用任何图式，即便是社会分析的图式也不例外。连贯做法只能是通过参与和介入，当事者（agent）根据科学活动的实际进行来把握它的当下结构。

我们知道，参与和介入并非对对象作客观的描述，因为参与者的介入实际上已经改变了原有的情境。或者说，对地方性情境的叙事始终意

---

① Michel Foucault, *Power /Knowledge*, New York：Pantheon, 1980, p. 98.

味着对它的重构。这也涉及了学习与教育观念的转换。学习应该同时也是创新，因为学习者已经参与到重构科学知识的叙事情境的过程中来了。

四　地方性与开放性

地方性知识并未给知识的构造与辩护框定界限，相反，它为知识的流通、运用和交叉开启了广阔的空间。知识的地方性同时也意味着开放性。在地方性意义上，知识的构造与辩护有一个重要的特征，即它始终是未完成的，有待于完成的，或者正在完成中的工作。用海德格尔的话说，是正在途中（ongoing）。一种研究工作与其情境之间的叙事结构只有短暂的、相对的稳定性和确定性。知识之所以会过时，是由于叙事结构发生了变迁。麦孔伯（W. B. Macomber）和布兰尼都试图揭示叙事情境所具有的意会（tacit）与易变（transient）的特性。"［科学家在其中理解自己的工作的］情境总是被重组和更新的。要是我们刻意去寻找它是找不到的，因为它不断地扩张着、变迁着、被改造着。个体发现的意义来源及其有效性的基础仍然处在我们的把握之外。然而，这却是为每一工作中的科学家们所熟知的情境；它在科学家中已尽人皆知。"① 劳斯则进一步强调说，科学叙事的构造始终是一个"持续重构"的过程。"科学知识的可理解性、意义和合法化均源自它们所属的、不断地重构着的、由持续的科学研究这种社会实践所提供的叙事情境。"②

在《哲学研究》中，维特根斯坦曾力图用语言的用法来取代语言的意义。离开用法谈何意义？他告诉了我们一个同样的道理，时过境迁，一种知识不见得是错了但是却没用了。因为用法变了。也许有人会说，且慢，科学知识的内容是无时间性的。胡塞尔就曾争辩道，牛顿的万有引力定律即便对古代希腊人来说也是真理，尽管他们尚未发现，也无法理解这一定律。很显然，胡塞尔并不理解知识的构造应包含叙事的成分

① W. B. Macomber, *The Anatomy of Disillusion*: *Martin Heidegger's Notion of Truth*, Evanston: Northwestern University Press, 1968, p. 201.

② Joseph Rouse, "The Narrative Reconstruction of Science", *Inquiry*, Vol. 33, No. 2, 1990, p. 181.

以及用法在内。

当然叙事也要求连贯，只是不是作为表象的连贯，而是作为实践的连贯；不是作为命题的连贯，而是作为情境的连贯。麦金太尔在《德性之后》一书的开篇就为我们虚构了一个故事。设想在一次普遍发生的骚乱中，实验室、科学家和图书设施一并被毁……许多年后，人们试图恢复早已被遗忘了的自然科学，但是从残留下来的文字中，已经无人知道什么是真正意义上的自然科学。"因为那合乎具有稳固性和连贯性的一定准则的言行和那些使他们的言行具有意义的必要的背景条件都已丧失，而且也许是无可挽回地失去了。"① 事实上，由于启蒙的分裂，一种统一的、普遍性的叙事已宣告失败。于是，麦金太尔断言："主观主义的科学理论将会出现。"这时，哲学的分析，无论是分析哲学还是现象学的分析都将无助于我们。因为这种分析都要求以某种普遍的概念图式和纯粹的意向结构为前提。其实当"生活形式"转换了，你再怎么努力去拼凑回原来的知识内容也无济于事。

要说地方性知识必定会否定科学知识中具有独立于叙事情境和用法的确定内容，因为那不是事实。它只是告诉我们，离开特定的情境和用法，知识的价值和意义便无法得到确认。如今的高等教育经常面临这样的尴尬，学生还尚未跨出校门，他们所掌握的知识就已经过时了——当然不是说这些知识错了。一种明智的培养目标，与其让学生掌握多少确定为真的知识，不如让他们掌握重构科学叙事的能力。他们必须学会改变原有的知识以适应新的情境的方法。劳斯主张说，最好先别去考虑一种想法怎样才是正确的，能否得到证实，而是考察在何种情境条件下这种想法才具有科学的意义。与前者相比，后者更基本，但是却更容易为传统的知识观念所忽视。并非所有有关自然世界的真理都具有科学意义，都能引起科学家的兴趣。"除非我们了解科学家是如何区分什么是值得去知道，值得去做，值得运用，值得考虑的，什么是无关紧要，无用的和

---

① ［美］A. 麦金太尔：《德性之后》，龚群、戴扬毅等译，中国社会科学出版社 1995 年版，第 3 页。

无意义的，否则我们将不可能真正理解科学。"①

"地方性"丝毫不意味着在空间上的封闭。地方性情境是可以改变、扩展的，当然不是扩展为"普遍"，而是转换到另一个新的地方性情境中去。罗蒂认为，他所说的"种族中心主义"绝非与世隔绝，而恰恰开启了一种对话的空间。塞蒂纳的实验室理论也不例外，她指出："在这种［交流与交往］状态下的实验室是生活世界的聚焦点，就单个实验室而言都是地方的，但是它又能远远地超越单个实验室所给定的界限。"② 即便哈贝马斯也承认，现实的交往共同体总是"地方性的"，受局域性条件限制的，有时甚至受到意识形态的扭曲。所谓普遍的有效性与其说是某种事实，不如说是包含在知识中的一种潜在的"普遍"。科学知识总是"普遍"获得他人的认可，并取得共识。为此，它们必须被置于实际的交往过程中去才能得到"验证"（einlosen）。换句话说，科学叙事总是"共同叙事"（common narrative）。我们总是依赖于与他人一起共同构成叙事的情境，也一起共享这个情境。

拉图尔在《行动中的科学》与塞蒂纳在《知识的生产》（1981）中都曾以科学论文的写作为线索，表达了科学叙事的开放性。科学论文当然是写给读者看的，于是读者便被纳入共同叙事的结构中来了。当作者不厌其烦地罗列引文注释时，并非想表明自己的研究是多么"专业"，而是试图吸引读者来参与研究，为他们提供一个台阶。科学研究的情境也就随着阅读中互动的深化与扩展而得到不断的重构。一种研究如果不能成为进一步扩展的研究的动力，就会丧失其科学的意义，也就不再能吸引读者来参与。在这一点上，我们同意劳斯的观点："在科学中，合理接受的标准不是个人化的，而是社会化的，它们体现在体制中。""科学观点是建立在一个修辞空间，而不是逻辑空间中的。科学论点其实是对同事进行理性的劝导，而不是独立于情境的真理。"③

---

① Joseph Rouse, "The Narrative Reconstruction of Science", *Inquiry*, Vol. 33, No. 2, 1990, p. 186.

② Karin Knorr Cetina, "The Couch, the Cathedral, and the Laboratory", in Andrew Pickering ed., *Science as Practice and Culture*, Chicago: Chicago University Press, 1992, p. 129.

③ Joseph Rouse, *Knowledge and Power: Toward a Political Philosophy of Science*, Ithaca: Cornell University Press, 1987, p. 120.

地方性知识非但不排除，而是恰恰以竞争性理论的存在为前提。任何对传统的挑战，实际上都是对传统的情境的矫正，乃至贡献。理论的竞争并非如默顿学派理解的那样，是为了得到奖励和专利，更主要的是为了主导在未来研究中的方向和地位。当然，结果不是哪一方的一厢情愿，而是通过协力交互地形成的。从这个意义上说，地方性知识非但不排斥科技与经济的一体化趋势，而恰恰是一体化发展的前提与起点。

第 七 章

从本体—历史的观点看[*]

盛晓明

一 科学哲学的岔路

半个多世纪前问世的奎因的那本《从逻辑的观点看》（1953），至今还影响着我们，他从整体主义的观点出发启迪了诸多后实证主义的灵感。与奎因的本体—逻辑的（onto-logical）及认识—逻辑的（epistemic-logical）观点不同，本章想要阐述的是一种本体—历史的（onto-historical）观点。这是两类不同性质的理论。我认为，本体—历史的观点同样也适合于解释科学认知和科学发现。原因在于科学本身的发展遵循着两种完全不同的发现逻辑，它们来自不同的理论传统，形成了两种截然有别的理论框架，从而得出的结论也大相径庭。

第一种理论框架发源于康德，主要分布于英美各国，构成了 20 世纪科学哲学的主流。从维也纳学派的兴起至今的诸多重大的理论争议均基于这种理论框架。它们可以被分别归入下述三种类型的观点：（1）本体—逻辑的，主要指各种形式的实在论观点；（2）认识—逻辑的，覆盖了维也纳学派和波普尔的逻辑主义；（3）认识—历史的（epistemic-historical），包括库恩的观点、历史元方法论，以及爱丁堡学派的建构论。这个理论框架关注的问题是：科学知识本身是什么，它所指的是什么，我们知道什么，以及如何知道，等等。我们应该清楚，这些竞争理论之间之

　　* 本文原载于《哲学研究》2012 年第 4 期。

所以陷入无休止的论战，恰恰是因为它们出自同一种传统。它们之所以和第二种理论框架中的各种观点鲜有纠葛，则是因为没有共同的话语，甚至没有交集可言。

第二种理论框架涉及另一种类型的观点，即（4）本体—历史的（onto-historical）观点。它可以追溯到黑格尔和马克思，也许还可以追溯到斯宾诺莎，主要分布在欧洲大陆。法兰克福学派、福柯与德勒泽学派和伯明翰学派，包括新老实用主义，大多出自这个传统。像哈金、法因、拉图尔、皮克林、劳斯这样一批哲学家和社会学家，通过本体论转向和实践转向呼应了这个传统。这种观点主要关注下述问题：科学知识是如何来自产业和技术实践的，或者说知识产生于什么样的文化环境，并在何种意义上与意识形态和政治产生瓜葛；科学是如何塑造了社会制度和人的文化实践的，以及制度与文化实践如何反过来重构科学本身，等等。

属于第一种理论框架的哲学家都会讨厌后一类问题。在他们眼里，科学依然是一切认知的典范，任何偏离知识及其表达的问题至少是离题的。然而，科学又的确在进化着。如今，只要进入研究现场的人都会做出这样的判断：科学与政治、产业实践之间的纠缠已经成了常态。因此，哲学没有理由无视这些事实，这正是本章强调本体—历史观点的原因所在。

二　认识论的魔咒

罗蒂把第一种理论框架纳入表象主义[①]，这是有道理的，只是不全面。近代哲学家向我们承诺，客观知识可以从内在于意识的表象中获得。为了兑现这一承诺，康德给出了一种新的认识论策略，它是由下述两个相关而又不相容的主张构成的：一是表象主义（representationalism），指这样一种观点，知识要求表象与其所表达（或代表）的对象相关，通过分析表象与对象的关系就能知道外部世界；二是建构论（constructivism），意思是说，知识要求主体把所认识的对象作为认识的一个条件来建构，

---

① 参见［美］理查德·罗蒂《哲学和自然之镜》，李幼蒸译，生活·读书·新知三联书店1987年版，第3—6章。

说得直白点，我们建构出了自己所知道的东西。

当《纯粹理性批判》明确地强调认识要与对象相符时①，康德无疑是一个表象主义者。然而他没有把这一点贯彻到底，接着他又告诉我们，这里所谓对象并非物自体，而仅仅是表象。② 因为自洛克以来，直接实在论受到哲学家们的普遍怀疑：我们之所以无法知道外部世界，是因为没有认识通道能通达它。那么表象又何以成为对象的呢？要想说明这一点还需诉诸建构论。建构论给出了两个论证：一是，我们虽然无法知道独立于心灵的事物，但依然可以谈论知识，当然只是关于我们自己所建构对象的知识；二是，所谓认识与对象相符说到底不过是认识与主体自身的法则相符。

这一认识论策略充分体现了现代性的特征。现代性面向未来，追新逐异，可谓前所未有，不过它只能向内看：任何秩序不可能由外在的超验力量强加给我们，只能通过理性自身的法则来奠立。那么，认识活动凭自身何以建立秩序呢？这还需从表象说起。表象应有两类，除了在经验中被给予的表象外，还有一种来自理性本身的先天的（a priori）表象（如时空和知性概念）。只有求助于先天的表象，认识才能够在使对象服从于主体的同时，又能满足知识的客观性要求。

康德之后，大凡称得上"康德主义者"的哲学家，都尝试用自己的方式修补康德哲学，因为康德哲学中的确存在着令人不安的因素：遵循建构论的逻辑，我们得到了知识，但却失去了世界；另外，还存在着"先天性"与"经验性"之间的紧张。19 世纪以来现代性的分裂，如客观性与主观性、科学与文化、技术控制与环境友好之间的对立，理论上都可以回溯到先天性与经验性之间的紧张。

最早的修补工作在谢林那里就已经开始了。后期谢林在讨论有关"消极哲学"与"积极哲学"的互补性时，就曾尝试融合先天性与经验性之间的紧张关系。他认为，在不同的哲学中，在先的（prius）与在后的（posterius）东西之间的逻辑关系完全可以根据不同的目标，在不同的层

---

① ［德］康德：《纯粹理性批判》，李秋零译，中国人民大学出版社 2011 年版，A105。
② ［德］康德：《纯粹理性批判》，李秋零译，中国人民大学出版社 2011 年版，A105。

次上建构出来。① 这就是说，不是先天与否决定哲学态度，相反，是哲学的态度决定了先天或经验。

后来，库恩的工作其实是在呼应谢林的设想。受皮亚杰的影响，他试图用达尔文主义来改造"先验性"概念，自称为"后达尔文主义的康德主义者"②。在《科学革命的结构》中，康德的建构论在"范式"概念中得到了充分体现。为什么范式就是科学共同体呢？那是因为范式就是科学共同体赖以构建、科学活动赖以进行的条件之集合。当然这些条件不是先天的，而是经验的。比如共同体成员所使用的概念，其形成可以从心理学上得到解释，其语用意义也会随着时间、场景的改变而改变。也就是说，概念和作为主体的共同体一样，处在进化过程中。我甚至觉得，库恩与其说是回归到康德，毋宁说是返回到谢林，至少是以谢林为中介返回到康德。在谢林那里，先天性显然不是局限在康德意义上理解的，而是体现为一种事实、一种生成的过程。正如科林斯（Hermann Krings）所说的那样，只有通过对生成过程的描述，我们才能把"在先的东西"理解为重建过程的结果，并通过它来认知并规范"在后的东西"。③ 看来，用历史与文化的观点去替代逻辑的观点是康德主义演进的必然之路。

对于科学知识的社会学（SSK）来说，至少这种"经验的先天"将有助于我们在"生活形式"与自然语言实际变迁的轨迹中把握住它们，有助于我们去理解，为什么一种知识能够被接受和使用，而另一种知识却受到排斥甚至被遗忘。在讨论如何社会地建构心灵状态时，布鲁尔（David Bloor）认为，在康德与涂尔干之间有一个共通之处，他们都认为感知经验自身并无客观性可言。比如当感觉器官感知到"红"这种色彩时，并不意味着我们就拥有了"红"的概念，因为感觉与概念分别属于感性与知性两个不同的领域。④ 在布鲁尔眼里，康德成了"一位描述心灵对经验

① ［德］谢林：《先验唯心论体系》，石泉、梁志学译，商务印书馆1983年版，第186页。

② Thomas Kuhn, *The Road since Structure*, Chicago：University of Chicago Press, 2000, p. 12.

③ Hermann Krings, *System und Freiheit：Gesammelte Aufsätze*, Freiburg/München：Verlag Karl Alber, Freiburg, 1980, p. 78.

④ David Bloor, *Wittgenstein：A Social Theory of Knowledge*, London：Macmillan, 1983, pp. 174 – 175.

所与物进行先验建构的元—心理学家"①。涂尔干的工作正是把社会学的解释嫁接到康德的哲学架构中去，把康德从心灵内部发掘出来的客观性的条件转移到心灵的外部，即从社会中发掘认知的客观性的条件。

可见，后人对康德的修补实际上是一个先验哲学的自然化过程。在这里，所谓自然化就是用认识—历史的观点来取代认识—逻辑的观点。这个过程尽管避开了经验性与先天性之间的紧张，但是无法找回被康德遗弃了的世界。它依然处在两难中：要么走向相对主义，要么使先验的主体性原则继续充当一切法则的唯一来源。这就是康德主义者所无法摆脱的认识论魔咒：他们一经接受表象主义的前提，就深陷其中，如同柏拉图隐喻中的奴隶，被禁锢在洞穴中终日面对映现在洞壁上的表象。

拯救之道不可能来自理论，而只能诉诸现实的力量。20 世纪以来，科学的实践活动演化出了"产业科学"，一种被库恩称为"培根科学"的东西；面对这类所谓技术科学（techno-science），第一种理论框架即康德主义的认识论，显得力不从心，沦为一种退化的研究纲领。

三　回到黑格尔

与康德不同，在黑格尔看来，现象与物自体之间非历史性的二元对立才是理智进步的障碍，仅凭认识的法则是不足以逾越这道障碍的。② 在赫拉克利特之后，黑格尔再度将历史提升到本体论哲学的高度，进而把永恒与当下、理念与现实联系起来，以前所未有的方式改变了哲学的特征。按《哲学史讲演录》中的表述，哲学就是哲学的历史。这句话的本意是：哲学不是思想成果的堆积，而是我们自身精神的生成过程。"因此，哲学史的过程并不昭示给我们外在于我们的事物的生成，而乃是昭示我们自身的生成和我们的知识或科学的生成。"③

黑格尔所走的是一条完全有别于表象主义的，确切地说是赫尔德式

---

① David Bloor, *Wittgenstein: A Social Theory of Knowledge*, London: Macmillan, 1983, p. 175.
② 参见 ［德］黑格尔《哲学史讲演录》（第四卷），贺麟、王太庆译，商务印书馆1987年版，"康德"的部分。
③ ［德］黑格尔：《哲学史讲演录》（第一卷），贺麟、王太庆译，商务印书馆1959年版，第9页。

的表达主义（expressivism）之路。表象主义要求主体从表象出发去寻找它的外部对应物，表达主义则把主体直接理解为能够自我运动、自我发展的实体，从而把自身展现为诸多环节中的表象。比如说概念，不像康德所说只是一种表象的方式，相反，概念就是事物的本质。要理解这一点，还需从"实体"概念说起。实体有两种含义，一是指外部自然物，二是指事物"是其所是"的思想规定。和康德相比，黑格尔排除了第一种含义，只保留第二种含义，实现了"表达"的内容与"表达"所指事物（自身的规定性）的内在统一。

于是，实体即主体的论题也就不难理解了。正是这个论题，为我们从人的实践出发论证知识的可能性提供了本体论基础。而辩证法则从方法论的角度告诉我们，知识何以会不断地发展，以及如何发展。对于表达主义来说，作为实体的"精神"无疑摆脱了神秘主义的羁绊，它必须是"自我透明"的主体。通过自我批判和自我确证，"精神"不仅能清楚地呈现自己的内容和形式，同时还能通过自身的发生和演变过程来消解对象的外在性，从而清除影响理智进步的障碍。

读过《精神现象学》的人或许会有这样的印象，黑格尔对经验的描述与通常的经验主义者相比来得更经验主义。他反对在现象论意义上谈论经验。真正的经验是一个存在自身显示的过程，它由语言与行动构成。① 在《逻辑学》中这一观点依然保留了下来，把我们的知识理解为一种活动，一种内在于自然和社会过程中的活动。这就使得下述理解成为可能，即科学只不过是自然（包括人在内）过程中的某个发展阶段，在这个阶段，自然以某种特定的（而不是最终的）方式意识到了它自身。

不过，在科学哲学中提及黑格尔总有点奇怪，因为黑格尔一向轻视自然，不看好科学，认为这只是精神发展过程中不那么重要的环节。② 在《开放社会及其敌人》中，波普尔甚至怀疑到黑格尔的才能。③ 在具有分

---

① ［德］施泰因克劳斯编：《黑格尔哲学新研究》，王树人译，商务印书馆1990年版，第54—57页。

② 参见［德］黑格尔《逻辑学》下卷，杨一之译，商务印书馆1976年版，"客观性"部分第1—2章。

③ 参见［英］卡尔·波普尔《开放社会及其敌人》（第二卷），郑一明等译，中国社会科学出版社1999年版，第12章。

析传统的哲学家看来，科学始终是一项理智的事业，而逻辑的观点正好满足了这项事业的要求。然而正是在黑格尔的《逻辑学》中，我们发现了以往的科学哲学不曾拥有过的两种态度。一是对实践的注重：科学活动本质上不是一项理智的事业，而是一种物质性的实践，而且实践也不是认识的对立面，实践的本体论包含了认识在内[①]。二是对现实的注重：形而上学只有把握住了现实，才能揭示出启蒙的辩证法，才能通过精神的自我批判来修补分裂了的现代性。[②]

有别于黑格尔的是，在马克思看来，现代性的规范内涵只有在唯物主义的前提下才能获得确定。为了实现这一点，马克思改变了现代哲学模式的重心。[③] 按照哈贝马斯的说法，这种哲学模式可以划分为两种类型的主客体关系：一是，认知主体产生出有关客观事物的意见，而且这些意见很有可能是真的；二是，行为主体作出以成效为取向的目的行为，以便在客观世界中生产出"为我之物"。[④] 如果行为主体与可操纵的客体世界之间存在直接关系，如果类的自我教化过程就是自我创造的过程，那么，构成现代性原则的就不再是黑格尔意义上的自我意识，而是劳动。对于卢卡奇、霍克海默和阿多尔诺而言，情况也是如此。他们借助于韦伯，把《资本论》转译成一种物化理论，并重建了经济与哲学之间的联系，并沿着科学批判的路径，试图重新找回诊断时代的力量。

四　本体—历史视野中的科学

如今所谓认识论的自然化，很大程度上就是康德哲学的自然化，就是在所有表象中取缔任何具有特权地位的表象。它产生了两种后果，首先，导致了物理学主义在形而上学中占支配地位的局面。这是一种本

---

① 参见 [德] 黑格尔《逻辑学》下卷，杨一之译，商务印书馆 1976 年版，第 522—528 页。

② [德] 黑格尔：《逻辑学》下卷，杨一之译，商务印书馆 1976 年版，第 193—209 页。

③ 参见 [德] 于尔根·哈贝马斯《现代性的哲学话语》，曹卫东译，译林出版社 2011 年版，第 3 章。

④ 参见 [德] 于尔根·哈贝马斯《现代性的哲学话语》，曹卫东译，译林出版社 2011 年版，第 3 章。

体—逻辑的观点，期待着把一切现象概念都还原到心理学，乃至神经生理学，最终还原到物理学，因为物理学已经或者至少有可能穷尽一切支配世界的法则。其次，它也导致了社会学主义这样一种认识—历史的观点，赋予某种特定的社会意象以特权地位。从本体—历史的观点看，上述两种结果都是无法接受的，因为科学的本质不在于表征世界，而在于介入、重塑世界。

杜威和海德格尔都反对"旁观者的知识模式"①，倡导一种"介入者的知识模式"②。这种观点与两种思想产生重合：一是马克思的，强调认知就是技术地介入并型塑世界；二是达尔文、斯宾塞的渐进主义，认为知识本质上是机体对环境变化的一种反应方式。确切地说，认知是进化过程要求我们去做的事，是机体的自然功能。在海德格尔看来，现代科学的基本特征不能用"事实""实验""测量"这些概念来表达，而应表达为与物打交道的方式和对物之物性的形而上学筹划。

黑格尔的影响力不仅限于带有现象学传统的哲学家，如今即便把分析哲学黑格尔化也不是什么天方夜谭。布兰顿（Robert Brandom）这位近期的热门人物就在做这样的事情。当塞拉斯的"所与神话"给予表象主义以致命一击后，迫使他的学生布兰顿从黑格尔那里寻找新的理论资源，即用本体意义上的实践性推论来重建与世界的语义关联。③

在把本体—历史的观点纳入当代科学哲学的过程中，列维兹（Jerome Ravetz）是一个很重要的环节。在成名作《科学知识及其社会问题》（1971）中，他有意识地添加了一个副标题："面向产业化科学的批判性研究"。列维兹首度把产业科学作为一个严肃的学术问题来探讨，并对产业主义认知模式作出确认。这种科学观多少沿袭了马克思的传统，要求把科学从学院框架的束缚中解放出来，认为也许只有这样，科学才能真正释放出知识的"力量"。他所理解的科学事实已不再是关于世界的

---

① 参见 Georges Dicker, *Dewey's Theory of Knowing*, Philadelphia: University City Science Center, 1976.

② 参见［美］约瑟夫·劳斯《知识与权力》，盛晓明等译，北京大学出版社 2004 年版，"地方性知识"一章。

③ 参见 Robert Brandom, *Between Saying and Doing: Toward an Analytic Pragmatism*, Oxford: Oxford University Press, 2008, pp. 7–11.

"真"或"假"的表象，而更像是"工艺制品"。像这样的人工物，我们不能用是否"真"来评判，更适合于它的概念应该是"品质"（quality）。①

近代以来的认识论是为学院科学量身定做的，它显然不适用于产业化的科学。后者需要有一种能与自己相匹配的产业主义的认知理论，这个理论必定带有某种自然主义的色彩，能有效地呈现知识产品的生成机制，以及对其"品质"的评价机制。列维兹就在做这样的工作，他试图通过科学发现的过程与工厂中的生产过程之间的类比表明，科学知识说到底不外是一种社会的、有组织活动的产物。列维兹与社会建构论者之间的联系是显见的。当然区别也同样明显，主要体现在他的"批判性研究"上。② 他认为，尽管从学院科学向产业化科学的转型是一种不可逆转的趋势，但是这丝毫不意味着产业化科学就是一种"好科学"。当学院科学的"理想主义"丧失了社会的、意识形态的基础后，能与产业化科学相适应的规范尚未建立起来。他指出："没有这样一种理想主义，科学就很容易为腐败所侵蚀，以至于整体上走向庸俗化，甚至还会更糟。"③

遗憾的是，列维兹的著作始终没能进入科学哲学的主流，在拉卡托斯、劳丹的历史元方法论纲领式微之际，哲学家们忙于实在论与反实在论的争论，无暇顾及学院科学正在向产业科学过渡的事实。更深层的原因也许是，如果科学哲学接纳了产业科学的知识观，所要求的就不仅是修补既有的科学合理性理论，而是知识理论的整体转型。哲学家显然没有做好这样的准备。问题是不管他们是否愿意，科学的演变都实实在在地进行着，并成为一种无法逆转的趋势。当知识的增长成为产业发展的驱动力、成为经济增长的基础时，知识的生产与产业活动之间的边界便不复存在。这时，科学无论从其知识的性格上看，还是从知识的达成上看，都不仅是认知过程，更重要的还是主体凭借技术力量介入、型塑自

---

① Jerome Ravetz, *Scientific Knowledge and Its Social Problems*, Oxford: Clarendon Press, 1971, pp. 98 – 99.

② Jerome Ravetz, *Scientific Knowledge and Its Social Problems*, Oxford: Clarendon Press, 1971, p. XI.

③ Jerome Ravetz, *Scientific Knowledge and Its Social Problems*, Oxford: Clarendon Press, 1971, p. XI.

然的过程。

　　科学哲学究竟能否从传统的"理论主导型"转向"实践主导型"，关键在于人们能否超越自己的理论和知觉表象去把握被表象之物。哈金曾以"用显微镜看"为例告诉我们，实验中的"观察"与其说是看，不如说是做，其中包含了复杂的操作和对实在对象的介入过程。比如说电子是否实际存在的问题，这不是一个诉诸理论争论所能解决的问题。① "如果你可以发射它们，那么它们就是实在的。"对世界的介入不一定非要通过理论才能进行，相反，理论的表象则必须以实践的介入为前提。"实在论和反实在论四处奔忙，试图抓住表象的本性，从而击败对方。然而在那里什么都没有。这就是我从表象转向介入的原因。"②

五　实践的"塑型器"模型

　　迄今为止，对科学的实践解释都面临着一些理论上的难题，如实践的规范性与反思性问题，认知如何被嵌入行动，以及解释科学进步时能否在黑格尔主义与达尔文主义之间取得理论上的关联，等等。对此，皮克林（Andrew Pickering）在《实践的塑型》（1995）中试图作出回应。黑格尔的研究者常常为黑格尔与进化论擦肩而过感到遗憾。马尔科姆就认为："如果他的《自然哲学》明确地采取进化论，则可能会受到更高的尊重。再没有更能适合黑格尔自己的观点的理论，不过它不是黑格尔同时代的科学家的理论，这妨碍他沿着那条路线进行思辨。"③ 皮克林的工作虽说是经验的、描述的、非思辨的，但多少能弥补上述遗憾。

　　读过《实践的塑型》才能理解，为何作者要别出心裁地把实践理解为一种"塑型器"（mangle）。"mangle"一词本来是指洗衣机中把衣服与水搅动起来的装置。作为一个隐喻，它形象地展示了自然与社会、观念

---

　　① 参见 Ian Hacking, *Representing and Intervening*, Cambridge：Cambridge University Press, 1983, Chap. 1.

　　② Ian Hacking, *Representing and Intervening*, Cambridge：Cambridge University Press, 1983, p. 145.

　　③ ［德］马尔科姆：《对于黑格尔的一种辩解》，载施泰因克劳斯编《黑格尔哲学新研究》，王树人译，商务印书馆1990年版，第19页。

与实在、人类与非人类这样一些异质的东西，是以何种对称或不对称的方式被塑造和变形的；同时还将施行、时间等因素引入行动者网络中来，赋予新的动力学的解释。皮克林细致地描述了格拉塞建构气泡室的过程，并告诉我们，这个过程所展现的实际上是一种抵抗与适应的辩证法。①

　　在完成这一隐喻的分析后，皮克林才开始关注并思索进化论生物学。在他之前，坎培尔（1974）和基尔（1988）所倡导的"进化认识论"在集体认知与生物种群的自然选择机制之间进行类比，考察观念（包括理论、表象）种群在学科与社会环境选择中的随机变异。② 皮克林也尝试把自己的"塑型器"理解成一个科学进化模型，而不再是一个简单的隐喻。他认为，与进化认识论相比，自己的模型更有趣，意义也更深远。首先，它不仅仅是一种认识论，更多的是一种本体论。它在涉及思想等事物如何进化的同时，也涉及机器、仪器、人类的学科以及社会关系的进化。确切地说，认知是具身的，被嵌入身体、仪器乃至环境中，一变共变。其次，在塑型的视域中，选择的环境（规则、利益等）不是预先给定的，而是突现于进化的过程中，或者说突现于在对器物施动者或者人类施动者的不稳定的把持中，在互动趋向稳定化的进程中。③塑型器与卡龙、拉图尔的"行动者网络"模型具有一定的可比性，尽管皮克林吸纳了行动者网络理论中后人类主义的诸多洞见，但是在解释科学进步的动力学机制上，"塑型器"模型给我们的启迪更大些。

　　"塑型器"模型的核心概念是"施动者"（agency），模型在时间中的展开充分体现了黑格尔的中介关系。其一，通过实践的塑型，"器物施动者"不再是独立于"人类施动者"而存在的东西，它们被变形，按科学家的要求得到塑型。其二，科学家通常总是被理解为科学活动的主体，但问题是，科学家并没有完全掌控科学实践的能力，其计划和目标的设

　　① Andrew Pickering, *The Mangle of Practice：Time，Agency，and Science*, Chicago：University of Chicago Press, 1995, pp. 1 – 67.

　　② 参见 Donald Campbell, "Evolutionary Epistemology", in Paul Schlipp, ed. , *The Philosophy of K. R. Popper*, La Salle：Open Court, 1974, pp. 413 – 463. See also Ronald Giere, *Explaining Science：A Cognitive Approach*, Chicago：University of Chicago Press, 1988, pp. 126 – 176.

　　③ Andrew Pickering, *The Mangle of Practice：Time，Agency，and Science*, Chicago：University of Chicago Press, 1995, p. 247.

定及修改、意向内容的确立，都要以"器物施动者"为前提。换句话说，科学家们做什么、怎么做，都已经受到了仪器、设备的限制与规定。因此，离开了器物就无法理解人的期望、目标、计划等意向内容。其三，在"塑型器"里人与物的形态都发生拓扑变换，甚至难以分清彼此的界限。"器物施动者"与"人类施动者"总是在相互构成对方的同时不断地重构自身，研究者为了减少物的抵抗，同样也需要对自己进行规训，对自己的意识与身体加以塑型。其四，塑型的过程带有突现（emergence）的特征。抵抗往往突然出现在科学家的面前，因而对象的性质和形态、科学知识的走向、目标的修正乃至于重新确立、研究制度的结构性变化，所有这些都不可能是事先被规定好的。这种不可预见性不仅体现了科学实践中所隐匿的风险，而且也展示出科学的创造所具有的无穷魅力。

在这里，黑格尔所谓"理性的狡计"恰好就出现在实践与认知的进化过程中了。人以自己为主体，像主人一样使唤物，按自己的意愿摆弄它们；但殊不知，在实验室中人恰恰是围绕物转的，无论在气泡室还是在欧洲的强子对撞机那里，人员都是按机器的特性来配置的。主奴关系颠倒了，人不再是超然的旁观者，主体和客体都如同是洗衣机里的衣裤一样被卷入进去，谁都无法预料最终缠绕成什么样子。在黑格尔那里，也许只有背后的"历史精神"才能知晓突现的结果，才能洞见演化的目的；至于围绕强子对撞机的研究人员，他们甚至不知道何时才能撞出一颗"上帝粒子"来。

第 八 章

实践的科学观[*]

邱 慧

一

科学技术在 20 世纪的飞速发展对我们所生活的世界产生了深刻的影响，这很大程度上体现在自然科学在理智与实践上所取得的成就。由于自然科学的发展而兴起的技术创新的应用已使地球表面发生了质的变化，同时也使我们的生活方式产生了巨大的变革。

这些重大的转变无疑会引发众多对科学知识及其本性的反思。事实上，对知识的反思早在亚里士多德就已经开始了。亚氏将他的工具论分为"分析"和"论辩"。在"分析篇"中，他创导了普遍性证明的逻辑手段，并将这种知识确立为分析的、确定的和普遍有效的。但同时他也为我们留下了"修辞学"与"论辩篇"（topica，指有立场的论辩），以这种方式确立的知识是一种实践的知识，即"实践智慧"（phronesis），它是通过商谈和论辩而达成的一致。我们称前者是 know-that 的知识，后者是 know-how 的知识。

笛卡尔以后的近代哲学家都在试图为 know-that 的知识奠立牢固的基础。这一对阿基米德点的笛卡尔焦虑引发了基础主义（foundationalism）的哲学探讨，与此相关的合理性话语（discourse）几乎支配了之后所有为科学奠基的哲学思考。20 世纪初兴起的实证主义、新康德主义、约定论、

---

[*] 本文原载于《自然辩证法研究》2002 年第 2 期。

逻辑原子论和胡塞尔的现象学正是沿此思路发展的。这些学派的盛衰很大程度上受到数学和自然科学,诸如非欧几何、相对论、量子理论等发展的推动,并最终促成了逻辑经验主义这一 20 世纪初英美科学哲学的公认观点。

但是,由于奎因对"两个教条"的批评,逻辑经验主义走向了衰落。这一批评在后期维特根斯坦的自我批判和"语言游戏"理论,以及波普尔对归纳逻辑的批判中得到进一步加强。1960 年前后,彼得·温奇(Peter Winch)出版了他的社会科学著作,伽达默尔出版了关于哲学解释学的著作,意义的确证观念和说明的覆盖率(covering-law)观念均受到社会科学家和人文学者的挑战。在他们看来,社会科学与人文学科中的理解具有不可或缺的解释学维度。这一论点很快就为许多科学史家和科学哲学家应用到对自然科学的探讨中。1962 年,库恩出版了划时代著作《科学革命的结构》。这本在科学哲学界引起巨大反响的书中,库恩以范式为中心,将历史和概念的相对性引入对科学的理解中,从而标志着对科学的理解已经从 know-that 转向了 know-how——实践的知识。引入"实践"议题,可以说是库恩区别于以往科学哲学的显著特征,也是他对当代科学论转向的一大贡献。然而,真正的实践转向并非库恩一人所为,而是一个由诸多思潮共同汇集而成的潮流,其中包括维特根斯坦的"语言游戏"论、言语行为论和解释学,以及稍后兴起的新实用主义和后结构主义等。之后更为激进的社会建构论者、文化建构论者、众多解释学家和人类学家正是在这一转向的基础上谈论科学的。

其实,实践的科学观念并非什么新东西,它有着十分悠久的传统。实践的观点在欧洲大陆哲学中一直占有十分重要的地位。黑格尔早就提出过替代康德先验论的辩证法。根据辩证法,知识失去了其无时间性的特性,并在辩证过程中不断生成、被中介和进化。马克思在"费尔巴哈论纲"中进一步明确声明,以往的哲学都试图解释世界,而新的实践论哲学则以改造世界为宗旨,该宗旨要求我们把科学作为一种社会实践来理解。之后,在尼采主义者那里,实践则更明确地作为权力的形式表现在对知识的理解中,因为只有实践才具有支配的力量,而支配就意味着权力的介入,从而有效地拒斥了逻各斯中心主义和知识、真理或合理性的基础。20 世纪以后,实践的观念在大陆哲学中非但没有削弱,反而得到了进一步增强。作为尼采的后继者，海德格尔告别了胡塞尔的科学主义迷梦。在后期的实践解释学中，他将科学知识看作历史地形成的，并根植于语言体系中的世界观结构，即将科学知识实践地纳入我们的生活世界中来理解。

这里所涉及的实践问题既与历史上的实践概念有联系，又具有当代语言学转向所赋予它的新含义。在亚里士多德那里，所谓"实践哲学"（Philosophia Practica）就已经超越了伦理学的范围，而进入政治学、经济学等实际问题的领域，"实践智慧"则是我们面对具体问题做出明智决断与妥帖应对的能力。马克思对实践的强调是想弥合近代认识论在自然的本质与人类历史的本质之间所造成的断裂。在这之后，尼采与福柯等人则力图展现一个通过权力而不断打造的新世界。20 世纪 60 年代以来，库恩、哈金、戴维森、罗蒂以及拉图尔等人则在反表象主义的意义上重新引入实践概念。这个概念首先体现了言语行为论的成果。正如奥斯汀所说，"说话就是做事"，话语能引发行为，并能产生效果，说话获得他人的实际认同才叫有效。其次，实践是一个参与的概念，是科学家、工程师们置身于科学实验室、田野等场所构造科学事实的行动（action）本身。另外，实践的概念也体现了一种解释学的观念。正如海德格尔所强调的那样，对行为的理解只能通过行为者对自身的不断追问来进行，因而理解行为必须在一定的情境中才能实现，理解行为与理解整体的情境之间的循环是必要的和合理的。在此意义上加以改造的实践概念，为我们在表象主义之外寻找到了一条重新理解科学的途径。

二

在传统的经验主义认识论中，知识就是世界的表象。科学作为"被大量书写的常识性知识"，是我们用来描述世界的手段。科学哲学的任务是为成功的描述做出解释、说明和辩护。科学的成功通常是这样完成的：先观察对象，记录其相关特征，进而检验其理论表述，随之对那些与观察不符的理论进行修改或替换。当然，科学的表象主义模式无疑也包含着这样的可能性：世界的存在方式与我们对其的表象是有差距的。正因为世界独立于我们对它的表象，我们的表象也可能并未正确地描述世界。

因此，科学家进行科学研究的目标就是用不断积累的经验事实来弥合这一差距。

从这里我们可以引出两点结论，这两点结论事实上对这种表象主义构成了严重的威胁。一是，用于获得和积累经验事实的观察必须是中立的、客观的或无偏见的，否则这些经验事实就不可能为理论提供独立的、唯一合法的检验标准。可是，这种"中立的"观察者毕竟是理论上的抽象。任何实际的观察者都做不到这一点，他们多少要受到历史、文化情境的制约。从这个意义上说，表象主义是一种"无主体"的哲学。二是，除了在主体间的交往中征得他人的认同外，一个人凭什么说自己感觉到的东西是真实的？在这里，表象主义封闭了自己，很难摆脱唯我论，至少是卡尔纳普所谓"方法论唯我论"的困境。

如果转换一下思路，我们也许会提这样的问题：科学研究实际上是如何进行的？其目的何在？如何达到目的？科学研究的成就如何得到公认？等等。当这么思考时，我们已经转换了看待科学的视角。事实上，并非所有有关自然世界的真理都有科学的意义，都能引起科学家的兴趣。科学史上，有多少正确的、已经证实的观点被人遗忘，悄然消失，不是因为它们是错误的，而只是由于对当下的科学事业来说显得不那么重要罢了。试想一下，哪一种规划是值得实施的？什么样的结果和效果是值得重视的？哪些实验和计算工作是必需的？何种设备和技能是必须具备的？什么样的成果才值得推广、出版？"除非我们了解了科学家是如何区分什么是值得去知道，值得去做，值得运用，值得考虑的，什么是无关紧要，无用的和无意义的，否则我们将不可能真正理解科学。"①

如果科学不再被看作客观世界的表象，而是一系列实践过程的集合，又会怎样呢？首先，你不必再为证明或者证实一个命题而煞费苦心，因为科学是一个尚未被给定，或者说是正在形成中的东西。与之相关，科学本质上是一种能产生效果的施行过程。其次，这个过程不只是某一个体或抽象的类主体的实践，而且是不同文化群体公共地参与的社会行为。对这样一种科学实践的研究与其说是哲学中的知识论问题，不如说是与

---

① Joseph Rouse, "The Narrative Reconstruction of Science", *Inquiry*, Vol. 33, No. 2, 1990, p. 186.

社会建构论、文化建构论乃至与权力相关的政治学（福柯与法兰克福社会批判）密切相关的问题。可以说，正是引入了实践，才使我们摆脱了纯粹思辨的束缚，使科学论（science studies）进入一个更广阔、更富有成效的研究领域。

用实践的观点如何看待认识论问题？早在黑格尔与马克思那里就已提出，认识论不是独立于本体论，而是与本体论相一致，联结二者的纽带就是实践。在他们的理解中，本体论不是世界本身是什么或存在着什么，而是存在着的感性的人具有改变对象的物质力量，这使认识论与本体论得到统一。因而，马克思指出，实践不仅是一种认识世界的能力，更是改造世界的能力。确切地说，认识与改造是同时进行的，认识就是改造。马克思的实践观是一种感性的活动、物质的力量，是力的较量和碰撞，体现了认识主体与对象间的力量对比。实证主义的问题就在于将本体论与认识论割裂开来，从而在认识主体与对象间制造了一条无法逾越的鸿沟。

在尼采、福柯、法兰克福学派以及劳斯那里，实践则体现为权力问题。认识论也是与权力相一致的。劳斯将构造科学现象、生成科学知识的实验室理解为一个权力关系场。他认为，实验室小世界是一个精心布置的空间：有工作台空间、材料处理空间、设备运行空间、储藏空间等，这种被分割的空间使得其中发生的事件被监视与跟踪成为可能。在福柯的军营、监狱、学校、医院等规训机构中，人们被监视、封闭、隔离和分割。这两者存在着许多相似之处。从而，"实验室里对现象的构造、操作和控制的策略必须被视为贯穿现代社会的权力网络的一部分，使科学知识得以可能生成的实验室活动也直接包含着对人的强制（约束）形式"[1]。鉴于权力在实验室里所发挥的不可替代的重要作用，劳斯将权力刻画为场本身的特征，而不是场中的事物或其关系的特征，这一点与福柯的"权力之网"是一脉相承的。在劳斯看来，既然对实验室中权力的说明不能脱离人们的行为与实践，那么说实践包含着权力关系，权力对实践有极大影响，也就是说"实践以一种重要的方式塑造并限制着特定

---

① Joseph Rouse, *Knowledge and Power*, Ithaca: Cornell University Press, 1987, p. 212.

社会情境中的人们可能行动的场"①。总的来说，一方面，权力本身只有付诸实践，才能显示出力量，才能控制与改造外在事物。正如马克思在《黑格尔法哲学批判》导言中所说，批判的武器当然不能代替武器的批判，物质力量只能用物质力量来摧毁，这也正是尼采权力意志哲学的本意所在。另一方面，对权力的任何言说与讨论，仅停留在说的阶段是不完整与不充分的，只有身体力行，对权力的充分诠释才是可能的。

三

在实践的科学观中，实践的解释并非只是对科学知识做出辩护与奠基，而是通过实践本身来实际地构成知识。因为只有实践才直接相关于知识的发生，我们不可能脱离知识的发生来构成独立的辩护理论，发生本身已经包含辩护。前边我们提到了"know-how"，这很重要。早在希腊时代，人们就已经明白，所谓"episteme"（知识或科学）就是，知道 X 意味着知道如何把 X 做出来，当时的工匠，乃至诗人只有在干活时才显示出知识。同样，在马克思及尼采、福柯、海德格尔等人的理解中，对知识的认识就意味着改造、权力的较量，或对自身的追问。

正因为如此，我们对知识的考察不应只看到那些文本的、业已形成的知识，而应该回到知识实际发生的情境中去构造并理解知识。在1975—1977 年，拉图尔和沃尔伽着手尝试这样的工作。他们直接参与萨克生物学研究所的研究活动，亲自体验构造科学事实的全过程，并采用文化人类学的方法来描述并分析科研活动的实情。他们发现科学知识与其说是自然规律的表象，不如说是通过科学家之间相互协商，通过说服政府和企业获得经费资助等一些微不足道的活动过程所构成的。② 1987年，拉图尔出版《科学在行动：怎样在社会中跟随科学家和工程师》。在该书中，他带着读者直接跟随科学家本人进入科学研究的实验室中去。发现科学领域并非一片圣土，这里的争论比在其他日常生活中的争论有过之无不及。持不同观点的人经常引经据典，旁征博引，甚至列出一大

① Joseph Rouse, *Knowledge and Power*, Ithaca：Cornell University Press, 1987, p. 211.

② Bruno Latour and Steve Woolgar, *Laboratory Life*, London：Sage, 1979.

堆数据、资料和文献，以达到说服对方的目的。正如拉图尔所描述的，"当我们从'日常生活'进入科学行为，从街上的行人到实验室人员，从政治学到专家意见，我们不是从嘈杂走向安宁，从激情走向理性，从热烈走向冷静，而是从争论走向了更为激烈的争论。"① 只要我们仔细想想那些铺天盖地的科学论文、不可计数的文献资料，就会发现这样的争论和说服行为在科学中是极为普遍的，更不用说科学家和工程师在实验室中所进行的磋商行为，以及两个反对的实验室之间为证明一个截然相反的结论所做的一切辩论了。科学事实就在论辩、说服、协商这样一些"行动"过程中呈现出来了。

行动中的科学有哪些特点呢？首先，它是一项集体参与的行为。参与科学活动的主体既包括科学家和研究者，也包括科学研究的对象、仪器设备以及以往的科学研究成果，甚至还包括学生、投资者等。因此，主体并非传统意义上进行科学研究的科学家共同体，所研究的客观世界也不是被看作与主体对立的客体。相反，这里的主体是一个扩大了的共同主体，在这个共同主体中，所有参与研究的人与物都被纳入其中。其次，科学不再被理解为对客观世界的表象，而是所有参与者——共同主体通过彼此之间的相互磋商和谈判在情境中共同构造出来的。最后，行动中的科学是一个不断重构的过程。科学永远处于进行中，处于一种不断变化并持续重构的情境之中。

说到底，科学不是描述和观察世界的方式，而是操纵并介入世界的方式。科学家不是对所看到的东西作中立的记录，而是以感兴趣的方式直接介入科学实践的活动。因此，我们对科学知识的理解只有在特定的情境中才能实现，科学知识的性质直接取决于构成它们的情境条件的性质。我们知道，在解释学中，若想揭示个体的行为，必须揭示使这种行为成为可能的整体情境；反过来，对整体情境的揭示也需通过个体的行为进行。这就是"解释学循环"。因此，认识论问题同时也是解释学问题。解释学是欧洲大陆哲学发展起来的，但却对 20 世纪 70 年代以后的英美哲学产生了重要影响。库恩就是最早在科学哲学中提及解释学的哲学

---

① Bruno Latour, *Science in Action*: *How to follow Scientists and Engineers through Society*, Cambridge: Harvard University Press, 1987, p. 30.

家之一。他曾说："不管自觉不自觉，他们（历史学家们）都在运用解释学方法，但是对我来说，解释学的发现不仅使历史更重要，最直接的还是对我的科学观的决定作用。"①

然而，这里所提到的解释学概念与狄尔泰意义上不同。在狄尔泰眼里，解释学的方法只适合于人文科学，或精神科学，但不适用于自然科学。因为人文科学所研究的社会、文化行为本身就具有反思性，但是我们显然不能指望自然科学的研究对象也具有这样的特性。其实，作为实践的科学并不是单纯的研究对象，或与认识相割裂的本体。正如前面所论述的，它是本体论与认识论的统一，因而本身就具有反思性。海德格尔将这种解释学称为"实践解释学"，关注的是事情的发生，或者行为所引发的现状的变化。

四

前面已经提到作为实践的科学与人文科学一样，本身就具有反思性，因为我们在通过实践活动改造对象的同时，也在反思这种行为的合理性。这是科学的实践活动与其他躯体（body）活动的重要区别，也是科学成为典范的原因。现在的问题是，科学实践活动如何在情境中加以理解和解释？它与整体情境的关系如何？

首先，在实践的解释中，解释不是别的，而是解释的行为本身。事物是什么，如何存在，这些都是通过我们对周围事物的处理而揭示出来的。参与世界的行为本身就是对世界会成为什么，以及事物在世界中如何存在的解释。从而，我们理解世界的情境不再是"信念之网"，而是"生活形式"，用海德格尔的话说是"在世存在"（being-in-the-world）。情境即生活形式是我们所不能选择的，我们只能并且必然已参与其中了。例如，在燃烧理论中，拉瓦锡抛弃了传统的燃素说而选择了氧化说，但是实验所用的材料、操作程序以及表达新学说所用的语言等都是他从前人那里承袭下来的，"生活形式"对拉瓦锡实验来说不再是假设，而是别

---

① ［美］托马斯·S.库恩：《必要的张力》，纪树立等译，福建人民出版社1981年版，第V页。

无选择的前提。①

其次，解释的情境并不是既定的，而是随着实践活动的变化而不断变迁的。"情境是不断变动更新的，我们找它却无法找到，因为它处于不断扩展、变迁与修正之中。"② 事实上，情境不是一种理论，也并非外在于实践活动而存在，它本身就是由各种科学实践活动构造出来的。因而，一旦构成情境的这些要素发生变化，整体情境也就随之改变。劳斯将这种科学的实践活动比作"叙事"。叙事就是讲故事，作为故事的讲述者，我们总是已经被置于故事之中了，我们讲述的是一个包括讲述者在内的故事。因此，从根本上说它是一种"共同叙事"（common narrative），我们总是依赖于与他人共同构成的情境来叙述他人，同时也是其他人所讲述的故事中的角色。在互相讲述中，我们与他人一起构成并共享这个新的情境。③

最后，情境不仅是变迁的，而且是重构的，是"持续重构"（continual reconstruction）的过程。叙事并不是已经完成的（completed）行为，而是正在进行中的（ongoing）。"我们与各种正在进行着的故事生活在一起，这是我们能够讲述它们的情境条件，或者是做其他任何可称为行为之事的情境条件。"④ 科学的实践活动不是一次完成的，而是不断对自身进行反思与批判，同时也包含对自身的辩护。正是批判与辩护的统一，使我们不致简单地认可并委身于一种既成的情境，而是不断地重构它们。这样一来，科学知识就不存在确凿无误的意义，意义也始终处在重构和不断形成的过程之中。"科学知识的可理解性、意义和合法化均源自它们所属的不断重构着的，由持续的科学研究这种社会实践所提供的叙事情

　　① Ludwig Wittgenstein, *On Certainty*, eds. G. M. Anscombe & G. von Wright, New York: Harper & Row publisher, 1972, §167.

　　② William Macomber, *The Anatomy of Disillusion*, Evanston: Northwestern University Press, 1968, p. 201.

　　③ Joseph Rouse, "The Narrative Reconstruction of Science", *Inquiry*, Vol. 33, No. 2, 1990, pp. 183 – 185.

　　④ Joseph Rouse, "The Narrative Reconstruction of Science", *Inquiry*, Vol. 33, No. 2, 1990, p. 181.

境。"① 也正因如此，科学研究才能吸纳来自各个方面的反思和批判，并对自身进行反思和批判，从而更具开放性。

从上述三点可以看到，我们对我们所生活的世界的理解已经不是一套信念或对象的规律，不是传统意义上的"认知"，而是内在于我们身体中的全部技能（实践的知识），只有将我们、实践的对象以及物质环境一起置于一个实践的解释的情境中加以构造，才可能更为全面地理解科学、理解世界，同时我们的解释性行为也才是可理解的。另一方面，实践知识的获得同样也不是通过学习和使用规则或依据信念行事，而是通过库恩所说的范例的学习。这样所获得的技能或实践知识才具有创造性，具有向外延伸和发展的可能性。一个牙牙学语的小孩，之所以能从所教会的单个词句中衍生出无穷多的句子，既不在于先天的深层结构，也不在于一个被给定了的文化与历史的语境，而是由于他们一开始就已经实践地参与了生活。同样，只有实践地解释并参与科学，科学对我们才是开放的，其自身才具有不断发展的可能性。

---

① Joseph Rouse, "The Narrative Reconstruction of Science", *Inquiry*, Vol. 33, No. 2, 1990, p. 181.

第 九 章

认识论批判与能动存在论

孟　强[*]

近代以来，知识成为哲学的中心议题，而认识论则取代形而上学或存在论占据了"第一哲学"的位置。这一进程始于笛卡尔和洛克，中经康德的"哥白尼式的革命"，它真正赢得了自己的尊严。在这场影响深远的范式转换中，形而上学无疑是最大的受害者。休谟曾敦促人们把神学、经院哲学等著作付之一炬，康德则借助于彻底的理性批判将形而上学驱逐出知识王国。20世纪初，维也纳学派步其后尘，极力倡导"通过语言的逻辑分析清除形而上学"。经过众多哲学家的一连串打击，形而上学从"科学的女王"变成了哲学的耻辱。

然而，梅洛-庞蒂颇具洞见地指出，"一种关于认识的哲学，乃是存在论的特例"[①]。究其原因，认识论之为认识论只有在特定的存在论框架内才是可能的，即主客体二元论。从历史上说，二元论与近代科学革命有着千丝万缕的关系。随着近代科学的兴起，传统的一元论宇宙观逐渐退出历史舞台，取而代之的是机械论的世界图景。近代人一方面对近代自然科学的进步欢呼雀跃；另一方面无论如何不愿看到心灵沦为机器。于是，主体/客体、事实/价值、必然/自由的分立成为挥之不去的思想阴

　　[*] 作者系中国社会科学院哲学研究所研究员。2001年至2007年师从盛晓明教授，先后获得硕士和博士学位。本文原载于《哲学研究》2014年第3期。

　　[①] 转引自杨大春《感性的诗学：梅洛-庞蒂与法国哲学主流》，人民出版社2005年版，第381页。

霾。认识论哲学继承了这笔遗产，从这个意义上说它的确是一种特殊的存在论。

倘若如此，认识论用特殊的形而上学终结一般的形而上学将显得自相矛盾。不仅如此，认识论自身难题之克服，有赖于对其形而上学前提作深入的反思。近代认识论的核心难题是超越性（transcendence）。凭借"哥白尼式的革命"，康德成功地化解了这一难题，并牢固树立了主体性与观念论原则。但海德格尔声称，这种方案误解了主体的存在方式。于是，他提倡用实践性的、参与性的"此在"（Dasein）代替意识哲学的"我思"（cogito）。笔者认为，基础存在论成功突破了观念论，却没能从根本上动摇主体性原则。为此，本章基于拉图尔（Bruno Latour）提出的"哥白尼式的反革命"（Copernican counter-revolution），建议再次转移哲学参考系：既不应围绕客体转，也不应围绕主体转，而要赋予居于主体与客体之间的"中间王国"（the Middle Kingdom）以优先性。这样，存在论将重新步入哲学舞台的中心，认识论将成为存在论的一章，而科学哲学的面貌亦将随之转换。

一　表象主义与超越性

认识论是近现代哲学的主导性范式，但对于认识论的内涵众说纷纭。罗蒂声称认识论的核心是奠基（foundation）。基础主义确实代表了笛卡尔和康德的旨趣，并在胡塞尔那里表现得淋漓尽致。可是，它不足以涵盖整个认识论的发展。或许，泰勒（Charles Taylor）提出的广义认识论概念更为恰当："这个概念并不怎么侧重基础主义，它更关注使得基础主义成为可能的知识观。如果用一句话概括这种知识观，那就是要把知识视作对独立实在的正确表象。"① 因此，认识论的核心与其说是基础主义，毋宁说是表象主义（representationalism）。

表象主义代表着一种特殊的认知方式：把对象置于思维面前，对事物进行再现。笛卡尔提出，对象与思维是两种完全不同的实体，不可能直接

①　Charles Taylor, *Philosophical Arguments*, Cambridge：Harvard University Press, 1993, pp. 2 – 3.

把对象纳入思维当中。可见，认识需要中介。近代以来，观念（idea）无疑扮演着中介角色。无论是以笛卡尔为代表的理性主义，还是以洛克为代表的经验主义，都主张认识应在观念内展开。但是，这会陷入难以摆脱的困境，因为观念具有强烈的唯我论色彩，有悖于知识的公共性。进入20世纪，许多哲学家将目光转向了语言。正如维特根斯坦所说，语言本质上是公共的，不存在私人语言。然而，"语言转向"实际上改变的只是认识的中介，并未放弃表象主义本身，至少早期分析哲学是如此。譬如，维特根斯坦的如下主张集中体现了表象主义精神："命题是实在的图像。命题是我们所想像的实在的模型。"①

表象主义认识论面临的核心问题是"超越性"。应该说，认识论包含两个截然不同的要求：第一，表象是自我封闭的，即在抽象掉外部世界之后依然能够准确地加以辨别和描述；第二，它必须指向外部，再现世界。倘若不能满足第一项要求，认识论的"反求诸己"将丧失根据。此外，知识应当是关于某物的知识，无论是观念还是语言都必须建立起与外部世界的联系。否则，知识将不成其为知识，甚至会沦为空洞的思维游戏。思想史证明，超越性问题相当棘手。笛卡尔不得不借助于上帝来建立思维与广延的相关性，休谟则认为它是不可解的，从而走向了怀疑论。

二 康德与"哥白尼式的革命"

康德的伟大之处在于他提供了另一条可能的路线，这就是"哥白尼式的革命"。近代哲学是在批判独断论形而上学的背景下诞生的。人们认为，独断论执着于一些抽象的思辨概念，严重阻碍了知识的进步。为此，培根主张用以经验为基础的"新工具"代替亚里士多德的"旧工具"。在此背景下，经验主义不约而同地将知识严格限定在"印象"范围内。主体似乎变成了"接收器"，丧失了创造性和能动性。对于上述做法，康德称为"主体围绕客体转"。然而，休谟合乎逻辑地从中引出了怀疑论后果：不仅外部世界的存在是可疑的，知识的普遍必然性也荡然无存。

① ［奥］维特根斯坦：《逻辑哲学论》，贺绍甲译，商务印书馆1996年版，第42页。

康德认为，以洛克和休谟为代表的经验主义属于自然学（Physiology）。无论它对事实问题（quid facti）的回答多么巧妙，都无法解答权利问题（quid juris），因为后者关涉知识的客观有效性。所有的感官给予都属于事实范畴，它只能告诉我们事情是什么，但不能告诉我们事情必然是什么。因此，应当在别处寻找知识的普遍必然性根据，这就是所谓知性。在康德看来，知识之为知识，不仅仅是主体对外部刺激的被动接受，还应当包含知性的主动参与。这意味着康德必须改造主体概念，赋予它主动性和构造性的能力。"哥白尼式的革命"的核心正在于此，"让客体围绕主体转"——对象不是独立于主体的"物自体"，而是由先验主体参与构造的"现象"。

可是，独断论形而上学之所以饱受诟病，正在于它武断地将一些超验概念强加给对象。那么，康德何以能够将独立于经验的知性范畴运用于对象？这正是"先验演绎"所要解答的问题。康德认为，我思必然能够伴随我的一切表象。对象之为对象，必然是我的对象，一个未被纳入"我思"范围内的对象不可能成其为对象，而一切为"我思"所伴随的对象都要受到知性范畴的规整。因此，"思维的主观条件"必然适用于对象，必然具有客观有效性。辛迪卡（Jaakko Hintikka）颇有见地地指出，康德延续了制造者（maker）知识传统，所谓"先验"正是对主体构造能力的强调。①

概而言之，借助于"哥白尼式的革命"，康德成功化解了超越性难题。观念如何指向外部世界？康德的回答是，观念之所以能够指向世界，是因为世界已经是"为我"的世界。自然之所以是可认识的，是因为它已经为人所立法。这就是"哥白尼式的革命"的精彩之处。从此以后，主体性原则成为哲学的指导原则。这还带来了一个意义深远的后果即观念论，尽管它是不同于"经验观念论"的"先验观念论"。直到20世纪上半叶，这条康德主义路线依然是西方哲学的主路标。

---

① Jaakko Hintikka, "Transcendental Arguments: Genuine and Spurious", *Nous*, Vol. 6, No. 3, 1972, pp. 274 - 275.

三 海德格尔的存在论批判

康德设计的路线可谓十分巧妙，但海德格尔认为康德确立的主体性与观念论原则恰恰是问题的一部分而非问题的解决。在海德格尔眼中，整个近代认识论出现了方向性偏差，这应归咎于不适当的存在论预设。倘若不对主客体二元存在论进行彻底的反思和批判，认识论的核心议题无法得到妥善解决。《存在与时间》提出的"基础存在论"集中体现了海德格尔在这方面作出的重要努力。

在海德格尔看来，尽管现代哲学家们对于超越性难题作了各种各样的尝试，但是均"漏过了认识主体的存在方式问题"①。人源始地向世界开放，总是已经投身各种各样的实践活动，总是已经与世界上的各种事物打交道。这意味着主体并不是无世界的，他恰恰是世界的参与者而非旁观者，即"在世界之中存在"。人之为人已经被抛入世界，即此在的实际性（facticity）。另外，在世存在源始地具有实践性。此在向世界开放，首先表现为与事物打交道，与人交往。此在对待世界的方式并非静观（theoria），而是操作性的、介入性的。"哥白尼式的革命"将"统觉"或"自我意识"作为知识的终极根据，忽略了在世存在这一更加本源的根据。简言之，前期海德格尔的中心意图是用参与性的（engaged）"我做"来取代非参与性的"我思"。

在此基础上，海德格尔说道："超越性是主体的主体性的源始构成，主体作为主体而超越着；如果它不超越，那就不是主体。成为主体就意味着超越。这并非意味着此在首先在某种程度上存在着，然后偶尔达成对自我的超越，而是说生存原初就意味着跨越。此在本身就是越过。"②看来，在世存在本质上包含超越性结构。"我思"是非参与性的，甚至只有将外部世界悬置起来，它才能获得纯粹性。但是，"我做"不可能是无

---

① ［德］马丁·海德格尔：《存在与时间》（修订本），陈嘉映等译校，生活·读书·新知三联书店1999年版，第71页。

② Martin Heidegger, *The Metaphysical Foundations of Logic*, trans., Michael Heim, Bloomington：Indiana University Press, 1984, p. 165.

世界的，做事或实践活动首先要求相关事物在场。超越性之所以成其为问题，在于哲学家们忽略了在世存在这一源始的超越性结构，误将主客体二元论作为自明的存在论架构。相应地，海德格尔对胡塞尔的意向性作了如下评论："最终将证明，意向性奠基于此在的超越性，并且只是因为如此它才是可能的——反之，超越性用意向性是无法得到解释的。"①

基础存在论对康德和胡塞尔的先验哲学提出了严肃挑战，诉诸先验意识被证明是不充分的。颇具讽刺意味的是，在世存在分析从某种意义上说依然带有先验色彩。与康德一样，海德格尔也试图寻找知识的可能性条件。与康德不同，海德格尔将其追溯至"在世存在"或此在对世界的实践性参与。事实上，《存在与时间》所描述的"生活世界"是我们最为熟知的，倘若仅仅停留在描述层面，很难想象能够满足严肃哲学的旨趣。但借助于康德式的先验论证，海德格尔宣称"在世存在"这一源始结构恰恰是现象学还原的可能性条件，而它自身是不可还原的。这种先验色彩特别表现在"总是已经""源始的""首先与通常"等词汇中。②这些术语所表达的并不是时间在先，而是逻辑在先。即便对于看似具有普遍性和客观性的自然科学，在世存在结构也是其必要条件。

基础存在论是对表象主义认识论的严重冲击。非参与性的意识主体、独立的客体以及中介等概念都变得有问题了。最终，这应归咎于不恰当的二元论形而上学。用参与性的"我做"来代替非参与性的"我思"，很大程度上关闭了通往意识哲学的大门，观念论路线随之失去吸引力。或许更有意义的是，海德格尔的存在论批判使得人们认识到，表面上反形而上学的认识论实质上是一种独特的形而上学，并且是极有问题的。

四　拉图尔与"哥白尼式的反革命"

"哥白尼式的革命"带来了两个重要后果：主体性原则和观念论。海

---

① Martin Heidegger, *The Basic Problems of Phenomenology*, trans. , Albert Hofstadter, Blooming: Indiana University Press, 1982, p. 162.

② Charles Taylor, "Engaged Agency and Background in Heidegger", in Charles Guignon, ed. , *The Cambridge Companion to Heidegger*, Cambridge: Cambridge University Press, 1993, p. 333.

德格尔的基础存在论颠覆了意识哲学及观念论路线，那么他是否也破除了主体性原则？后来，海德格尔本人略带遗憾地回忆道，《存在与时间》的初衷是解构主体性，却反过来增强了主体性。梅洛－庞蒂亦面临类似窘境，在生命的最后阶段他说道："《知觉现象学》中提出的问题是不可解决的，因为我是从区别'意识'和'客体'开始进入这些问题的。"①此后，海德格尔不再将此在作为通往存在的入口，晚期梅洛－庞蒂则力图在"肉身"（flesh）概念的基础上构思一种新型存在论。这些迹象表明，海德格尔和梅洛－庞蒂的存在论批判并不彻底。笔者认为，他们尽管改造了主体概念，并没有成功摆脱主体主义。在康德那里，作为"制造者"的主体之构造是观念内的构造。经海德格尔和梅洛－庞蒂之手，它转化为实践性的构造。尽管主体的内涵发生了变迁，但主体性原则依然如故。这可以解释他们后来为何纷纷发生了"转向"。有鉴于此，本文主张，要彻底破除主体性原则，应当告别"哥白尼式的革命"，发起一场拉图尔式的"哥白尼式的反革命"。

让我们首先交代一下相关的思想背景。20 世纪 90 年代，布鲁尔（David Bloor）与拉图尔之间展开了一场交锋。在科学论（science studies）领域，布鲁尔是爱丁堡学派的创始人，以"强纲领"（the Strong Programme）闻名于世。拉图尔则是后起之秀，他与卡龙（Michel Callon）等人一道开创了"巴黎学派"，并提出了著名的"行动者网络理论"（ANT）。通常，这两个学派被统归于"社会建构论"（social constructivism），似乎其基本立场是一致的。然而，事实远非如此。1992 年，拉图尔发表"社会转向之后的新转向"，挑明了他与布鲁尔之间的哲学分歧。布鲁尔则于 1999 年发表长文"反拉图尔"，作出正面回应。那么，二者的思想分歧究竟是什么？

在《知识与社会意象》中，布鲁尔提出了对称性（symmetry）原则：不能仅仅对错误的知识进行社会学解释，而把正确的知识留给逻辑推理，应对它们作对称性理解，将知识社会学贯彻到底。②拉图尔认为，相比于

---

① ［法］梅洛－庞蒂：《可见的与不可见的》，罗国祥译，商务印书馆 2008 年版，第 251 页。

② ［英］布鲁尔：《知识与社会意象》，艾彦译，东方出版社 2001 年版，第 3—8 页。

实证主义科学哲学，对称性原则确实是重大进步。然而，布鲁尔还不够
彻底，因为他未能对"社会建构"的"社会"进行反思，仅将其简单地
设定为解释要素，未能彻底贯彻对称性原则。拉图尔说道："布鲁尔的著
作标志着这种非对称性哲学达到了高潮。作为《纯粹理性批判》的忠实
信徒，布鲁尔把涂尔干式的社会结构指派过来，占据了'日心说'中的
'心'那个位置，并为如下原则起了个'对称性'的名字：这个原则要求
我们用同样的社会学词汇来说明科学发展中的成败。"① 为什么说布鲁尔
是《纯粹理性批判》的忠实信徒？或许出于对科学实在论的前康德路线
的不满，布鲁尔力主将哲学的中心转移至"社会"。布鲁尔与康德的区别
在于用"社会"取代了"我思"，而在核心哲学架构上如出一辙。从这个
意义上说，布鲁尔的确属于康德派：不再让主体围绕客体转（科学实在
论），而反过来让客体围绕主体转（社会建构论）。

　　对于拉图尔的分析，布鲁尔并不认可。在他看来，"在强纲领之内，
没有任何需要或倾向来否认科学家观察到的东西具有精确和详尽的特
征"②。因此，布鲁尔拒不承认强纲领是康德意义上的唯心主义。不过，
事情仅此而已。在康德那里，现象固然是物自体与范畴的综合，但我们
能够反思的只是范畴，物自体超越了认识的边界，它的作用仅仅是确保
康德不跌入唯心主义。在拉图尔眼中，布鲁尔对感知经验的强调与康德
设定物自体如出一辙："如果我们列举出事物或感觉输入在科学知识社
会学叙事中起到的全部作用，我们将震惊于这样一个事实：它们并没有太
多的作用。正像康德那样，而且也完全是出于同一个原因，物自体在那
里就是为了证实某人不是唯心论者。"③ 布鲁尔确实没有否认外部经验输
入的重要性，但对于它们在知识生产中究竟发挥什么作用，原则上无法
解答，正如康德无法告诉我们物自体是什么一样。

　　这是一场发生在科学论内部的论战，但意义不容低估。它涉及如下
问题：是否应该放弃康德以来的主体性原则？如果是，该怎么做？在笔

---

　　① Bruno Latour, "One More Turn After the Social Turn. . .", in Mario Biagioli, ed., *The Science Studies Reader*, New York: Routledge, 1999, p. 280.

　　② ［英］D. 布鲁尔、张敦敏：《反拉图尔论》，《世界哲学》2008 年第 3 期，第 76 页。

　　③ ［法］B. 拉图尔、张敦敏：《答复 D. 布鲁尔的〈反拉图尔论〉》，《世界哲学》2008 年第 4 期，第 73 页。

者看来，拉图尔对布鲁尔的批评实质上是对"哥白尼式的革命"的批评，而且他给出的替代性方案具有相当的吸引力。拉图尔主张，对社会建构论以及主体性原则表示不满，并不意味着回撤到科学实在论，我们应当从根本上放弃社会建构论/科学实在论的共同前提，即自然/社会的二元论，"哥白尼式的反革命"正是实现这一目的的重要手段。从字面上看，"哥白尼式的反革命"包含两层含义：一方面，它是对康德哲学的反动，即放弃客体围绕主体转的路线；另一方面，既然它是"哥白尼式的"，便意味着哲学参考系再次发生转移。转移到哪里？在拉图尔看来，既不能围绕客体转，也不能围绕主体转，而应当专注于主体与客体的居间地带即经验杂多的现象世界，赋予生成（becoming）以优先性，并从"中间王国"解释两端。

五　能动存在论

怀特海曾经将近代以来的二元论形而上学形象地概括为"自然的分岔"，并指出它源于"错置具体性谬误"（fallacy of misplaced concreteness）——误将抽象视为具体。在他看来，主体/客体、第一性质/第二性质、物质/精神等只是人们借以思考世界的抽象范畴。可是，许多思想家错误地以为世界就是由这类实体构成的，而忽略了其适用条件和限制性条件。哲学的任务在于揭露上述谬误，而不是不加批判地将其作为思考的出发点。[①] 很可惜，许多现代人并没有接受怀特海的见解，常常自觉或不自觉地从分岔的自然看问题。假如我们认识到错置具体性谬误，并由此放弃现代二元架构，世界将呈现出何种面貌？不再分岔的自然将怎样？或借用怀特海的话说，究竟什么是具体？对此，不同的人作出了不同的回答：拉图尔称为联结（association），怀特海称为过程（process），德勒兹称为事件（event）。笔者认为，尽管他们在表述上各有侧重，但核心思想很大程度上是相似的：用具体事物的生成去解释抽象事物的存在。

"哥白尼式的反革命"正应当置于上述背景中理解。原则上说，它继承了赫拉克利特与尼采的路线：赋予生成的世界以合法性，同时将存在

---

① Alfred Whitehead, *Science and the Modern World*, New York: Macmillan, 1925, p. 56.

作为生成的结果，而非解释生成的非生成根据。在拉图尔看来，"中间王国"是一个包含所有转译（translation）和联结在内的宇宙（cosmos）。有时，他称为"集体"（collective）："这个词指的不是已经构成的整体，而是指将人与非人（nonhuman）的联结集合起来的程序。"① 必须指出，作为中间王国的现象世界是非二元论的，"集体"的一切成员都是"行动者"（actant）。在《科学在行动：怎样在社会中跟随科学家和工程师》中，拉图尔有意使用 actant 这个词，以区别于主体主义色彩浓厚的 actor。后来，他又借用塞尔（Michel Serres）的准主体（quasi-subject）和准客体（quasi-object）概念。准主体和准客体介于主体/客体、自然/社会之间。相比于客体，它们更具建构性；相比于主体，它们更具实在性。中间王国即由行动者或准主体、准客体构成的宇宙，是诸能动者在其中相互作用、相互构造的动态世界。

在此，最让人费解的是非人也有能动性（agency）。一般认为，只有人具备行动能力。至于物，它们只是盲目的、机械的、受动的。如果主张物也具有能动性，那似乎回到了前现代神秘的泛灵论（animism）或泛心论（panpsychism），而现代人早已将其丢入历史垃圾箱。然而，一方面，人看似是自由的，实际上不断遭遇并受制于物。另一方面，这反过来证明物并不是消极的，它们具有积极的行动和参与能力，并产生着不可忽略的后果。在技术科学（technoscience）时代，这一点表现尤为显著。赋予非人以能动性，将人与非人纳入相同的存在论范畴，并不意味着回到泛灵论。拉图尔论证道，任何事物只要能够制造差别、产生效果，就可以认为它具有能动性："能动性总是体现在对做某事的描述中，即对某事态制造差异，通过 C 的考验将 A 变成 B。若没有描述、没有考验、没有差别、没有某事态的转变，那么对于某一特定的能动性便不存在有意义的论证，不存在可供探测的参考系。"② 对于这条以能动性为基础并提倡生成决定存在的思想路线，笔者将其概括为"能动存在论"（agential ontology）。

① Bruno Latour, *Politics of Nature*, Cambridge：Harvard University Press, 2004, p. 238.

② Bruno Latour, *Reassembling the Social：An Introduction to Actor-Network-Theory*, Oxford：Oxford University Press, 2005, pp. 52 – 53.

　　能动存在论主张，对于任何事物，我们都必须将其置于具体的生成过程中加以说明。怀特海的过程原理准确表达了这一点："一个现实实有（actual entity）是如何生成的，构成了该现实实有是什么。"[1] 为了理解某一事物，应当考察它与其他事物之间的相互作用：它转译了多少能动者？聚集的强度如何？范围多大？遭遇到哪些抵抗？在此，拉图尔不无戏谑地谈及萨特的著名口号：存在先于本质。但与萨特不同，能动存在论宣称"存在先于本质"不仅对自为存在有效，而且适用于自在存在。换言之，一切事物都应在复杂的生成过程中赢得自己的本质。对此，拉图尔将其表述为"作为他者的存在"（being qua other），以区别于"作为存在的存在"（being qua being）。[2]

　　此外，能动存在论还坚持"不可还原性原理"："没有什么东西本身可以还原或不可还原成别的东西。"[3] 从古希腊开始，思想家们便千方百计地试图将纷繁复杂的现象还原到某些终极范畴。与此同时，这些终极范畴被认为是不可还原的，否则将陷入无穷倒退。根据能动存在论，一种脱离生成过程的存在并不是真正的存在，充其量只是"错置具体性谬误"的后果。怀特海说道："哲学的解释目标常常遭到误解。它的任务是要说明抽象事物是如何从具体事物中突现出来的。……换句话说，哲学是对抽象的解释，而不是对具体的解释。"[4] 能动存在论宣称，必须首先考察具体现象的生成与相互作用过程，然后才能理解实在、精神、物质、社会等抽象范畴的起源及意义。这也是"哥白尼式的反革命"主张从中间解释两端的理由之所在。它无意在现象世界之外设定一个超验的世界，在经验之外设定一个自我合法化的先验位置。一切都是内在的——内在于生成，即便那些看似具有超越性的存在也是内在性的构造物。这恰好印证了德勒兹所谓"纯粹内在性"（pure immanence）："内在性并不相关

---

① Alfred Whitehead, *Process and Reality*, New York: The Free Press, 1978, p. 23.

② Bruno Latour, "Reflections on Etienne Souriau's Les differents modes d'existence", in Levi Bryant et al, eds. , *The Speculative Turn: Continental Materialism and Realism*, Melboume: re. press, 2011. p. 312.

③ Bruno Latour, *The Pasteurization of France*, Cambridge: Harvard University Press, 1988, p. 159.

④ Alfred Whitehead, *Process and Reality*, New York: The Free Press, 1978, p. 23.

于某物，后者作为一个整体高于所有事物，它也不相关于主体，后者作为行动带来了事物的综合：只有当内在性不再相对于自身之外的某物时，我们才能谈论内在性平面。"①

六　结语：走向存在论的科学哲学

在这幅思想图景中，知识议题将处于什么位置？"哥白尼式的反革命"和能动存在论放弃了认识论之所以可能的形而上学前提，并将存在论重新置于哲学舞台的中心。从这个意义上说，作为一种哲学形态的认识论将失去理据。然而，这绝不意味着知识不再成为问题。相反，它要求我们自觉地转换看待知识的角度。根据表象主义，知识是对存在的表象，而表象自身却在存在之外。于是，我们时刻面临着思维与存在的同一性问题。根据能动存在论，知识并非外在于存在，它恰恰隶属于存在，处于内在性平面之中。换言之，知识与所有其他事物一样，是异质性能动者相互作用的产物。为了理解知识，必须将相关的互动和生成过程展示出来。这样，知识议题将被移植到存在论架构之中，它将被"祛认识论化并重新存在论化"②。从这个意义上说，认识论成了存在论的一章。必须指出，这里所谓认识论不再是作为"第一哲学"的认识论，而是特指对知识生产实践的描述。

启蒙运动以来，自然科学常常被当作知识的典范，其客观性、价值中立性和普遍性让其他知识门类难以望其项背。相应地，科学哲学长期将认识论探索视为自己的中心使命，从逻辑实证主义到社会建构论概莫能外——尽管它们各自的普遍主义与相对主义表面上势不两立。然而，根据能动存在论，我们有必要告别认识论的科学观念，走向存在论的科学观念。这意味着科学既不是关于外部世界的表象性知识，更不是社会建构的产物。科学首先表现为一项复杂的实践进程，该进程与其他事物

①　Gilles Deleuze, *Pure Immanence*：*An Essay on Life*, Cambridge：The MIT Press, 2001, p. 27.

②　Bruno Latour, "A Textbook Case Revisited-Knowledge as a Mode of Existence", in Edward Hackett et al. , eds. , *Handbook of Science and Technology Studies*, Cambridge：The MIT Press, 2008, p. 87.

一样内在于"中间王国",处于内在性平面中。为了理解特定的科学知识及其独特性,应将相关能动者的互动机制、过程及其结果描述出来。在这方面,以经验描述和案例分析见长的科学论作出了巨大贡献。最初,它常常被指责为解构主义和相对主义,不断遭受口诛笔伐。如今越发明确的是,科学论的真正贡献在于突破了认识论范式,并为存在论的科学实践观念开辟了广阔空间。由此,普遍主义/相对主义之争不再显得那么举足轻重。在这个方向上,拉图尔、皮克林(Andrew Pickering)、斯唐热(Isabelle Stengers)、芭拉德(Karen Barad)等学者具有很大的相似性。然而,存在论的科学哲学具有怎样的发展潜力?它将对既定的科学观念带来怎样的影响?对此,尚待进一步探索。

第三部分

后常规科学

第 十 章

后学院科学及其规范性问题[*]

盛晓明

一 何为"后学院科学"？

"后学院科学"（post-academic science）是齐曼（John Ziman）在《真科学》一书中提出的核心概念。按他的理解，在当今的科学研究现场，后学院科学已经不再是一种"反常"现象，而是成了常规。那么，什么是学院科学呢？我们通常所说的学院科学是在拿破仑时代成型的学术制度，19世纪被移植到德国并得到完善。制度其实是规范（norm）的集合，是集体信念的外在表达。经典的科学哲学（如维也纳学派）和科学社会学（如默顿学派）都把学院科学理解为"原型科学"（proto-science）。从"原型"出发，哲学家们设计了一套认知规范（方法论规范），社会学家则推导出一组社会规范（伦理规范）。在他们看来，任何科学活动如果偏离"原型"，就不能叫作"科学的"活动。问题是恰恰有一些偏离"原型"的科学活动形式如今被当作常态来接受，甚至作为发展的趋势予以认定，因此就有理由说，我们已经进入了一个后学院科学的时代。

到了20世纪，科学研究涌现出了三种新的活动模式。一是"大科学"。从"一战"开始，尤其是在"二战"之后，政府（或军方）动用巨额经费来组建大平台，强势地介入了科学活动，并主导了研究议程（"难题"）的设置，同时也就挤压了"自治"原则在科学共同体中的适

---

* 本文原载于《自然辩证法通讯》2014 年第 4 期。

用空间。二是"产业科学"。在《必要的张力》中，库恩有过"培根科学"的提法，只是没做深入的考察。拉维茨（Jerome Ravetz）在他的成名作《科学知识及其社会问题》（1971）中明确界定了"产业科学"的概念。随着产业实验室、政府政策咨询机构、企业研发中心的涌现，以及产、学、研的一体化，打破了科学与产业之间，科学、技术与工程之间的制度边界，甚至要求按市场的法则来重构科学体制（制度创新）。三是跨学科研究。各种形式的多学科协同研究、交叉研究及跨学科研究突破了以学科为母体的制度设计，既有的方法论规范对跨界成员来说丧失了规范力量，一些新的研究领域甚至处于"失范"状态。

"后学院科学"与"后常规科学"（post-normal science）的概念多有重合。拉维茨"在后常规科学的兴起"（1995）一文中申明："我们采用'后常规'术语来标志一个时代的结束，在那个时代，有效的科学实践规范可以是一个无视由科学活动及其后果带来的广泛的方法论的社会和道德争端的解题过程。"① 与库恩意义上的"常规科学"相比，"后常规科学"的确呈现若干新的特征，如事实的不确定性、价值的争议性、利益的攸关性、决策的紧迫性。"后常规科学"与"后学院科学"两个概念都带有批判性的哲学诉求。如果说两者有什么不同的话，与后者相比，前者还包含着一种科学民主化的实质性主张，更加侧重于解决气候暖化等环境问题的研究类型，对风险管理和质量管制，以及与此相匹配的协同创新与政策形成机制提出了更高的要求。

与此同时，吉本斯（Michael Gibbons）等人还提出了知识生产的"模式2"概念。如果说"模式1"表征了学院科学的研究结构，那么，"模式2"想要表达的就是"后学院科学"的研究结构，即研究问题由学术兴趣主导转向了社会问题与利益主导，从共同体自治转向了开放与社会问责，由学科语境转向了动态的跨学科语境，组织构成由同质性转向了异质性，知识的质量控制也由同行评议转向了更加综合的多维度的评议体系，等等。吉本斯认为，由于"模式1"很接近库恩意义上的常规科

---

① ［意］S. O. 福特沃兹，［英］J. R. 拉维茨：《后常规科学的兴起》（上），吴永忠译，《国外社会科学》1995 年第 10 期，第 32 页。

学，因此称"模式2"为"后常规科学"也并无不妥。①

那么，"后常规"到底是什么意思呢？首先，"后常规"肯定不是指"非常规"。在库恩那里，"非常规"是指一种混乱、无序的，未经制度化的"前科学"。事实是，制度化的科学一经建立，就意味着一切研究活动都要受规范制约。其次，"后常规"同样也不指向一种规范虚无主义。因为，要想抵制一套规范并设法让人理解，就得给出理由，这就意味着你已经预设了一套新的规范。规范虚无主义本身就是一种不自洽的立场。最后，"后常规"更像是由"反常"导致的一场革命。范式转换所引发的革命会给人带来震撼，可是"后常规"的变革没有产生这样的效果，倒更像齐曼描述的那样，是一场"静悄悄的革命"。实际的情况是，学院科学与后学院科学不仅可以并存，研究者甚至可以自如地穿越两者，不觉得有任何不妥。有研究者告诉我们，他白天做纵向项目，晚上做横向项目，甚至性质与目的全然不同的成果可以出自知识生产的同一个流水作业。那么，这是否就意味着"后学院""后常规"等概念是无意义的呢？答案是否定的。

"后学院科学"首先是一个批判性的概念，不仅表明既有的规范体系无法有效地规约现场的研究行为，甚至还告诉我们，原先的科学观从根本上说是不合时宜的了。我们知道，实证主义以来的认知规范由于受理智主义的限制，通常只适合于"表象的"科学，但是现实中的研发活动则是"介入"的，属于"技性科学"（techno-science）范畴。同样，在默顿的规范结构中，像普遍主义、公有主义和无私利等原则同样也是为学院科学量身定做的。所谓规范，说白了就是对行为者提出的一种要求，与别的要求不同，规范性要求需要得到行为者的相应。倘若行为者不作响应，其行为又能被人们认定为是正当的，这只能说明既有的规范体系或制度本身出了问题。

其次，"后学院科学"同时也表达了一种重塑规范的态度，试图探索一套能赋予大科学与产业科学以正当性，同时又能最大限度地兼容并蓄"常规科学"的制度。这听起来似乎是一个无法兑现的承诺。在康德时

---

① ［英］迈克尔·吉本斯等：《知识生产的新模式：当地社会科学与研究的动力学》，陈洪捷、沈文钦等译，北京大学出版社2011年版，第3—8页。

代，作为人类理性的代言人，哲学家可以通过先验原则对每一个有理智的人颁布"道德律令"，要求每一个有理智的人通过"自律"来兑现实践理性的普遍性要求。在默顿那里规范性似乎也不成问题，科学家共同体被赋予了生产可靠知识的专业性使命，作为共同体的代言人，社会学家推演出完成这项使命所应具备的精神气质。当然，在实际的研究过程中你可能会做出违规行为，但这丝毫不表明规范是成问题的，只能说你在同行眼里成了蹩脚的研究者。但是，如今的科学已经逐渐演变成一项公共的事业，生产什么样的知识，以及如何生产，如何评价已不再是专家共同体自身的事了，需要政府、产业，乃至社会公众的在场、参与。就评价而言，在关注研究的同时研究者还要关注成果的应用；在注重现在的同时还要注重未来；在倾听专家建议的同时还需留意公众的意见；等等。因为技性科学在介入世界时不可避免地会产生不可逆的后果，有可能把我们的家园摧残得面目全非。做出什么样的决策，以及如何规约研究者的行为，仅凭共同体内部的"自治"与"自律"是不足以解决这样一些问题的。规范的重塑必定是一项社会治理的工作。

二 "强自治"与"弱自治"

随着"二战"后大科学与产业科学的兴起，发达经济体的知识精英们显得有点尴尬。在经济政策上他们崇尚自由主义，然而在科技政策上却又是贝尔纳主义者。贝尔纳主义的兴起很大程度上得益于苏联的计划性科技体制在 20 世纪 30 年代的成功。贝尔纳的名言是，如果没有政府（军方）介入与财政资助，我们的科研将被打回到中世纪的水平上去。在冷战时期，西方的科技与政治精英之所以讳言贝尔纳，是为了与苏联计划式的科技体制保持距离。

根据启蒙以来的正统观点，作为理智的探险，科学研究是一项纯粹的、自主的活动，它独立于社会之外，亦馈赠于技术与产业。从康德到胡塞尔和弗雷格，哲学家把认知规范的确立看成是独立于历史进程的事情。科学理论不受任何特定时间与空间中的事实所限制，或者说，理论规范本身就是反事实的。这种观点至今依然在英美哲学界占据主流，它无视乃至拒绝接受任何被冠以"后常规"的现象。

相对温和一点的观点是，科学是特定时期的文化现象与社会制度。这种说法部分地保留了前一类观点，即把科学理解为一种纯粹、自主的理智活动，同时又可以容忍各种"后常规"的现象，只不过拒绝承认这些现象的正当性地位。其论证策略通常有两种。

一种可称为"反常论"，认为"大科学"只是特定时期的"反常"现象，不可能成为常规。曾任哈佛大学校长的柯南特（James Conant）就是这种策略的代表。在回顾参加曼哈顿计划的经历后他指出："整个新的科学领域的成果需要花费很大一笔纳税人的钱；在20世纪40年代，你只消说在这场你死我活的全球性战斗中需要拥有一种毁灭性的武器，那么这笔开支就能被证明为正当的。"① 但是像大多数科学家那样，他希望政府与产业对科学共同体的介入，对"自治"原则的侵害只是短暂的非常态的战时举措，就如同罗斯福的"新政"一样。战争一经结束，科学活动很快又会回到我们一贯熟知的"常规"轨道。然而，60年代以后的事实是，经合组织国家都乐此不疲地推行大科学计划。既然大科学是提升国家竞争力的一件法宝，谁还会拒绝呢。

另一种策略叫"例外论"，要求把科学的理论探索与它实际的应用分离开来。科学家只受好奇心与追求真理的动机驱使，研究成果本身是客观的、价值中立的，至于该成果是否被政客和军方所利用，以及是善用还是恶用，都与它无关。在《科学：没有止境的前沿》的报告中，布什（Vannevar Bush）的忠告是，政治家与社会公众只需更多地了解科学，更好地利用科学，而不是试图去控制科学。正如波兰尼所强调的那样，科学领域享有"治外法权"。该策略的理论基础就是"事实"与"价值"的二分法，普特南已经对此做过清算，这里无须赘述。

上述规避策略都可以依据"自治"原则得到辩护。本章不反对共同体是"自治"。无论从历史还是从现实看，"自治"原则无疑有助于共同体边界的确认，以及共同体成员的自我认同，其功能通常是防卫性的，能用来保障共同体的纯洁性，免遭外部因素的侵害。不过，对科学共同体来说，不同时期的"自治"给人的感觉却是各不相同的。在福勒

---

① James Conant, *Modern Science and Modern Man*, New York: Columbia University Press, 1952, pp. 12 – 13.

（Steve Fuller）看来，科学史上对"自治"存在着两种不同的理解：一种是整体的理解，即科学家用自己的方法追求自己的目标；另一种是局部的理解，科学家用自己的方法追求他人的（外部的）目标。[①] 我们不妨把第一种理解归结为"强自治"原则，把第二种理解归结为"弱自治"原则。

主流的科学家与哲学家始终受"强自治"原则所支配，认为研究者想要追求什么，以及如何达成目标都是共同体内部的事，与旁人无关。作为一种规范原则，"自治"早在康德那里就已经得到充分的论证。他的论证试图兑现对人的双重承诺，即人是理性的，受规则约束的生灵；同时人又是自由的，设法摆脱一切外来的强制。解决之道就是"自治"，因为自治意味着约束我们的法则的权威仅仅仰仗于我们自己对它的认可。这意味着规范性首先取决于规范态度。态度决定人们如何把握规范并且将其运用在评价中。在康德看来，作为有理性的人，我们的尊贵就在于能自由地选择那样的法则。相反，如果受制于未经选择的外部法则（"他律"）就会变得不自由了。这种解决方案显然来自启蒙传统对法则及其权威性的理解。说得直白些，规范是通过命令来实现的，这就需要一个命令者和执行者，并且命令者赋予了执行者以遵守命令的义务。那么，谁有资格来下命令呢？当康德将人的尊贵归于人是一种自由的存在时，他就给出了这一问题的答案，即人所要服从的权威只能来自人自身。

波兰尼和库恩把康德式的"自治"原则从个人移植到了共同体，他们对"自治"的理解无疑也是整体的。科学家共同体肯定不会满足于作为工具的角色，它必定包含了自身的目的。这样的共同体不仅是自因的，而且是自律的。在这里，认知目标与达成目标的方法都是共同体内部的事。只是，他们会面临新的麻烦，要处理好共同体与个人的关系。共同体的规则依赖于每个成员的自主的选择和自愿的服从。这一点没有错。问题在于，我们能否反过来说，人们认可的就是规则呢？在《哲学研究》中，维特根斯坦强调说，规则是一种去私人化的标志，因为如果以私人的方式去定义好坏，那么结果就是无法谈论好坏。也就是说，规则一开

① Steve Fuller, *Thomas Kuhn: A Philosophical History for Our Times*, Chicago: University of Chicago Press, 2000, pp. 92−95.

始就必须是公共的、社会的。个体当且仅当接受了共同体的规范，才成其为共同体的一员。在这里，我们不能把公共的东西理解为个人意愿的叠加，同样也不能把它人格化为某种超个人的实在。对于像哈贝马斯和布兰顿（Robert Brandom）这样的语用学家来说，最好的解决之道是把规范性问题置于一个具体的交往与互动实践中来加以理解。

在布兰顿看来，互动实践中存在着自身承诺与给他人归派一个承诺之间的社会视角的区分。借助这种区分，我们就能对给出理由与索取理由的推论实践进行社会性的阐明。只有这样，规范地位才不会被等同于个人的规范态度以及共同体的规范态度。[①]譬如，希尔伯特在 1900 年巴黎召开的国际数学大会上提出了 23 个重要的、有待解决的问题，会后，共同体成员都被归派了解决这些问题的承诺。当然这之间存在着一个复杂的给出理由与索取理由的过程，但这些都是成员内部之间的事情，无须诉诸外部权威。

库恩对待"自治"原则的态度有些复杂。他主张共同体自主地设置议题，并模仿内部的范例去"解难题"。但是，"自治"显然既不像惠威尔讲的那么神圣，又不像普朗克讲的那样理想，也不像默顿设想的那么崇高，其实，"自治"首先是某种达成实际目标的实用性策略。"一旦接受了一个共同的范式，科学共同体就无须经常重新去考察它的第一原理，其成员就能全神贯注于它所关心的现象中最细微、最隐秘之处。这确实会不可避免地增加整个团体解决新问题的效力与效率。"[②]"自治"之所以有效，还来自成熟的专家。共同体与外行以及日常生活的需求之间的隔离状态。专家共同体成员的研究只面向同行发布，也只由他们来评价，因为他们能共享一套信念与准则，无须兼顾外行（公众）的意见。

再来看"弱自治"原则，即科学家用自己的方式追求着外部的目标。这种"自治"原则通常会给人以"工具主义"的感觉。工具主义在哲学界的名声不是太好，有悖于康德著名的律令：应该把他人和自己当成目的，而不是手段。从 20 世纪初普朗克与马赫之间的那场论战看，马赫就

---

① Robert Brandom, *Making It Explicit*, Cambridge：Harvard University Press, 1994, pp. 17 – 18.
② ［美］托马斯·库恩：《结构之后的路》，邱慧译，北京大学出版社 2012 年版，第147—148 页。

持工具主义的见解，把人类的生存看成是首要目的，科学对劳动（思维）的节约有助于生存目标的实现。普朗克则不同，科学只追求自身的目标，建立统一、连贯的世界图景。科学也许会带给社会以福祉，但这只是巧合而非科学的本意。当时的舆论更倾向普朗克，这表明"强自治"原则在20世纪初占据上风。工具主义始终无法消除人们的一种担忧，科学一旦丧失了自己的目标，就有可能被那些不怀好意的人所利用，所绑架。

在"二战"之后的美国，知识精英逐渐分化成两种类型。一类是所谓学术精英主义，受第一种"自治"原则支配。他们生活在一个分工越来越细的学科体制内。学科规训不仅赋予他们以从业的资格，也赋予了一种不同于非专业（行外）人士的视角、价值和参照系统。在职业竞争中，"自治"原则带有很强的排他性，为职业准入设置了很高的门槛。

另一类是政治精英主义，受第二种"自治"原则支配。他们并不害怕受政治权威所左右，反而认为科学家应该凭借自己的知识在政治与社会事务中发出强有力的声音。他们具有管理基金会、实验室、学术机构的经验，能招募从业者参与大型的科学工程，游说军事和政府官员，甚至与产业界人士磋商。科学在带来利益的同时也在大量耗资，研究活动的水平显然受制于经济规模与质量，并受政治议程所左右。因此，科学家们不得不考虑如何向那些掌管经费的人证明，自己的研究是必要的，也是可行的。巴恩斯强调，如今，"科学更多地是通过它所卷入的巨大相互关系网络，而不是通过科学思想和态度的任何一般性的传播，确立并巩固自己的地位"[1]。

在后常规科学时代，人们对"工具主义"的免疫力大大提升了，其中最主要的原因是，科学共同体已经成为政治与产业共同体的利益攸关方，他们之间属于内部关系。通过对研究现场人类学考察，拉图尔发现，总会有一部分科学家不停地游走在实验室"外部"，同政府、生产部门、用户、传媒、公众保持着联系。对"内部"的研究工作来说，与外部的联系一旦中断，实验室的运作将陷入停顿。这表明："'孤立的专家'是个矛盾的说法。要么你是孤立的，但很快不再是一名专家；要么你继续

---

[1]　［英］巴里·巴恩斯：《局外人看科学》，鲁旭东译，东方出版社2001年版，第35页。

是专家，但这意味着你不是孤立的。"①

也许，我们只能别无选择地接纳一种有限度的"弱自治"原则。

三　走向科学的社会治理

那么，在"弱自治"原则下我们如何规范研究活动呢？

科学原本就是一种复杂的实践活动。在库恩看来，这是一个矛盾的综合体，内部存在着变革与保守、发散与收敛之间的紧张。共同体出于自身的目标或外部的压力，通过制度的重塑对共同体成员提出了不同的规范性要求。这些要求随着环境的改变会做出调整，其中的某些要求会通过主题化得到强调，另一些则隐退到背景中去了。当库恩把自己的观点理解为"后达尔文主义的康德主义"时，他实际上已经接近科学系统与生活世界的双重结构设想了。在科学的整体变迁中，至少有一种结构要保持稳定，要不然科学活动将无法持续进行，共同体成员也无法实现自我认同。康德主义有助于我们理解，对于任何特定的人群及其行为来说，规则总是已经明确地给定了的，要不然认知会陷入混沌；达尔文主义则告诉我们，认知与行为的规则是经验地生成的，它们不可能一成不变，事实上也已经改变了。

从系统的角度看，各种方法论规范都是在客观性的概念下得到整合的，它的制度化无疑是现代性的产物。韦伯把这一时代的客观性的特征理解为"世界观的祛魅"。我们对事实的陈述都必须基于"价值中立"的标准，并且可以作理性的讨论。在这里，理性不再具有先天性的理据，而只具有工具性的含义，即具有冷静观测与精密的计算能力，有效地使用资源，快捷地达成目的。至于这个目的，可以来自共同体内部，也可以从外部输入。

到了19世纪，客观性概念才开始上升到用以表征自然科学的方法论规范。在当时的科学家眼里，研究活动其实无须依赖实在性、先验性之类的哲学预设，只要能寻找到公认的规则与可操作的程序，就能切实地

---

① Bruno Latour, *Science in Action: How to follow Scientists and Engineers through Society*, Cambridge: Harvard University Press, 1987, p. 152.

保障科学知识的客观有效性。客观性说白了就是要规避主观性，要求抽离一切与位置有关的东西，比如人的品性与感知个性，利益关系与社会地位，民族与文化，以及趣味、情绪等因素。抽离是为了获得"真正的标准"。于是，测量有了统一的尺度，观察取得了一致，仪器得到校准，实验有了可重复的程序，学术论文也有了统一评价基准。请注意，这一切定量化、程式化、标准化的努力之所以与客观性相关，并非为了更精确地反映外部实在，而是为了与交流的理想化的目标相适应，尤其是为了穿透时空距离、文化差异这样一些导致不信任的屏障。

迄今为止，作为方法论规范的客观性严格地划定了科学行为不同于其他职业行为界限，因此必须予以保留。但是这种规范原则无法回答另外一些问题：谁为共同体的"解难题"作业支付费用？谁来决定共同体的成员去研究什么？谁对他们的研究成果感兴趣，或者拥有这些专利？谁来监控研究成果的发表，以及谁来为此项成果所产生的负面后果埋单？很显然，这些问题超越了既有的"自治"边界，涉及科学系统与生活世界之间的关系，也就是说，涉及专家共同体与政府、产业界，乃至与市民之间的常态性互动。按哈贝马斯的理解，只有把自身的合法性奠基在生活世界中，而不是被自身的自主性所封闭，科学与其他诸系统间的交换才是可理解的，科学对自身有效秩序的重塑才是可能的。生活世界（环境）的深层结构决定系统行为的价值取向与价值选择。

库恩意义上的"常规"本质上是稳定的、保守的。行动者一旦受一套预定的规则支配，就会被规则幽禁。不过，从生活世界的角度看，行动者不会成为"规范的傀儡"，他们会灵活地选择指导自己行为的价值，并在具体的情境中解释其意义。这意味着，在生活世界中，规范与具体行为之间联系本质上是"不确定的"。在特定的条件下，科学家往往把两种不相容的规则用于同一个行为，而且不觉得有矛盾。究其原因，就在于他们对这些规则意义的解释是有弹性的、可塑的。

拉维茨提出的"后常规科学"概念就表达了这层意思。他认为，科学的精神特质在过去，尤其是在科学制度化的早期确实起过作用，但现在已不再有效了。相比之下，作为认知规范的"范式"是一个内涵十分宽泛的概念，更具弹性，可以表达特定历史时期在科学共同体内部获得广泛认同的理论与主导性方法，包括信念、范例、规则与共享的价值。

也许正是由于它的宽泛，为后人的解释与理解留出很大的空间。拉维茨早期就深受库恩的影响，他在《科学知识及其社会问题》（1971）中首度把产业科学作为一个严肃的学术问题来探讨，并对产业主义认知规范作出确认。因此，"在此之前成问题的是，我们怎么做才能达到真理或类似真理的东西，而现在人们最大的关注点却为这样的问题取代了，如何保障科学的健康发展，如何对其应用加以有效的管理"①。

的确，自20世纪60年代以来，科学研究中的不确定性与风险大大增加。我们知道，几百年来好奇心一直是科学发展的动力，但是，即便是由好奇心导向的研究活动也有可能会带来潜在的负面效果，并对社会伦理构成挑战。更重要的是，由于涉及不同的利益，政策歧见与争议也不断延伸，尤其在一些涉及公众健康与安全、动植物保护和环境等敏感议题上导致了公众对科学的信任危机，甚至会引起族群的分裂。要解决这样的问题需要有一种新的协同机制。在拉维茨看来："这也意味着，科学的进步已经成为政治事件。科学共同体的所有成员都与'科学政策'的决定如何下达有着密不可分的关系，至于所有的市民，他们至少都得间接地对这些决定的下达承担责任。"② 这里所谓政治并非一般意义上的党派政治，而是古希腊意义上的"家园政治"。

拉维茨所谓"家园政治"已经涉及了"治理"（governance）概念。就生活世界中的科学而言，规范性问题本质上是一个"治理"问题。"治理"是一个使不同的甚至相互冲突的利益得以协调，并在此基础上采取联合行动的持续过程。就科学的社会治理而言包含着一个基本的前提，即科学已经演化为一项公共的事业了，不再只是科学精英们满足自己的好奇心玩的游戏。这项事业没有旁观者，不仅政府、产业，乃至市民都参与其中，他们在共享其成果的同时还需承担共同的责任。因此，不仅需要"公众理解科学"，同时也需要"科学理解公众"。当我们去探索并维系这种持续沟通的机制时，实际上就已经开启了重塑科学规范的进程。

---

① Jerome Ravetz, *Scientific Knowledge and its Social Problems*, Oxford：Clarendon Press, 1971, p. 98.

② Jerome Ravetz, *Scientific Knowledge and its Social Problems*, Oxford：Clarendon Press, 1971, p. 11.

第十一章

常规科学及其规范性问题
——从"小生境"的观点看[*]

盛晓明

一 库恩的"niche"概念

近年来，从生态学衍生出来的 niche 概念开始在社会科学各领域流行起来。niche 一词来自法语，信奉天主教的法国人造房子时常在外墙上留出许多小凹槽来供放圣母玛利亚，叫"神龛"。在生态学中，niche 一般被译作"生态位"或"小生境"。美国生态学家格林内尔（Joseph Grinnell）最先用它分析加州鸫鸟类的生存环境，把该词定义为："物种在群落和生态系统中所占据的最终分布单元。"[①] 20 世纪 80 年代后，niche（又译"利基"）成了美国商学院流行的概念工具，用来分析并定位细分市场。那么，niche 能否以及如何成为一个哲学概念呢？库恩开启了这项工作，首度把"小生境"概念引入哲学。1991 年，他在哈佛做了题为"历史的科学哲学之困扰"的报告。在演讲的结尾，他总结道："取代一个独立于心灵的大世界（据说科学家曾发现了关于这个世界的真理）的是各种各样的小生境，不同学科的从事者在这些小生境里实践着他们的

---

[*] 本文原载于《哲学研究》2015 年第 10 期。

[①] Joseph Grinnell, "The Niche-Relationships of the California Thrasher", *The Auk*, Vol. 34, No. 4, 1917, p. 433.

事业。"① 的确，牛顿的成功不仅激励人们探索"大世界"统一的规律，更重要的是，在这个成功的范例下还重塑了与这个世界图景相称的认知规范。然而，19 世纪以来，随着学科分化的加速，研究的分工越来越细，逐渐收缩到了十分狭窄的领域。有时除了少数同行外，外界甚至根本弄不懂这些科学家在做些什么。他们写文章只是给同行们看的，不断地扩展影响也是为了让同行更多关注自己。于是就形成了库恩所说的"小生境"。所有的学术资源（包括项目、学术声誉与奖励）和研究条件（包括仪器与设备）都是在圈内配置的，专家们不必花力气去获得外部社会成员的关注与认同。"这些小生境既创造了其居住者用于实践的概念工具和器械工具，又为这些工具所创造，它们是坚硬的、实在的、抗制任意转变的，正如外在世界曾被认为的那样。但是，与所谓外在世界不同，它们并不独立于心灵和文化，也不会相加为一个单一的连贯整体——我们以及所有科学学科的从事者都是其中的居住者。"② 按他的理解，首先，小生境对其居住者来说是实实在在的、无法回避的事实，他们持有什么样的"眼界"，用什么样的方式行事，都可以从中寻找到解释。其次，小生境与其构成诸要素存在反身性关系，而且各要素之间没有先天的排序，没有任何一种要素具有特权的位置。

自卢梭以来，人们都以为契约是约束个体并重塑社会的前提，但是包括黑格尔和马克思在内的哲学家们并不这么看。个体总是受境域所塑造，科学家也不例外。正如莫考伯曾经指出的："重要的是境域（context）而不是个别的发现；发现的意义来自它对这种境域的贡献。这种境域是不断变动、不断更新的，我们找它却无法找到，因为它处于不断扩展、变迁与修正之中。作为个别发现的意义之源和有效性基础，它总是处在我们的理解之外。然而，它是每一位活跃的科学家都熟悉的境遇，在科学家当中，它是'人人皆知'的东西。"③

---

① ［美］托马斯·库恩：《结构之后的路》，邱慧译，北京大学出版社 2012 年版，第 114 页。

② ［美］托马斯·库恩：《结构之后的路》，邱慧译，北京大学出版社 2012 年版，第 114 页。

③ William Macomber, *The Anatomy of Disillusion*, Evanston：Northwestern University Press, 1968, p. 201.

《科学革命的结构》出版后，哲学家们强烈要求库恩澄清"常规科学"（normal science）概念的内涵。库恩意识到，要想就那些"人人皆知"的隐性规范给出恰当的解释确非易事。在讨论库恩的观点之前，似乎有必要就规范性概念作几点交代：（1）任何制度，包括科学制度，都是规范的集合；（2）所谓规范就是一种要求，可以通过明文的规则来表达，如法律、政令、标准等，也可以隐含在默会知识中；（3）制度为人们归派了不同的规范地位，如上级与下级、老师与学生等，同时也分派了相应的权利与义务；（4）一种要求能否兑现有赖于承诺者的态度，他们也可以选择不遵守。回到库恩意义上的常规科学，这是一种制度化的科学，通常是由一套认知规范（方法论）和社会规范（伦理）构成的。不过，库恩不主张在这两类规范之间作截然的区分。他甚至认为，这套制度不像维也纳学派、波普尔和默顿设想的那样，是依据理性原则重建起来的。这个见解让大多哲学家愤怒，当然也有人着迷。因此，他必须谨慎地解释规范性的来源问题，小心地把自己的立场与康德的先验主义以及自然主义区分开来。首先，不能把规范与规则简单地等同起来，因此也不必诉诸理性的立法权威来达成共识性的契约，因为事实上不存在这样的共识。其次，不能把规范与因果规律等同起来。就科学共同体这样的历史的、社会的现象而言，因果规律不足以解释为何其成员会接纳或者摒弃某种范式。要想拯救这种现象，我们不能诉诸科学，也不能诉诸先验原则，而只能通过历史学和社会学等经验方法来描述科学发现的过程，从而明白规范是如何在这个过程中呈现出来的。

通过对小生境的描述，我们可以撇开先天的特权命题去追问一个康德式的问题，规范化的科学活动是何以可能的。"小生境"与"科学共同体"概念不尽相同，后者关注群体共享一组方法、标准和基本假设，而前者更注重研究人员和研究对象，以及各种设备和仪器所构成的小型生态圈，因而也更基础。方法和标准只有落实到具体的实践过程中，并做出具体的成果才有意义。在这里，重要的不是抽象的原则，而是具体的用法规则（know-how）。学生只有融入这种生活才能习得用法规则，学会判定什么样的问题是重要的，什么样的解决方法与进路是允许的，以及什么样的成果是好的。库恩发现，他们通常把以往的成功当作模仿的范例，从中找到可依赖的路径，而不是从这些成功的经验中归纳出合理的因而是普遍有效的准则与方法。库恩后来回忆，他曾尝试把范式理解为一种"学科基体"（disciplinary matrix），把规范性理解为共同体成员之间通过磋商达成的一致意见。这样做的结果是把规范等同于明晰地约定的规则。其实，要想列出一致同意的因素是很困难的。比如，他们都共同接受有关"力""质量""混合物""化合物"这类术语。但问题是，对此很难给出统一的定义，人们却能照常进行研究。[①] 这时，他对规范性问题的理解有意无意地与两种不同时代的思想产生了共鸣，一是三个世纪前的帕斯卡，二是同时代的维特根斯坦。帕斯卡认为，成为一个信徒的最好办法就是生活在信徒中间，无意识地参加仪式，直到成为真正的信徒。维特根斯坦则强调说，语言游戏没有旁观者。当你去玩一种游戏时就已经承诺了受其规则的约束，规则只对玩家有效。库恩也承认："我认为，不同理论的拥护者好像操不同的方言。我只是断言，在不同理论的拥护者能够相互交流的内容方面存在重要的限制。"[②] 他的意思是，当你接受某种理论，就开始像原住民那样说话。尽管你可以改说别种方言，但这不是经过合理选择的决定。

二　维特根斯坦的论证

阿佩尔在《哲学的改造》中指出："实际上，库恩的做法恰恰就是把维特根斯坦所理解的'语言游戏'——即关于交织在生活实践中的语言使用、行为（操作程序、工具性技术）和世界理解（理论构成）的准制度性统一体——称为'范式'。类似于维特根斯坦，库恩的'范式'概念表征着一种通过实践建立起来的实践性认知的先验性。"[③] 其实，维特根斯坦想要建立的是"语言的自然志"，而库恩的工作则是"科学的自然志"。自然志就是用描述来取代规范。不，描述本身就是规范。在阿佩尔

---

① ［美］托马斯·S. 库恩：《必要的张力》，纪树立、范岱年、罗慧生等译，福建人民出版社1981年版，第Ⅹ页。

② ［美］托马斯·S. 库恩：《必要的张力》，纪树立、范岱年、罗慧生等译，福建人民出版社1981年版，第328页。

③ ［德］卡尔－奥托·阿佩尔：《哲学的改造》，孙周兴、陆兴华译，上海译文出版社1997年版，第54页注。

看来，这样一种做法是危险的，会偏离启蒙原则。现代性所重构的秩序只有建立在先验主义基础上才能维系普遍的有效性，才能告别传统社会的纠缠。

现代性有两大成果，一是通过科学革命去揭示自然秩序；二是通过政治革命重构社会秩序。自启蒙以来，人们基于理性原则去追问规范性的条件，并通过规范的重构建立了基于共识与契约的规则体系。问题是20世纪的科技进步与两次世界大战加速了启蒙的分裂，形成了科学与民主、技术与生态之间的紧张。从哲学上看，就是经验与先天原则的对立。这就意味着基于先天原则的立法理性再也无法为规范性提供统一的、连贯的基础了。我们有必要反思现代性带给我们的概念框架，因为这个框架在规范性问题上一直误导了我们。

按布兰顿（Robert Brandom）在《使之清晰》中的表述，"规则主义"（regulism）就是一种误导。规则主义主张，明晰的规则是规范唯一的形式，实践的恰当性取决于它是否符合正确的规则。这种理解模式在康德那里一经确立就成为正统。在康德看来，我们之所以成为独特的理性存在者，就在于我们的认知和实践的规范性维度，都受规则的约束。这是否意味着人失去自由了呢？不会。因为人恰恰又是立法者。康德的论证策略是，人类理性只遵循自己所设立的法则。规范就是行为的规则，行为的正确性要视它们多大程度上合乎某些规则。因此谈论行为的正确性、恰当性就在于谈论规则。康德的做法无疑受到了启蒙主义者的影响，总是把规范与法律进行类比。在法律中，对行为的评价就在于该行为是遵守了还是违反了明文的法规。

规则主义受到了维特根斯坦的挑战。他在《哲学研究》中给出了一个著名的论证。一个规则是用来说明如何正确地做某事的，必须在不同的环境下应用，但是用法规则本身也可以出现对与错的问题。就任意一个行为而言，有的用法规则允许那个行为，有的则禁止那个行为。因此规则只有在正确应用的前提下才能决定行为的正确性，这时就需要有另一条规则来说明用法规则的正确性。于是，陷入无穷倒退。

所谓"规律主义"（regularism）则是另一种误导。它把规范直接看成是行为的规律，仿佛形形色色的行为，无论对错，背后都是有"规律"可循的，或呈现某种"模式"。如果实践者的行为偏离了这个模式，就能判定这是一个错误的行为。这样一来，我们就无须预设实践者拥有正确理解并应用规则的能力，也就无须顾虑无穷后退了。很显然，规律主义是一种基于"第三人称视角"的观点，没有考虑到实践者本人是否正确地理解规则，或许他只是在"盲目的"、完全不理解规则的情况下遵守规则。人的意向行为是不能缺失规范性维度的，要不然就无法在受规范约束的行为与受物理法则支配的行为之间作出区分。我们不否认自己的行为受因果法则所支配，但问题是，不仅人，任何事物都同样受因果法则制约。规律主义消解了人的独特性。

我们可以依据维特根斯坦的另一个论证来反驳规律主义。规律主义的问题在于，任何一个特定的行为不只符合一个规律，同时还符合了许多规律。一个行为是否合乎规律总是相对于某个具体的规律而言的，于是，任何行为都可以根据某个规律被当作合乎规律的，同时根据其他规律又被看作不合规律的。布兰顿把这个论证叫作"改划选区"（gerrymandering）论证。① 规律主义者就如同选举中作弊的政客，按有利于自己得票的方式重新划定选区。

如果"规则主义"与"规律主义"都是成问题的，在规范性问题上我们是否有第三种选择呢？正如阿佩尔所指出的那样，维特根斯坦的选择与库恩的大同小异，都把交织在生活实践中的语言使用、行为和认知的共同体理解为既是构成性的，又是规范性的。在维特根斯坦看来，遵守规则是一种实践，实践不是抽象的活动方式，实践总是特定境域中的活动。"有一种掌握规则的方式不是解释，而是在我们所说的实例中的'遵守规则'与'违反规则'中展示出来。因此，我们倾向于说：每个符合规则的行动都是一个解释，但是我们应该把'解释'这个词限制为以规则的一种表述对另一种的替换。"② 也就是说，掌握一个规则不在于能够给这个规则提供解释，而在于能够具体地做出遵守规则的行动。隐含在实践中的行为的正确性比以规则形式表达正确性更根本。实践的正确性与恰当性无须通过明晰的规则来证明；相反，明晰的规则必须实践过程的"解释"。

---

① Robert Brandom, *Making It Explicit*, Cambridge：Harvard University Press，1994，p. 27.

② Ludwig Wittgenstein, *Philosophical Investigations*, Oxford：Blackwell，1953，p. 81.

库恩也得出了同样的结论，即规则必定蕴含在特定的范例中。在《科学革命的结构》第二版中，他加了一篇"后记"，对规范性问题作了更清楚的阐述，从中可以明显感觉到维特根斯坦的影响。范例中已经包含了规范赖以生成的条件，如何骑车，如何恰当地说话，以及如何进行实践推理等，无须求助于明晰表达的规则。正如波兰尼所理解的那样，"默会知识"（tacit knowledge）只能源于具体的实践过程，而不是纸上谈兵。

库恩的追随者和批评者常犯的一种错误是，把范式直接等同于规则。库恩之所以抱怨自己一直被人误解，起因就在这里。[①] 他同样也拒绝任何形式的"规律主义"。当我们在规范性意义上讨论规则与标准时，表明还有选择的可能，譬如你可以不遵守某条规则，或者误用一个标准。拿相似性的识别来说，如果你把这种识别能力看成是由物理和化学定律支配的神经过程，能表明什么呢？只能表明我们的识别行为是不由自主的、无法控制的过程。因此，"无论是整个共同体文化或其中的一个次级专家共同体，这种团体的成员据以学会在遇到同样刺激时看到同样东西的基本技术之一，就是被各种情形的实例所示范，这一团体的前辈们已经学会把其中一些看作彼此相识的，并与其他情形相区别"[②]。

规范性说到底是一种文化现象。当我们说不同的共同体面对同样的刺激可能有不同的感知时，丝毫不意味着他们可以有任意的感知。在远古，一个无法区别狼与狗的族群是无法存活的；如今，一个无法辨别粒子和电子轨迹的共同体成员也不成其为物理学家。"正因为只有如此少的观察方式适应了需要，那些经历了团体应用的考验的方式，才值得一代又一代地传下去。"[③] 个体可以选择遵守或不遵守一项规范，但哪些规范值得遵守则不是个体选择的结果，而是共同体演化的结果。

---

① ［美］托马斯·库恩：《科学革命的结构》，金吾伦、胡新和译，北京大学出版社 2003年版，第 174 页。

② Ludwig Wittgenstein, *Philosophical Investigations*, Oxford: Blackwell, 1953, p. 174.

③ Ludwig Wittgenstein, *Philosophical Investigations*, Oxford: Blackwell, 1953, p. 176.

三　"小生境"的观点

"小生境"的概念首先为我们引入了一种"历史—本体"的观点。这种观点的基本特征是赫尔德式的"表达主义"（expressivism）。与表征主义（representationalism）不同，表达主义不要求表征外部世界，而是呈现隐含在主体（或共同体）自身中的法则。当库恩把小生境理解为演化着的并能够作出选择的"主体"时，就已经同时把它理解为"实体"了。于是他自觉或不自觉地成了表达主义者。

按人们通常的理解，立法者首先提供了法则，再具体地落实到个案中，通过实际应用来兑现其规范效力。与康德不同，海德格尔认为，我们不是事先拥有了先天的规范原则，然后才把它落实到经验的综合过程中。相反，我们一开始便处在经验的综合过程之中，然后再回溯到使其成为可能的先天原则。这是一个循环往复的过程。在这个过程中，共同体拥有的集体信念毕竟不是个体信念的叠加，两者之间必定存在着某种转换机制。在《康德与形而上学疑难》中，海德格尔在康德那里寻找到了一丝线索，就是所谓"图式"（Schema）。[①] "图式"是连接感性与知性、先天与经验的中介机制，但是我们只知其存在，却无法明示。按康德的说法，"图式法是人类灵魂深处的一种隐秘的技艺，我们很难从自然中猜出它的真正操作技巧，并将它毫无遮蔽地展现在我们面前"[②]。

麦金太尔试图通过共享的图式来呈现这种机制。"请考虑一下共享文化意味着什么。它是对图式的共享，有时对我们的可理解的行为来说，这些图式是构成性的，也是规范性的，它们也是我据以理解他人行为的途径。我理解你在做什么的能力和我以可理解的方式去行动的能力是同一的。当然，[图式]不是经验的概括；它们是对解释的规定。"[③]

图式通常不是明晰的规则，而是给出在特定的实践过程中能够做什

---

① ［德］海德格尔：《康德与形而上学疑难》，王庆节译，上海译文出版社 2011 年版，第20—25 页。

② ［德］康德：《纯粹理性批判》，李秋零译，中国人民大学出版社 2004 年版，第 166 页。

③ 转引自［美］劳斯《知识与权力》，盛晓明等译，北京大学出版社 2004 年版，第 63 页。

么和如何做的能力。这时，小生境对我们依然深藏不露，不是因为它是神秘的，而是因为我们既有的认知通道过于狭窄。小生境也体现在世代相传的传统中，不是偶然或任意的，我们无法从中"抽身"，也无法主动地接受或拒绝。从这个意义上说，小生境对栖居者来说是"先天的"。

"小生境"概念带给我们的另一观点就是所谓"种族中心主义"（ethnocentrism）。这是罗蒂喜欢用的术语。为了规避种族主义的嫌疑，译为"共同体中心主义"更贴切些。哲学家总希望把规范性奠基在第一原理之上，在罗蒂看来，事实上不需要这样的原理，我们完全可以根据自己的见解开展工作。"共同体中心主义"的意思是，我们只能基于共同体给定的"眼界"去打量一切，也基于共同体自身的价值去进行评判。当然，这不意味着拒绝任何外来的信念，只不过接受的条件要视它们能否与我们自己的信念交织，乃至融合。这个主张的要点在于用"连带性"（solidarity）来取代"客观性"。"客观性"强调主体在世界之外，只能通过第三方的、非参与性的视角来规避立场与价值的涉入。对于实践者来说，冷静的计算和精确的测量无疑是必要的，不过只限于工具性的意义。"连带性"则不同，它事关价值目标的确立。特定的目标促使人们相互依存，互为条件，形成有别于其他群体的集体信念。

无论是维特根斯坦、海德格尔，还是库恩，当他们将规范性的源头上溯到诸如"生活形式"或"科学共同体"时，都自觉或不自觉地采纳了某种先验论证的策略。这是斯特劳逊最先从康德的"先验演绎"那里阐发出来的一种反怀疑论策略。生活形式和共同体中已经隐含着"规则"与"秩序"，构成了认知与交往的"先天的"条件，先验论证是为了反身性地揭示这些条件。当然，反身性的论证过程也要在这个规则的框架内进行，同样也受这些条件制约。先验论证说白了就是一种说服技巧，能影响人们的规范态度，使之对自身有了正确的理解，从而自觉地受这些规范所约束。当海德格尔说"此在"总是已经在世界中时，他已经在做先验论证了。"总是已经"的意思是，这是一个无法规避的事实，也是我们着手筹划未来的前提。对此，你别无选择。

四　结语："后达尔文主义的康德主义"

通过上述考察，至少可以形成以下几点认识。首先，科学研究是一项集体的活动，存在于一个个不同的小生境中。小生境是自然地、历史地形成的生态圈，它与其说是信念的集合，不如说是"原住民"及其活动方式的集合。特定的知识之所以产自这里，是因为要素和资源能在这里高效地聚集，同时由于设置了很高的准入门槛来阻隔"他者"，使得知识在圈内无障碍地流通。其次，规范的意义不在于能被证明是普遍有效的，而在于能否落实在具体场合的行动中。小生境构成了这样的场合，"原住民"对这里的一切耳熟能详，无须铭记条文就能做出合乎规范的行为，仿佛"盲目地"遵守规则。最后，小生境肯定在变迁着。通常，"原住民"甚至感知不到任何变化，然而他们恰恰又是这些变化的始作俑者。在 20 世纪中叶之后，变化在加速，尤其是随着政府、产业这些"他者"的介入，使得变化带有更大的不确定性。

库恩说过："尽管我过去曾偶然提到当代科学理论之间存在不可通约性的特点，但是在过去短短几年里我才开始意识到在生物演化和科学发展之间进行比较的重要性。"[1] 与生物的演化一样，科学的演化也必须被看作从后往前"推"，而不是从前"拉"的过程。作为共同体的成员，我们不可能超验地为演化设定一个固定的目标和方向，而只能被周边的人与物（包括设备）簇拥着前行。这就是所谓协同演化。库恩觉得有必要重新定位自己的哲学立场了。"现在可能已经清楚我正逐步发展的立场是一种后达尔文的康德主义。像康德的范畴一样，语汇提供了可能经验的前提条件。但是语汇的范畴并非如它的祖先康德所认为的那样，它是能够变化的，并且确实在变化，当然这种变化历来不会太大。"[2]

---

[1]　Thomas Kuhn, "The Road since Structure", *Philosophy of Science Association*, Vol. 2, 1990, p. 7.

[2]　Thomas Kuhn, "The Road since Structure", *Philosophy of Science Association*, Vol. 2, 1990, p. 12.

　　在《真科学》一书中，齐曼把科学的变异刻画成"一场平淡的革命"①。所谓"平淡的"，是因为没有强烈的震荡，经历变革的人甚至也浑然不觉。所谓"革命"，是因为替代常规科学的不是库恩所谓"新的"常规科学，而是以"创新"形式涌现的"后常规科学"。这时我们不禁会问，对于熟悉了家园的"原住民"来说，小生境已不在，他们会不会如海德格尔所说的那样，变得"无家可归"呢？对此，即便库恩在世，也是无语。

---

　　① ［英］约翰·齐曼：《真科学》，曾国屏等译，上海科技教育出版社 2002 年版，第 83—84 页。

第十二章

库恩与"后常规科学"

于　爽[*]

一　问题何在?

2012 年是库恩的《科学革命的结构》发表 50 周年。时过境迁, 半个世纪后重读此书, 我们依然能从中寻找到解决当下问题的诸多灵感。这里所说的"当下问题", 指的是"后常规科学"(post-normal science)问题。要想理解"后常规科学", 无疑须得从"常规科学"入手。按"常规科学"的表达, 科学是一种循规蹈矩的"解难题"作业。当然, 科学也在演变, 只不过演变的起点和终点都是平静的常规科学, 中间会经历反常、危机和革命。当共同体成员一旦就新的范式达成共识时, 就会从骚动回归平静, 进入新一轮的常规作业。如果循环一直进行下去, 就不会有我们当下所面临的问题了。然而, 实际的情况并非如此。20 世纪中期以来, 科学活动呈现出诸多新形式, 如"大科学"与"产业化科学"。这些活动很难被纳入"常规"框架做出解释并加以规范。这也是库恩未曾预料到的。

"后常规科学"的概念最先是由英国科学与社会联合会主席拉维茨博士在 20 世纪末提出的。在"后常规科学的兴起"(1995)一文中, 他与合作者福特沃兹声明道:"我们采用'后常规'术语来标志一个时代的结

* 作者系浙江工商大学马克思主义学院副教授。2002 年至 2010 年求学于盛晓明教授门下, 先后获得硕士和博士学位。本文原载于《哲学研究》2012 年第 12 期。

束，在那个时代，有效的科学实践规范可以是一个无视由科学活动及其后果带来的广泛的方法论的社会和道德争端的解题过程。"① 从这个声明我们可以大致勾勒出"后常规科学"概念的轮廓，它与齐曼提出的"后学院科学"以及吉本斯等人提出的知识生产"模式2"的概念多有重合之处。尽管它们各自强调的侧重点不同，但至少都涉及下述几个方面的特征：科学共同体不像库恩描写的那样平静、单调，由于政府的强势介入，产生了科技政策议程，"难题"不再由原有的共同体成员自主设置；由于产业利益的渗透消解了学术自治理念，研究活动甚至要按市场的法则进行；由于各种形式的多学科协同研究、交叉研究打破了以学科为母体的制度设计，所以在"后范式"状态下，"常规"对跨界成员来说缺乏规范性的力量。问题是，这些都已成为常态，而非反常现象。正是在这个意义上，拉维茨等人说一个时代结束了。

主流科学哲学家的尴尬是，"后常规科学"无论从哪方面看都不能满足"好科学"的要求，但却无法阻止它向大学以及各种研究机构蔓延。他们会辩解说，这种现象只涉及技术与应用科学，而不涉及"纯科学"。为了防止科学的核心价值受到侵蚀，需通过学术"自治"来构筑一道防火墙。这种消极的策略不仅在实践上行不通，而且它所依据的事实与价值的"二分法"在理论上也是成问题的。我们强调要用积极的态度去重构科学规范。"后常规科学"提示我们，科学不再是少数知识精英的"解难题"作业，它已成为一项政府、产业乃至市民都参与其中的公共事业，这项事业没有旁观者。科学规范的重构不仅需要研究者的自律，也需要政策与管制机制，还需要市民的参与。

二　常规科学的内在紧张

库恩意义上的科学共同体形成于拿破仑时代的法国，19世纪开始被作为典范移植到德国，在德国的土壤中培育出一套完整的制度，包括与之相匹配的现代高等教育。科学制度是一组规范（norm）的集合，既包

---

① ［意］S. O. 福特沃兹、［英］J. R. 拉维茨：《后常规科学的兴起》（下），吴永忠译，《国外社会科学》1995年第12期，第32页。

括认知规范，也包括社会规范。"常规科学"无疑要讲规范，但是与维也纳学派和默顿学派所强调的"应然"原则不同。应然原则试图通过设置诸如"真理"的认知目标来引导共同体成员的行为。库恩理解的规范是"实然"的，来自传统与习惯，是共同体成员赖以认同的准则，也是他们赖以解决难题的默会知识与范例。当然，实然的规范体系是会改变的，事实上它们也已经改变了。因此，科学哲学的任务就不再是为理性的规范原则作出辩护，而是去描述规范被执行、被改变时的情形，也就是把科学理解为一种进化着的机体。

我们知道，现行的科学制度沿袭了盛行于中世纪的行会自治体制，而在 19 世纪逐渐被赋予种种理想化的色彩，渐渐地形塑出一个新的科学形象：作为理智的探险活动，踽踽独行的英雄们在探索真理的道路上要历尽磨难；作为纯粹、自主的活动，它独立于社会之外，亦馈赠于技术与产业，等等。以这样一种形象为原型，维也纳学派设计了一套方法论规范，默顿学派刻画出了科学家的精神气质。现代科学最初的"圣洁"形象与"科学家"作为职业群体的产生密切相关。"科学家"一词是惠威尔在 1833 年提出来的。他在参加英国科学促进会代表大会的报告中用"科学家"一词来指称与会代表。这个词的诞生表明科学已经从自然哲学的母体中分离出来，通过专业分化来实现对自身的认同，以科学研究为主业的阶层勃然兴起。惠威尔向世人讲述了法拉第和达尔文的故事，就仿佛在讲圣徒的故事。[①] 在认知的权威还由教会把持的年代，以圣经人物为原型来塑造科学家形象也许是一种必要的正当化策略。

在其后与神学家的论战中，科学家给出的策略则是"科学自然主义"。这种观点强调，一种知识主张是否有效的基准只能是观察和实验。它并没有给信仰乃至形而上学的世界观留下任何空间。对科学家来说，心灵的祈祷、上帝的神迹和自然现象之间不存在因果关系，而诉诸科学来预测并解决这些问题是有据可查的。到 19 世纪末，神职人员逐渐退出了争论，在大学与学术机构的职位也被缩减。相反，科学的门类快速繁衍，科学家甚至在政府机构中也获得了更多的职位。

---

① Steve Fuller, *Thomas Kuhn : A Philosophical History for Our Times*, Chicago: University of Chicago Press, 2000, p. 79.

按库恩对常规科学的描述，它显然没有惠威尔讲的那么神圣，也没有默顿设想的那样理想。其实，"自治"完全出自实用目的。"一旦接受了一个共同的范式，科学共同体就无须经常重新去考察它的第一原理，其成员就能全神贯注于它所关心的现象中最细微、最隐秘之处。这确实会不可避免地增加整个团体解决新问题的效力与效率。"① 接着，他告诉我们，这种效率是由成熟的科学共同体与外行以及日常生活的需求之间的隔离状态产生的。和其他专业共同体不同，科学共同体成员的研究只面向同行发布，也只由他们来评价，因为他们能共享一套价值、信念与准则。②

库恩对常规科学的阐发概念引发了波普尔及其追随者们的不安。他们觉得库恩笔下的科学共同体成员根本没有目标和精神上的追求，这无疑是一种"堕落的科学"。1965 年，他们发起了一个以库恩为靶子的研讨会。波普尔说到，库恩关于常规科学的生动描述让他回忆起了 1933 年和弗兰克的一次谈话。弗兰克抱怨他的大部分工程学的学生毫不批判地接受科学方法。他们只想知道那些只需良好意愿而无须用心寻找就可以应用的事实，对那些还没有被广泛接受而依然有疑问的理论或假设则不屑一顾。从弗兰克的苦恼中引出了波普尔的愤慨："我和大多数人都相信，大学层次的教育都应该接受批判性思维的训练与激励。而库恩所描述的'常规的'科学家接受的是劣质的教育。他是被独断主义精神教化出来的，是灌输的牺牲品。"③ 接着他解释到，从这种教育中只能习得一些技能，而无法培育出真正的"纯科学家"，最多也只能是一些"应用科学家"。④

波普尔是很敏感的，他已经察觉出"常规科学"中真正令人不安的因素，那就是其中所隐含的某种产业主义的认知观念与价值。它们有可

---

① [美] 托马斯·库恩：《科学革命的结构》，金吾伦、胡新和译，北京大学出版社 2003 年版，第 147—148 页。

② [美] 托马斯·库恩：《科学革命的结构》，金吾伦、胡新和译，北京大学出版社 2003 年版，第 148 页。

③ Karl Popper, "Normal Science and Its Danger", in Imre Lakatos and Alan Musgrave, eds., *Criticism and the Growth of Knowledge*, Cambridge：Cambridge University Press, 1970, pp. 52 – 53.

④ Karl Popper, "Normal Science and Its Danger", in Imre Lakatos and Alan Musgrave, eds., *Criticism and the Growth of Knowledge*, Cambridge：Cambridge University Press, 1970, p. 53.

能腐蚀并败坏纯科学的理想。波普尔的担忧不无道理。在 19 世纪，尽管科学自然主义的策略在与神学的竞争中取得了胜利，但这种策略本身一开始就包含了一种自我否定的危险：科学在认知与理智上的权威向工具性、技术性的方向转移，正是凭借工具性的效用。它在与宗教的竞争中取得了优势，而一经被工具理性所占据，又势必导致其对外部权威尤其是政治权威的依赖，并丧失自己的主体性。

到了 20 世纪，科学自身的发展更明显地呈现两种矛盾的趋势。一种是扩展的趋势。科学在发展中不断地融入技术，再通过技术融入经济乃至社会生活的每一个角落。科学在带来利益的同时也在大量耗费，其活动的水平受制于经济规模与质量，并受政治过程所左右。科学家们不得不考虑如何向那些掌握经费的人证明，自己的研究是合理的。正如巴恩斯所说："科学更多的是通过它所卷入的巨大相互关系网络，而不是通过科学思想和态度的任何一般性的传播，确立并巩固自己的地位。"① 另一种是收敛的趋势。科学研究的分工越来越细，日益细化的分科规训可以从大学的学科划分或规训科目中反映出来。学科规训不仅赋予了他们从业的资格，也使他们在看问题时拥有了一种不同于非专业（行外）人士的视角、参考系，从而产生路径依赖。同时，科学家离不开利益驱动，被牢牢地固定在由职称、奖励等构成的制度结构之中。这两种趋势非但没能交会，反而越走越远。在前一种趋势下，科学以加速度的进程融入社会，在改造社会的同时也被社会所改造。在后一种趋势下，科学却以同样的速度逃逸公众的视野，因为它的行事方式已经远远超出了公众的理解范围。在这种张力下，科学家们无论在职业定位上、知识生产模式的绑定上，还是在文化认同上，都存在一种无所适从的不安和焦虑。

至于"自治"原则，据说它能保障共同体的纯洁性，免遭外部因素的侵害。然而正如福勒在《托马斯·库恩》中所指出的，科学史上始终潜伏着两种不同的"自治"感觉：一种是整体的感觉，即科学家用自己的方法追求自己的目标；另一种是局部的感觉，即科学家用自己的方法追

---

① ［英］巴里·巴恩斯：《局外人看科学》，鲁旭东译，东方出版社 2001 年版，第 35 页。

求他人的（外部的）目标。① 科学哲学在 20 世纪的大部分时间里都被第一种感觉所支配，似乎科学家们想要追求什么以及如何达成目标都是他们内部的事，与旁人无关。而科学社会学只谈第二种感觉，科学用自己的方式追求着外部的目标，并努力满足客观性、公正性和普遍性的要求。

这两种不同的"自治"感觉各有其哲学基础：支持第一种感觉的是实在论，支持第二种感觉的是工具主义。在 1908—1918 年，两位著名的物理学家普朗克和马赫之间有过一场论战，后人称为实在论与工具主义之争（简称 RID）。实在论主张，任何科学陈述最终都必须仰仗独立于心灵之外的实在来判定其真假。工具主义认为，只有在经验证据所能支持的范围内，关于真理和实在的说法才是有意义的。马赫认为人类的生存是首要目的，科学就在于帮助人们节约劳动（思维经济），科学的有效性是由可协调的公众利益或集体审议来决定的。对于普朗克来说，科学无须直接服务于人类生存的目的，科学应该有自身追求的目标，这就是建立统一、连贯的世界图景。当然，科学也会带来福祉，但这只是巧合而非本意。②马赫的想法其实包含了一种危险：如果科学果真丧失了自己的目标，谁能担保它不会被那些试图把自己的价值强加给科学的人所征服呢？再说，一种自身没有价值的东西如何能帮助人们节约劳动呢？当时的人们公认，普朗克赢得了这场论战。这同时也表明，具有真理取向的柏拉图式的世界观在当时的科学界仍占主导地位。

第一次世界大战的爆发及其间的状况多少改变了这种局面。德国的科学家受政府和军方雇佣，甚至参与了化学武器的研发，从而严重腐蚀了普朗克的"纯科学神话"。在这场战争中，英国和德国相比暴露出研发上的弱点。德国式的研究模式使政府直接介入对科学的管理。当各种公共资金和私人赞助开始大量涌入科研领域并在此基础上组建出新型的研究组织与机构时，科学的"自治"体制面临着瓦解的危险。到 30 年代，计划性的科学体制在苏联取得了空前的成功，这在西方引起了巨大的反

① Steve Fuller, *Thomas Kuhn : A Philosophical History for Our Times*, Chicago: University of Chicago Press, 2000, pp. 92 - 95.

② Steve Fuller, *Thomas Kuhn : A Philosophical History for Our Times*, Chicago: University of Chicago Press, 2000, pp. 109 - 112.

响。1939 年，贝尔纳的《科学的社会功能》一书出版，使 RID 论战的天平开始朝马赫一方倾斜。贝尔纳不屑于科学"自治"之类的神话，认为科学之所以在社会中有如此高的地位，完全是由于它对提高利润所作的贡献。促进科学发现的动力和物质手段都来自人们对物质的需求。如果终止产业界和政府的直接和间接的资助，科学的地位很快就会沦落到中世纪的水平。①"曼哈顿计划"的实施进一步印证了贝尔纳的断言。科学家们在战争与政治舞台上忙碌的形象，与那些传统的、踽踽独行的科学家的形象形成了鲜明的对比，人们至今还对此记忆犹新。

吊诡的是，"二战"后，工业化国家的政府首脑们在经济领域崇尚自由主义，而在管理科学时实际上都是贝尔纳主义者。只是他们撇开了贝尔纳主义中马克思主义的意识形态成分，把如何高效发展的计划、规划、人力资源、资金和设备的种种打算作为制定科技政策的合法性根据。各国政府都很清楚科学的重要性，同时也明白，科学不只是以达成知识为目标，而且要以获得支配力为目标。知识的生产是资本集约型的，需要以政府主导的高投入来保障，同时也需要特定的行政机构来进行决策与管理。它的努力方向在于约束研究机构按产业发展的实际需要设置研发项目，或者说是按买方的特定要求并且基于契约来生产知识。

三 "好科学"？"坏科学"？

库恩有"培根科学"的提法，但从未认真讨论过产业化的科学。正如福勒所说："任何时候当库恩和其他同时代的科学哲学家——包括大多数库恩的反对者——在谈到科学时，人们都可以感觉到常规科学的产业模式痕迹，他们把科学看作一项活动，这项活动的成功与否可以完全根据产出来衡量，既可以是解决问题的总数量又可以是解决问题的效率。"②正是基于这种隐藏的产业主义的认知模式，库恩拒斥辉格史的意识形态，

---

① ［英］J. D. 贝尔纳：《科学的社会功能》，陈体芳译，广西师范大学出版社 2003 年版，第 15—16 页。

② Steve Fuller, *Thomas Kuhn: A Philosophical History for Our Times*, Chicago: University of Chicago Press, 2000, p. 199.

认为那些试图塑造一种"好科学"的方法论规范与理想性的精神气质实际上都是虚构的产物。①

库恩不愿意谈论大科学与产业化科学的原因同样也不是它们更像是"坏科学"。他不喜欢作诸如此类的价值评判,只关注实际上发生了什么。他只是像大多数科学家那样,希望这些只是短暂地偏离我们一贯熟知的科学前进的步伐。也就是说,政府与产业对科学共同体的介入、对自治原则的侵害,都是战争时期出现的反常现象,如同罗斯福的"新政"一样,表明一种范式处于"危机"时的症状。按他的理解,科学事业的本质就在于它能够解决这些危机并从其机构记忆中抹去这些曾经出现过的事情。② 这种策略和他的精神导师柯南特的态度几乎如出一辙。

战争无疑加速了科学与政治、产业之间的互动,这种互动无论在规模上还是在速率上都是以往任何时代无法比拟的。如果说"一战"中的军工只是运用了既有的科学发现来制造大规模杀伤性武器,那么"二战"则不同,制造毁灭性武器的需要成了发展物理学的正当理由。参与过曼哈顿计划的柯南特对此深有感受。他说:"整个新的科学领域的成果需要花费很大一笔纳税人的钱;在20世纪40年代,你只消说在这场你死我活的全球性战斗中需要拥有一种毁灭性的武器,那么这笔开支就能被证明为正当的。"③ 在任哈佛校长期间,他让库恩参与了科学史的通识课程建设。通过这门课,柯南特希望学生们透过"小科学"的镜头去看当代的"大科学",因为只有这样方能保持科学作为一种制度的完整性。库恩的《科学革命的结构》一书就是在这个时期酝酿出来的。书中涉及的几乎都是前两个多世纪的事,只字未提20世纪的"大科学"。

柯南特的愿望可以通过这样一种策略来实现,就是把科学的理论轨迹与它实际的和潜在的应用分离开:科学本身是客观、中立的,只受好奇心与追求真理的动机所驱使,至于其研究成果是否被政客和军方所利用,以及是善用还是恶用,都与它无关。同样参与过曼哈顿计划的布什

---

① [美]托马斯·库恩:《科学革命的结构》,金吾伦、胡新和译,北京大学出版社2003年版,第1—2页。

② Steve Fuller, *Thomas Kuhn: A Philosophical History for Our Times*, Chicago: University of Chicago Press, 2000, pp. 180 – 181.

③ James Conant, *Modern Science and Modern Man*, New York: Columbia University Press, 1952, p. 12.

就持这种策略。在《科学：没有止境的前沿》的报告中，他竭力为科学家在政治、经济与社会关系中争取最大限度的自主权，认为公众只需更多地了解科学，更好地利用科学，而不是去控制科学。[1] 也就是说，波兰尼提倡的"科学共和国"依然是正当的。在这里，科学研究和知识的生成是通过"个人知识"来实现的，需要科学共同体的自治。按波兰尼的说法，当允许科学自由地去追求它自身的精神目标时，它才会慷慨地施恩于人类；但如果一定要求它服务于社会需要，它就会萎缩荒芜。再说，科学能服务于社会目的这一点丝毫不会妨碍科学在认识论上的自律性。总之，科学这片土壤必须拥有"治外法权"。[2]

考虑到这样的乌托邦与现实出入太大，核物理学家温伯格提出了一个精致而又妥协的版本，其核心在于"越界科学"（trans-science）概念。温伯格希望在继续维持纯科学领域与政治领域之间的传统边界的基础上，寻找二者的结合部。如同两个圆圈，它们之间可以产生交错，并且交错所形成的领域可以不断扩展。这个领域叫"越界科学"，是一个"由可以基于科学来提出，但无法基于科学去回答的问题群所构成的领域"[3]。他以运行着的原子能发电站安全装置为例指出，如果同时出现故障，就会发生灾难。对此，专家们没有不同的意见，这属于由科学提出并解答的问题。至于所有的安全装置是否都会发生故障，这就属于"越界科学"的问题了。专家们一致认为发生此事的概率的确很小，但如何应对这种低概率的灾难，会产生意见分歧，因为评估、判断和对策之类的问题已经超越了科学领域的边界。[4] 很显然，该策略依旧是以"事实"与"价值"二分法为依据的。我们知道，在《事实与价值二分法的崩溃》一书中，普特南已经对这种二元分离的理论传统作了令人信服的清算。[5] 在讨论价值时，尽管他更多着眼于科学家进行理论选择的连贯性、单纯性等

① Vannevar Bush, *Science: The Endless Frontier*, Washington: United States Government Printing Office, 1945, chap. 3.

② Michael Polanyi, "The Republic of Science: Its Political and Economic Theory", *Minerva*, Vol. 1, No. 1, 1962, pp. 54 – 73.

③ Alvin Weinberg, "Science and Trans-science", *Minerva*, Vol. 10, No. 2, 1972, p. 209.

④ Alvin Weinberg, "Science and Trans-science", *Minerva*, Vol. 10, No. 2, 1972, p. 212.

⑤ Hilary Putnam, *The Collapse of the Fact /Value Dichotomy*, Cambridge: Harvard University Press, 2002.

特性，但在我们看来，即便就技术与产业科学而言，普特南的清算也是有效的。

现在，我们回到拉维茨。在《科学革命的结构》之后，他是第一个把产业科学作为一个严肃的学术问题来加以探讨，并对产业主义认知模式作出确认的哲学家。关于"后常规科学"的内涵及其所引发的规范性问题，他早在自己的处女作《科学知识及其社会问题》（1971）中就有明确的交代。他所理解的科学事实已不再是关于世界的"真"或"假"的表象，而更像是一种"有形的商品"。如果是"制品"的话，就无法再用"真相"（truth）来评判它，更适合于它的概念应该是"品质"（quality）。① 因此，"在此之前成问题的是，我们怎样做才能达到真理或类似真理的东西，而现在人们最大的关注点却为这样的问题取代了：如何保障科学的健康发展，如何对其应用加以有效的管理"②。

在方法论上，拉维茨像库恩那样注重描述，而对待产业化科学的规范性问题，他采取的是一种"批判性研究"的路径。他认为，尽管从常规科学向后常规科学的转型是一种不可逆转的趋势，但这丝毫不意味着产业化科学就是一种"好科学"。我们现在面临的问题是，当科学的理想主义丧失了社会的、意识形态的基础后，能与产业化科学相适应的理想主义尚未建立起来，"没有这样一种理想主义，科学就很容易为腐败所侵蚀，以至于整体上走向庸俗化，甚至还会更糟"③。在伦理层面上，他给出了四种类型的"坏科学"形象：（1）赝品科学（shoddy science）；（2）企业化的科学（entrepreneurial science），以利益最大化为特征，把研究变成直接获取利润的游戏；（3）盲目的科学（reckless science），丧失对人类安全的关怀，展开工程项目时对其不可逆的后果缺乏必要的伦理评估；（4）肮脏的科学（dirty science），参与"ABC"——原子（atomic）、生物（biological）、化学（chemical）——武器的研发，使科学家

---

① Jerome Ravetz, *Scientific Knowledge and Its Social Problems*, Oxford: Clarendon Press, 1971, p. 99.

② Jerome Ravetz, *Scientific Knowledge and Its Social Problems*, Oxford: Clarendon Press, 1971, p. 98.

③ Jerome Ravetz, *Scientific Knowledge and Its Social Problems*, Oxford: Clarendon Press, 1971, p. XI.

们触及了人类道德的底线。①

　　拉维茨关于"理想主义"的表达似乎语焉不详。它不应该是柏拉图式的，如普朗克和波兰尼所强调的，以"真"为目标，以一种高度自律而又与世无涉的"贵族共同体"为归宿的理想主义。当科学从常规科学步入后常规科学，理智上的认知目标让位于高品质的人工制品时，柏拉图式的理想主义也应让位于亚里士多德式的，带有马赫色彩的，具有处理宽泛、复杂的环境、社会、伦理问题的技能，以人类的生存和福祉为己任的理想主义。

　　另外，拉维茨还必须尝试回答库恩所未曾回答也无法回答的问题：谁为库恩笔下庞大的"解难题者"支付费用？谁来决定科学共同体的成员去研究什么？谁对他们的研究成果感兴趣？谁来监控研究成果的发表？这些问题都将涉及科学共同体与政府乃至与市民之间的常态性互动。正如他自己所说的那样："这就意味着，科学的进步已经成为政治事件。科学共同体的所有成员都与'科学政策'的决定如何下达有着密不可分的关系，至于所有的市民，他们至少都得间接地对这些决定的下达承担责任。"②

四　作为公共事业的科学

　　谈及公共性问题，势必会联系到诸如磋商、对话、共识之类的话题。对库恩来说，在科学所处的不同演化阶段，这些话题有着完全不同的意义。在"前范式"阶段，科学尚未进入常规研究，参与讨论的都是非专业人员。他们可以从数据到方法，就任何可能的问题进行公平、激烈的争论。进入常规科学后，对话成了专家共同体内部的事情，任何门外汉都被有效地排除在外。库恩发现，即便不同学科的专家之间也很难进行

---

①　Jerome Ravetz, *Scientific Knowledge and Its Social Problems*, Oxford: Clarendon Press, 1971, p. XI.

②　Jerome Ravetz, *Scientific Knowledge and Its Social Problems*, Oxford: Clarendon Press, 1971, p. 3.

充分的交流。①

1991 年，库恩在哈佛发表题为"历史的科学哲学之困扰"的讲演，其中多次使用"小生境"（niche）来表达专家们的境遇。在法语中，niche 的原意是外墙上用来供奉圣像的凹槽，也叫神龛。它虽小，但边界清晰，洞里乾坤。他说："这些小生境既创造了其居住者用于实践的概念工具和器械工具，又为这些工具所创造。"② 在小生境中，影响主体的诸要素之间没有先验的排序，即没有任何一种要素具有先验的重要性。一个成功的行为不仅依赖诸多不同的要素，而且能调整、改变、位移诸要素之间的结构。但是，小生境中的研究者在面对一个更开放的境遇时会产生交流屏障。

在后常规科学阶段，专家们会随时随地面临"越界科学"现象，交流屏障将被迫拆除。面对来自外部的科学难题，当科学家无法提供有效的结论和满意的答案时，外行不仅有机会重获对话权，有时甚至可以主导项目的议程。兰开斯特大学的最近一次调查表明，英格兰康布兰的牧羊人对辐射沉积的生态学理解甚至胜过官方科学家。牧羊人还得出结论说，放射性污染物从他们高沼地的薄层土壤中排走的速度会和从低地平原排走的速度一样。尽管他们的结论缺乏专家所能达到的精确度，但完全有能力参与科学家的立项与评估。③ 拿温伯格的"越界科学"案例来说，专家如何测算核电事故发生的概率以及如何应对当地居民对核电事故的零容忍态度的确是两回事，但这丝毫不意味着专家们可以疏远社会环境，丝毫不意味着两者只能自说自话，不存在可以进行交流、对话和磋商的空间。即便康布兰的牧羊人缺乏对生态学的理解，他们同样也拥有参与讨论的资格。

后常规科学意味着一种科学观的转变。我们应该把科学理解为一项公共事业，而不只是存在于少数知识精英和技术专家头脑中并且自以为

---

① ［美］托马斯·库恩：《科学革命的结构》，金吾伦、胡新和译，北京大学出版社 2003 年版，第 181—182 页。

② ［美］托马斯·库恩：《科学革命的结构》，金吾伦、胡新和译，北京大学出版社 2003 年版，第 114 页。

③ ［意］S. O. 福特沃兹、［英］J. R. 拉维茨：《后常规科学的兴起》（下），吴永忠译，《国外社会科学》1995 年第 12 期，第 26 页。

是的东西。知识的有效性必须以别人的实际认可为前提。从这个意义上说，知识的生产者和接受者一起共同地建构了知识。作为一种"语言游戏"，知识的形成与辩护没有旁观者，而只有实际的参与者。由此可见，知识的主体也许不像库恩所说的那样只是一批志同道合者，其中还应包含诸多异质的成员。既然知识的客观有效性问题归根结底是一个主体间性的问题，那么有效性的实现也必定诉诸说服与劝导这样的论证与修辞手段。

拉维茨对后常规科学的理解是："我们的方向是将知识带出教室和实验室，进入处于自然和人工环境之中的人类共同体。在这种意义上，我们的认识论是政治性的，不过不是一般意义上的党派政治，而是希腊人家园观念的生态政治。"① 从这个意义上说，拉图尔的实验室人类学考察支持了拉维茨的解释。拉图尔在考察中发现，总会有一部分科学家不停地在实验室"外部"活动，同科学界、政府、生产部门、用户、传媒、公众保持着联系。这些联系直接影响着所谓"内部"的研究工作。一旦这些联系中断，实验室内部的研究工作将陷入停顿。这样一来，他们的研究经费变得没着落了，丧失了对问题的敏感性，甚至丧失了参加各种学术会议与交流的机会。于是他们的水准变得越来越业余化，论文或研究报告也会越来越被冷落，变得越来越不值钱。拉图尔评价道，这就意味着："'孤立的专家'是个矛盾的说法。要么你是孤立的但很快不再是一名专家；要么你继续是专家，但这意味着你不是孤立的。"② 同时这也意味着，科学的正当性必须也只能在这样一个开放的公共空间中得到重构。同样，研究的规范也需要通过不同文化群体之间的交流、对话来磨合与重塑。也许，这就是库恩留给我们有待完成的事业。

---

① ［意］S. O. 福特沃兹、［英］J. R. 拉维茨：《后常规科学的兴起》（下），吴永忠译，《国外社会科学》1995 年第 12 期，第 28 页。

② Bruno Latour, *Science in Action：How to follow Scientists and Engineers through Society*, Cambridge：Harvard University Press, 1987, p. 152.

第十三章

专家与公众之间

——"后常规科学"决策模式的转变

胡　娟[*]

库恩用"常规科学"（normal science）的概念向我们描述了发展成熟的科学实践活动。在此，对话只是专业共同体内部的事情，不同学科的专家也因范式的不同而难于进行充分的交流，任何门外汉更是被有效地排除在外。然而，科学始终在演化，如今的科学实践已从"常规"进入"后常规"（post-normal）时代。[①] 在"后常规"的情境中，科学事实的高度不确定性与风险决策的公共利益纠缠在一起，因而科学实践所需要处理的不是科学发现的探索而是科学政策争端的有效解决。对此，"技治主义"（technocracy）的内部决策模式日见局限。于是，决策模式应该如何调整和适应便成为"后常规"科学实践的重要议题。

"后常规科学"（post-normal science）的问题解决策略向我们提供了一个可资借鉴的方法论进路。尽管在知识技能和社会职业上仍有内行与外行之分，但"由于内行明显地无法为他们所面临的许多问题提供有效的结论性答案，因此外行可以强行参与对话，发表自己的意见……甚至

　＊ 作者系贵州大学哲学学院副教授。2002 年至 2005 年,2012 年至 2018 年求学于盛晓明教授门下,先后获得硕士和博士学位。本文原载于《自然辩证法研究》2014 年第 8 期。

　① Silvio Funtowicz and Jerome Ravetz, "Science for the Post-normal Age", *Futures*, Vol. 25, No. 7, 1993, pp. 739 – 755.

可以确定议事日程"①。事实上，在科学决策难度和风险增大的后常规情境中，科学决策的合理性与正当性必须在一个开放的、多元参与的治理模式中得以重构，科学决策的过程不仅需要专家知识的裁决、政策机制的保障，还需要公众智慧的参与来共同实现。

一　"常规科学"中的鸿沟

库恩在其经典著作《科学革命的结构》（1962）中构建了一幅科学发展的动态图景。其中，"常规科学"被用于描述发展成熟的"解难题"的过程。尽管共同体的解题作业会经历各种反常、危机甚至是革命，但是共同体成员一旦就某一新的范式达成共识，一切争端便会趋于平静，共同体的工作也会在新范式中进入新一轮的常规化过程。

作为史学家，库恩不仅描述了发展成熟的科学实践活动，他还特别关注科学是如何从"不成熟"向"成熟"阶段演变的过程。关于这种演变，库恩设想了一种存在于成熟科学领域的共同体之中的社会契约，即"一旦接受了一个共同的范式，科学共同体就无须经常重新去考察它的第一原理"②。如此一来，共同体成员就能全神贯注于他们所关心的现象中最细微、最隐秘之处，这便可以增加整个团体解决问题的效力与效率。当然，库恩还主张说，这种效率最终是由成熟的专业共同体与外行之间的隔离状态所产生的。③ 显然，库恩对"常规科学"及其实践活动的解释已经蕴含了一些教条主义和集权主义的因素，这也引发了波普尔的不安。在波普尔看来，尽管库恩所描述的"常规科学"的确存在，但从事"常规科学"实践的专业共同体无疑是教条教训下的牺牲品和劣质品，他们学会一种能用的技术但却根本不问其所以然，这种常规化的活动其实是

---

① Silvio Funtowicz and Jerome Ravetz, "Three Types of Risk Assessment and the Emergence of Post-normal Science", in Sheldon Krimsky and Doming Golding, eds. , *Social Theories of Risk*, London: Praeger, 1992, pp. 251 –274.

② ［美］托马斯·库恩：《科学革命的结构》，金吾伦、胡新和译，北京大学出版社2003年版，第147页。

③ ［美］托马斯·库恩：《科学革命的结构》，金吾伦、胡新和译，北京大学出版社2003年版，第147页。

"一种缺乏批判性的专业活动"①。波普尔的确很敏感，他已经察觉出"常规科学"中一些令人不安的真正因素，那就是其中所隐含的某种产业主义的认知观与价值观。② 这些因素不仅可能会侵蚀科学自治的理想，还很可能成为隔离科学专家与公众之间的最大屏障。事实上，20 世纪科学自身的演化就呈现这两种趋势。

如果说启蒙时代之后的科学在一定时间内还可被视为一项追求"真"与"善"的纯理智活动，那么，培根以降的近代科学便作为一种巨大的生产力进入社会经济生活领域。毫无疑问，"二战"之后，国家利益的需求加速了现代科学向政治、产业界的扩展，这也从根本上改变了普朗克所奉行的"纯科学的神话"。然而，当科学的发展被牢牢地拴在政治需求和产业化创新的链条上，被作为一种国家资源来调动之时，科学知识便会逐渐丧失其主体性地位，而这又势必会导致科学对外部权威尤其是政治力量的依赖。当然，这种关系一定是共生的。科学专家通过向政府证明自己解决问题的能力而赢得其知识和地位的合法性，同样，政府也能通过把专家知识的文化权威赋予政府决策而使他们的决策得以合法化。于是，在所谓"封闭的政治学"③ 情形中，政策决策者向他们所信任的科学专家咨询，并借助于一种教学式的、家长式的传播方式让"公众理解科学"以克服公众与科学、公众与专家之间的鸿沟。毋庸置疑，在政策文化上，科学与政治的这种契约关系就为"技治主义"留下了地盘。当这一切随后在无数人的日常生活中被视为理所当然而加以接受之时，"专家知识""科学权威"及其所主导的决策就最终逃逸了公众的审查。

可是，公众与科学之间，公众与专家之间仅仅是理解与被理解的关系吗？专家与公众的矛盾与冲突，问题仅仅出现在公众一方吗？一旦重新审视这些问题，我们便会发现，"理解"的进路实质上编制了专家知识理所当然的规范性承诺和前提性预设，仿佛精英的话语具有自主的有效

---

① ［英］波普尔：《常规科学及其危险》，载拉卡托斯和马斯格雷夫著《批判与知识的增长》，周寄中译，华夏出版社 1987 年版，第 63—72 页。

② 于爽：《库恩与"后常规科学"》，《哲学研究》2012 年第 12 期，第 79—85 页。

③ Massimiano Bucchi and Federico Neresini, "Science and Public Participation", in Edward Hackett et al., eds., *The Handbook of Science and Technology Studies*, Cambridge：The MIT Press, 2008, pp. 449 –472.

性。它们一经进入公众领域便充当了某种社会规范性的角色，而关于"有效知识"或"好科学"占主导地位的内在标准也会合法地向社会开放。因此，把专家与公众之间的关系限定在科学传播学领域，这无异于是一种受预设标准所表征、组织和控制的显著的政治文化。① 这实质上是以不对等的文化地位而掩盖了公众与专家、公众与知识生产之间更加复杂的社会互动关系。

二 "后常规科学"及其纲领

按库恩"常规科学"的表述，科学是一种循规蹈矩的"解难题"活动。在此基础之上，一种现代性的情绪也得以表达，科学的发展似乎是一个接一个地对无知问题和不确定领域的征服，而知识的"确定性"也成为形塑专家权威的合法化策略。不过，科学始终在演化，当经历了胜利的乐观主义之后，科学与社会、政治、环境的相互作用关系发生急速变化而进入"后常规"时代。"之前，科学曾被理解为在知识的确定性和控制自然世界中的稳步前进，而现在，科学则被看作在风险和环境政策争端中处理众多的不确定性。"② 对此，"常规科学"的解题策略和同行评议的控制机制显得捉襟见肘。于是，作为一种回应，"后常规科学"的新方法论纲领兴起了。

"后常规科学"的概念最先是由福特沃兹和拉维茨提出。在他们看来，"常规性"（normality）的术语具有两层含义：一方面指库恩所描述的"常规"的科学活动图景；另一方面则蕴含着政策环境依然是"常规"的假设，即专家的解题策略能为决策提供充分的知识基础。③ 紧接着他们强调，面对"事实不确定、价值有争议、风险巨大且决策紧迫的科学争

---

① Brian Wynne, "Public Understanding of Science Research", *Public Understanding of Science*, Vol. 1, No. 1, 1992, pp. 37 – 43.

② Silvio Funtowicz and Jerome Ravetz, "Science for the Post-normal Age", *Futures*, Vol. 25, No. 7, 1993, pp. 739 – 755.

③ Jerome Ravetz, "What is Post-normal Science", *Futures*, Vol. 31, No. 7, 1999, pp. 647 – 653.

端"①，"应用科学"和"专业咨询"的实践方式已达到其临界点，或者说库恩在"常规"意义上的科学活动及其解题策略已不再有效。作为一种补充策略，"后常规科学"的洞察力超越了科学既是确定又是价值无涉的传统假定，它对"不确定性"的考察也从技术和方法论的边缘而进入认识论的核心，并由此确立了对"不确定性"进行管理以及扎根于"质量"（quality）保证的方法论纲领。

在"棘手问题的情境"② 中，"不确定性"是基本属性，这也引发了新的根本性问题：科学家或政治家不再可能基于高度确定性的科学信息而做出重要的乃至决定人类命运的决策。因而，科学信息的"质量"评估和保证就显得尤为重要，因为它们最终是为科学决策服务的。关于这一点，拉维茨早在其成名作《科学知识及其社会问题》（1971）中就有所交代。在拉维茨看来，科学研究对象所属的事物和事件其实是"智力上的建构"③，因而"我们所有的知识其实都是'人造的'"④，科学事实也可被理解为一项社会组织活动的"产品"（products）。既然科学事实是"人造产品"，那么我们就无法再用是否符合"真"来评判它。这样，拉维茨就最终用"质量"这种新的科学实践要素替代了"真理"（truth）的概念，强调通过对产品质量的评估来实现对科学的有效管理。⑤

如果我们谨记"质量"的问题，就可以了解"后常规科学"与"常规科学"的不同之处。库恩并没有明确处理科学中的"质量"问题。或者说，在"常规科学"中，质量保证的实现有赖于封闭的科学共同体及其高超的专业技术知识，他们所处理的也是一些被明确定义了的科学事实问题。然而，在"后常规科学"中，质量的保证需要把问题的事实情

---

① Jerome Ravetz, "What is Post-normal Science", *Futures*, Vol. 31, No. 7, 1999, pp. 647 – 653.

② Karen Kastenhofer, "Risk Assessment of Emerging Technologies and Post-normal Science", *Science, Technology, & Human Values*, Vol. 36, No. 3, 2011, pp. 307 – 333.

③ Jerome Ravetz, *Scientific Knowledge and its Social Problems*, Oxford: Oxford University Press, 1973, p. 109.

④ Jerome Ravetz, *Scientific Knowledge and its Social Problems*, Oxford: Oxford University Press, 1973, p. 113.

⑤ Jerome Ravetz, *Scientific Knowledge and its Social Problems*, Oxford: Oxford University Press, 1973, p. 273.

况和价值层面以及二者之间的复杂性都纳入考虑的范围。为此，福特沃兹和拉维茨就提出了科学质量保证的四个"P"原则①："科学质量的评估不能被限定在研究产品上，它还必须包括过程、人员以及最终的目的。"② 当然，这里的"人员"并非限于技术上具备资格的研究者，它还涉及那些会承受巨大技术风险的人。于是，拉维茨就用"扩大的同行共同体"（extended peer communities）和"扩大的事实"（extended facts）的新范式强调了科学质量保证过程中不断增多的合法性参与。③ "扩大的同行共同体"不仅将质量保证的角色从传统的技术专家共同体推广到所有合法的利益攸关者，而且通过允许使用那些包含逸事证据和地方性知识的"扩大的事实"来积极地发展纳入社会价值的科学决策程序。

可见，作为应对"不确定性"和"决策风险"问题的解决策略，"后常规科学"的兴起不仅涉及方法论上的新动力学，还蕴含着一种认识论和科学观的转变。在"后常规"时代，科学其实是一项公共的事业。在此，不确定性不是被消除而是被有效地管理。知识的有效性和科学决策的合法性不能诉诸专家知识和政治权威，其中理应包含诸多异质的成分。在认识论层面上，尽管拉维茨等人没有追溯"技治主义"的根本缺陷，但"后常规科学"的方法论纲领就意味着科学决策"合理性"和"正当性"的衣钵现在取决于"扩大的"共同体而不是那曾经被设想的权威当局。这使我们可以设想科学的民主化问题。当然，这种民主化不是将研究实验室交给未受过训练的人，而是将科学的相关问题带入公众视野，使公众能有效地参与到相关政策争议的辩论之中，进而"将讨论提升到任何层次，而不是科学探究和知识制造的常规视角"④。这种"后常

---

① 所谓科学质量保证的四个"P"原则，即"production""process""purpose""person"。

② Silvio Funtowicz and Jerome Ravetz, "Science for the Post-normal Age", *Futures*, Vol. 25, No. 7, 1993, pp. 739 – 755.

③ Silvio Funtowicz and Jerome Ravetz, "Three Types of Risk Assessment and the Emergence of Post-normal Science", in Sheldon Krimsky and Doming Golding, eds., *Social Theories of Risk*, London: Praeger, 1992, pp. 251 – 274.

④ Elie Geisler, "Normal Science and Post-normal Science", in Murako Saito et al., eds., *Redesigning Innovative Healthcare Operation and the Role of Knowledge Management*, Hershey: Medical Information Science Reference, 2010, pp. 46 – 53.

规政治学"（*post-normal politics*）① 的优越性实质上就指明了"技治主义"让位于"多极参与"决策的可能性和必要性。

三 风险认知的差异：谁更有理性？

"后现代"是一个被广泛使用的批判性术语。在某种意义上，它是对科学和文化"常规性"准则崩塌的一种回应。作为一种认识论转向，"后常规科学"也可被视为后现代主义觉醒的一种形式，它在很大程度上与后现代主义对复杂性问题的认知相关联。② 在此，那种凭借归纳和应用来控制自然的培根式理念已被抛弃，取而代之的是对"风险"问题的复杂性思考。

我们看到，在"棘手问题的情境"中，"常规科学"的许多科学性追求被公共领域中主观的和含混不清的话题所取代，"冲突和纠纷反而是常态"③。这时，专家与公众的风险认知差异及其相关问题也随之凸显出来。在美国环境保护署（EPA）对公众与专家关于风险严重性认知的比较实验中，我们可以清晰地看到两者截然不同的认知差异甚至对立的紧张关系。④ 那么，为何被专家视为生死攸关的科技风险公众却置若罔闻，而让公众恐慌不已的问题专家却又泰然自若呢？在风险认知与评估中，专家与公众谁更有理性？

我们知道，"公众理解科学"的研究及其实践的主要议程是以公众及其认知过程的能力为问题来构成的，这就暗示着科学知识、科学实践以及科学制度不成其为问题。因而，当公众对专家有关风险问题的理论预设和技术性框架在合理性上产生矛盾情绪或是抵制时，公众就被简单地

---

① Stephen Healy, "Extended Peer Communities and the Ascendance of Post-normal politics", *Futures*, Vol. 31, No. 7 1999, pp. 655 – 669.

② Tuomo Saloranta, "Post-normal Science and Global Climate Change Issue", *Climatic Change*, Vol. 50, No. 4, 2001, pp. 395 – 404.

③ Elie Geisler, "Normal Science and Post-normal Science", in Murako Saito et al., eds., *Redesigning Innovative Healthcare Operation and the Role of Knowledge Management*, Hershey: Medical Information Science Reference, 2010, pp. 46 – 53.

④ Leslie Roberts, "Counting on Science at EPA", *Science*, Vol. 249, No. 4969, 1990, pp. 616 – 618.

斥为"误解"甚至是"无知"。这也就是风险"实在论"认知观的体现。实在论的认知模式预设了风险的客观存在，强调通过技术上可计算或测算的方式，从概率上来理解并控制风险。在认知权威还由专家所把持的实在论语境中，专家凭借其专业知识能够毫不含糊地实现风险评估，而公众的认知却因无法对风险概率和风险严重性做出技术判断而被斥为是一种"感知的风险"。它或许是缺乏与现实联系的主观错觉，或许是与科学家所理解的实际风险毫无关联的过度反应。显然，"当某一智力活动领域被贴上'科学'的标签时，那些不是科学家的人群实际上就被剥夺了这个领域的话语权；相应地，把一些领域贴上'非科学'的标签就等于剥夺了它的认知权威性"①。

那么，公众对风险的感知果真是一种非理性的认知错觉吗？尽管"实在论"的立场如此批判，但"建构论"的视角却为此提供了一种不同的认知通道。"建构"的概念告诉我们，对风险的理解不能从客观主义的立场出发，把风险视为一种等在那里被专家所计算的客观状况。相反，我们应在广阔的社会情境中对风险的产生、定义以及经历等实践过程进行社会化的认知。这种立场与贝克（Ulrick Beck）对"风险社会"的判定多少有些异曲同工之妙。站在风险社会理论的立场上看，对风险的理解仅关注技术面是不够的，还应该考虑风险的社会可接受性问题，即风险的社会心理维度。这也就是说，现代社会的风险同时仰仗于科学和社会的建构②，具有客观与主观的双重特征，因而任何只顾及一方而不计其余的做法都会导致某种形式的专制主义，或者民粹主义，最终将导致现代性的分裂。

不仅如此，在风险"建构论"的语境中，专家与公众也一并被问题化，在公众以不同方式建设性参与科学的问题上，它也提供了更为丰富的想法。公众与专家之间尽管存在差异，但他们对于风险的认知与判断出自各自的理性原则和社会价值，因而专家的预设和判断未必就比公众

① ［美］希拉·贾萨诺夫：《第五部门：当科学顾问成为政策制定者》，陈光译，温珂校，上海交通大学出版社2011年版，第19页。
② ［德］乌尔里希·贝克：《风险社会》，何博闻译，译林出版社2004年版，第190页。

更加正确。甚至说，"关于风险，不存在什么专家"①。温（Bryan Wynne）关于坎布里亚牧民的案例研究就已经表明，牧民的经验知识并不在质量上次于专家知识，而专家关于核污染的评估报告也最终被证明是错的，不得不进行大幅度的修改。② 这其实正是斯洛维奇（Paul Slovic）所言明的"有限理性"（bounded rationality）的问题。③ 在此基础上，他还表明，与专家以精确技术手段来定义风险的工具理性相比，公众综合了价值因素的考虑而持有一种"可匹敌的理性"（rival rationality）。④ 因此，把风险认知上的差异简单地归结为公众在知识上的欠缺是不公允的，认为公众不能"理性"地认识风险的看法当然也是一种偏见。而应该说，公众与专家之间的认知差异只不过是缺乏一致的共识基础，分别采用不同的理性法则罢了。因此，试图用专业知识和专家权威诸如此类的基础性话语来堵住专家与公众疏离的缺口，这只会强化社会风险的意义，并进一步加重专家的冷漠和公众的不信任。

的确，公众与专家对风险的不同认知在一定程度上颠覆了启蒙运动以来的知识观念，"专业的"不见得就是进步的、正当的。不过，风险的"建构论"对"实在论"的挑战并不意味着社会对专家绝望，而只是表达了一种新的诉求。既然公众与专家在风险认知上各自拥有自身的行动假设以及与此相应的合理性根据，如何去平衡两者的关系才是问题的要点。这样，他们便能彼此尊重对方的见解与智慧，共同贡献自己的力量，进而实现政策争端的有效化解。

四　必要的张力：公众参与的公共决策

谈及公共决策的问题，势必会涉及民主政治中对话、协商与共识之类的话题。然而，正如埃茨拉希（Yaron Ezrahi）对科学所作的政治学反

---

① ［德］乌尔里希·贝克：《风险社会》，何博闻译，译林出版社 2004 年版，第 28 页。

② Brian Wynne, "Sheep Farming after Chernobyl", *Environment*, Vol. 31, No. 2, 1989, pp. 10 – 39.

③ Paul Slovic, *The Perception of Risk*, London: Earthscan Publicationsd, 2000, p. 4.

④ Dan Kahan, et al. , "Fear of Democracy: a Cultural Evaluation of Sunstein on Risk", *Harvard Law Review*, Vol. 119, No. 4, 2006, pp. 1071 – 1109.

思所言："科学在智力与技术上的进步，与它作为自由民主政治修辞学中的一股力量所表现出的没落是并行不悖的。"① 在"常规性"假设依然存在的政策环境中，以"技治主义"为导向的内部决策模式占据主导地位，普通公众参与决策的过程依然停留在粗糙的竞争性利益和政治权利概念的水平上，而没有在认识论上获得价值证明。

然而，当科学进入"后常规"阶段，科学专家随时随地面临"越界科学"（trans-science）的现象，"尽管有些问题可以基于科学的话语所提出，但却无法依靠科学来回答"②。温伯格以放射物可能产生致癌作用的测试为例指出，测试需要 80 亿只老鼠这一数据的确是经过科学计算的，但在实践中，这种测试规模却不具备解决的可行性。温伯格对于这种看似科学却又在科学领域之外的新兴问题的见解至关重要，但科学专家对此的理解则较慢，因而在一定时间内，多数风险评估专家依然确信他们的定量估计是有效的。于是，在涉及公众自身利益的风险评估中，专家自信的"小概率"事件最终遭遇了公众"零风险"容忍度的冲击。其实，公众"NIMBY"综合征以及"LULU"现象之类的问题就已经超越科学领域的边界而进入"越界科学"的领地，它们反映了存在于科学决策中的权利与权威冲突。③ 对此，专家已明显无法提供有效的结论性答案，传统"技治主义"的决策模式也无力应对越界科学中涌动的社会动力。

与此同时，尽管专业咨询服务领域早已涉及责任与道德的问题，但专业咨询服务所期待的中立立场实际上早已破产，"所谓'中立'的专家顶多是个神话"④。在"棘手问题"的实践情境中，咨询专家与利益集团关系甚密而成为"利益攸关方"或行政决策中的"代言人"，某些专家或科学咨询委员会甚至为了迎合政策上的目的而成为政府实现科学管理的

---

① Yaron Ezrahi, *The Descent of Icarus: Science and the Transformation of Contemporary Democracy*, Cambridge: Harvard University Press, 1990, p. 13.

② Alvin Weinberg, "Science and Trans-science", *Minerva*, Vol. 10, No. 2, 1972, pp. 209 – 222.

③ "NIMBY"综合征也称"邻避效应"，即"不要把这些建在我的后院"（Not In My Back-yard）。"LULU"现象即"地方上排斥的土地使用"（Locally Unwanted Land Use），参见 Carissa Schively, "Understanding the NIMBY and LULU Phenomena", *Journal of Planning Literature*, Vol. 21, No. 3, 2007, pp. 255 – 266.

④ ［美］希拉·贾萨诺夫：《第五部门：当科学顾问成为政策制定者》，陈光译，温珂校，上海交通大学出版社 2011 年版，第 127 页。

"第五部门"①。这都使得依赖专业咨询的内部决策之正当性遭到进一步的质疑。尽管小罗杰·皮尔克（Roger Pielke, Jr.）在科学家的规范伦理上呼吁"诚实的代理人"的社会角色②，但"技治主义"赖以存在的专业咨询或审查机制也应该在制度上被重新予以审视，因为这种缺乏透明性和参与性的"隐性层级"（hidden hierarchies）机制最终造成了公众对专家的信任危机。③ 一旦风险事件与这种社会结构、公众心理的过程之间发生相互作用，便可能强化公众的风险感而造成"风险的社会放大"④。因此，增加决策过程的透明性，强化民主参与的风险决策模式理应成为重要的检讨方向。

那么，如何在具有专家权威、精英统治的决策模式中强化民主参与呢？在早期科学技术论（Science Technology Studies，简称STS）关于科学争论的研究中，有一种朴素的观念贯穿其中，即希望通过公众的参与能让专家知识担负起职责。然而，STS很快发现，这种没有决定权的参与是流于形式、毫无意义的，那些看似"参与"的许多活动，确切地说是那些有权人把公众增补进来的一种努力。⑤ 因此，有效的民主政治不能仅仅停留于政治程序上的公众参与，还必须经由公民的集体参与做出实质上的正确决策。

事实上，STS的新近研究就不断向我们表明，生活在塞拉菲尔德核再处理站附近的居民利用他们自己所搜集的数据反驳了专家对于该地区白血病数量的统计数据，并最终获得了官方的认可；某地区市民获邀参加有关胚胎干细胞研究争端的讨论，并形成一份最终文件而呈交给决策

---

① ［美］希拉·贾萨诺夫：《第五部门：当科学顾问成为政策制定者》，陈光译，温珂校，上海交通大学出版社2011年版。

② ［美］小罗杰·皮尔克：《诚实的代理人：科学在政策与政治中的意义》，李正风、缪航译，上海交通大学出版社2010年版。

③ 周桂田：《新兴风险治理典范之刍议》，《政治与社会哲学评论》2007年第22期，第179—233页。

④ Paul Slovic, *The Perception of Risk*, London: Earthscan Publications, 2000, p. 232.

⑤ ［美］科岑斯、伍德豪斯：《科学、政府与知识政治学》，载［美］希拉·贾撒诺夫等编《科学技术论手册》，盛晓明等译，北京理工大学出版社2004年版，第408—423页。

者。① 尽管事例各有不同，但它们均按照科学知识被制造、讨论以及被认定为合法的条件而表达了一种民主形式的深刻变化——外行不仅有机会可以参与对话，有时甚至可以确定议事日程。可见，公众参与不仅增进了公共决策程序上的正当性，也在认识论上获得了更多的价值证明。换言之，公众的认同和参与本质上源于价值承诺，这使科学研究所生产的"稳健知识"（robust knowledge）② 更能满足公众的需求和愿望，更具有社会责任性，因而也就更有效地抵御各种社会性的风险。因此，公众参与的决策模式当然能够成为风险和科学政策争端有效解决的关键性动力学。

五　结语：走向"后常规"的治理

科学始终在演化，当它从"常规"进入"后常规"时代，科学实践就从对"问题"的解谜转向了对"棘手问题"的有效解决。尽管"后常规科学"的方法论纲领已将"不确定性"和"决策风险"有关的问题情境视为其认知实践的一部分，但"扩大的同行共同体"及其所相伴的"扩大的事实"的新范式要发挥"功能的后常规性"，实现科学政策争端的有效解决，还"有赖于后常规认识论和后常规治理之间的结合发展及其有意义的协同进化"③，而这一点还没有完全实现。这也就是说，在"后常规"时代，对于"棘手问题"的有效解决，不仅需要重新开放认知承诺，颠倒"硬事实"超越"软价值"的传统格局，生产稳健的社会知识，还需要一种更加根本性的变革——"抛弃'控制和管理'的概念"④，建立一种强大的治理制度。这便可以为知识生产、知识有效性及

---

① Massimiano Bucchi and Federico Neresini, "Science and Public Participation", in Edward Hackett et al., eds., *The Handbook of Science and Technology Studies*, Cambridge: The MIT Press, 2008, pp. 449 – 472.

② ［瑞士］海尔格·诺沃特尼、［英］彼得·斯科特、［英］迈克尔·吉本斯：《反思科学：不确定性时代的知识与公众》，冷民等译，上海交通大学出版社 2011 年版，第 184 页。

③ Karen Kastenhofer, "Risk Assessment of Emerging Technologies and Post-normal Science", *Science, Technology, & Human Values*, Vol. 36, No. 3, 2011, pp. 307 – 333.

④ Stephen Healy, "Post-normal Science in Post-normal Times", *Futures*, Vol. 43, No. 2, 2011, pp. 202 – 208.

其应用的理解提供一种后常规的路径。[1]

在"后常规"的治理模式中，科学决策主体的权威发生变化，权力运行方式发生改变，决策的共同体也随之扩大，构成了包括科技主体、政治主体和公众多方参与的多元主体结构。这样，科学决策的过程便能脱离狭隘的工具理性而改变它的政治运作形式，从封闭、单一和简单的事实认定转向开放、多元与复杂的社会价值选择；科学决策的质量控制也由同行评议转向了更加开放与综合的社会问责。这是专业知识民主化的过程，也是风险评估与科学治理的新典范。[2] 当科学的知识生产、决策以及监管共同演化而走向联合的后常规状态，那么"后常规科学"功能的后常规性便可以达成，科学也终将成为一项"共善"的事业。

---

[1] Karen Kastenhofer, "Risk Assessment of Emerging Technologies and Post-normal Science", *Science, Technology & Human Values*, Vol. 36, No. 3, 2011, pp. 307 – 333.

[2] Bruna De Marchi, Jerome R. Ravetz, "Risk Management and Governance: A Post-normal Science approach", *Futures*, Vol. 31, No. 7, 1999, pp. 743 – 757.

第四部分

科学的社会研究

第十四章

从科学的社会研究到科学的文化研究*

盛晓明

一 科学论与辩证法

自库恩的《科学革命的结构》（1962）出版以来，科学论（science studies）经过分化与重组，改变了自身原有的格局。首先，科学史由内部史或学科史转向了社会文化史（外部史）研究；其次，科学哲学试图通过解释学方法来解决传统的认识论问题；再次，经过对默顿主义的反思与批判，"科学知识的社会学"（SSK）逐渐成为科学的社会研究的主流。这三种不同类型的进路似乎殊途同归，共同兑现了库恩当年的一个构想：科学史、认识论与社会学具有内在统一性。它们面对的是同一个问题，即如何通过社会、文化的过程来描述科学的实际活动方式与科学知识的发生过程。正是这个构想，从根本上改变了我们的科学观念。

如果用一句话来概括，后库恩时代科学论的演进就是从"科学的社会研究"（social studies of science）走向"科学的文化研究"（cultural studies of science，简称 CSS）。我们知道，在库恩之后，欧美科学论领域的研究者们纷纷转向相对主义的认识论立场，对传统的科学哲学与科学社会学观念构成严峻的挑战。为了区别于默顿学派与曼海姆的知识社会学，他们称自己的研究为"科学知识的社会学"（sociology of scientific knowledge），在研究纲领上称作"社会建构论者"。20 世纪 70 年代是 SSK

* 本文原载于《自然辩证法通讯》2003 年第 2 期。

的酝酿期，爱丁堡学派的创导者巴恩斯与布鲁尔推出了"强纲领"，要求用社会与文化因素来解释科学知识形成的动因。20世纪80年代是"强纲领"的急速扩展期。与此同时，SSK内部关于"强纲领"的分歧逐渐凸现。在巴斯大学出现了以科林斯为代表的"巴斯学派"，主张用"话语分析"来取代布鲁尔的因果性教条。在巴黎矿业学院的技术创新社会学研究中心则兴起了拉图尔及其同事卡龙的科学人类学（anthropology of science）研究，人称"巴黎学派"。

进入20世纪90年代，SSK从整体上已经走向衰落，但是"巴黎学派"却一枝独秀。这与拉图尔的工作不无关系，他采用了"侦探小说"式的细致入微的描述，把科学人类学的精要展现得淋漓尽致，在渐渐厌倦了"强纲领"与无休止争论的SSK圈内吹进了一股清新之风。他那种直接参与实验室活动，从内部揭示科学研究的地方性条件，从制作过程来描述"科学事实"的建构，从资源的调动来考察"弱修辞"向"强修辞"演变的研究方法的确给人耳目一新的感觉。除此之外，这种新型的研究还具有很强的包容性，它不仅批判地兼纳了"强纲领"的优势，而且吸纳了科林斯的"话语分析"，以及伽芬卡尔的"本土方法论"的种种长处，显得更大气。也正因为如此，巴黎学派的工作才更多地为科学的文化研究所接纳，并成为科学的文化研究中的一个有机的组成部分。

值得我们注意的是，后库恩的科学论演进再现了一幅辩证法的整体图景。在黑格尔和马克思那里，我们可以领会到辩证法的三个重要的原则：一是本体论、认识论与逻辑相统一的原则；二是逻辑的与历史的观点相统一的原则；三是从抽象到具体的原则。简单地说这就是实践性、历史性与具体性。令人困惑不解的是，当我们还一味地沉迷于实证主义乃至于表象主义那种科学观与方法论时，欧美的科学论研究则自觉或不自觉地恢复到了历史的辩证法。他们反过来让马克思主义者重新辩证地思考，究竟什么是科学，以及如何实践地、历史地和具体地理解科学。

二　什么是"科学的文化研究"？

广义的"科学的文化研究"（CSS）在欧美兴起已有30多年了，至今（2003年）还很难给它下一个确切的定义。首先，CSS并非一个学科领域，而是一种试图打破科学史、科学哲学与科学社会学之传统边界并从事跨学科研究的努力。其次，CSS 也不是某个特定的学派，它没有固定的研究纲领与创导者。CSS 更像是一种研究思潮，体现了 70 年代以来科学论研究的新方向。一方面，它既体现在海德格尔、法兰克福学派乃至福柯等后结构主义者对科学的批判性的讨论中，也体现在"科学知识的社会学"（SSK），尤其是巴黎学派对科学知识的建构性研究中。另一方面，作为一种"后殖民"时代的科学论，CSS 在建构新时代的科学观念时要求凸现"边缘"与"弱势"文化群体的立场，因此也有人将之纳入后现代主义科学论。

　　近年来，CSS 渐渐演绎出一种新型的研究方案与理论纲领（狭义的CSS）。1996 年，劳斯在《涉入科学：如何从哲学上理解科学实践》中试图回答什么是 CSS 的问题："那么究竟什么是科学的文化研究呢？我使用这个词语是为了最大限度地涵盖有关实践的种种探索——通过这种探索使我们对科学的理解具体化，使之维系在特定的文化情境中，并向新的文化情境转移和扩展。"[1] 接着，他还告诉我们："我的目的并非把文化研究（CS）具体化，而是要揭示，跨学科的科学论在其用语意义转换的可能性中带给我们的重大课题。"[2] 尽管这套方案轮廓还十分模糊，然而劳斯赋予 CSS 的使命已十分清楚：它要求在英美的语言分析传统与欧洲大陆的解释学方法之间寻找到联结点；要求在科学文化的批判性研究与建构性研究之间保持必要的张力；要求终结实在论与反实在论之间冗长的纷争，以及超越现代性与后现代性之间人为的划界等。

　　CSS 无疑与来自伯明翰的"文化研究"（CS）传统有直接的传承关系。因此，不能把"科学的文化研究"直接等同于对"科学文化"的研究。CSS 当然也考察科学文化的活动与现象，但是这种考察属于"后库恩时代"的科学论，是"后殖民"思潮的一个有机组成部分。尽管默顿的科学社会学也研究科学文化，但是在观念上却与"文化研究"格格不

---

① Joseph Rouse, *Engaging Science: How to Understand Its Practices Philosophically*, Ithaca: Cornell University Press, 1996, p. 238.

② Joseph Rouse, *Engaging Science: How to Understand Its Practices Philosophically*, Ithaca: Cornell University Press, 1996, p. 238.

入。华勒斯坦在他主持的古本根基金会的报告《开放社会科学》中指出，尽管文化研究吸引了几乎所有学科的学者，但它主要流行于下述三个群体中：第一，从事文学研究的学者，文化研究使他们寻找到了一条介入现实社会与政治的进路；第二，部分人类学家，他们试图以文化研究的视点来取代人种学研究在人类学领域中的主流地位；第三，现代社会中由于性别、种族、阶级等而"被遗忘的"文化群体。① 可见，"文化研究"不是一般意义上以"文化"为对象的研究，而是一组带有明显倾向的研究方案。它的倾向性体现为三个方面的主题：第一，强调性别研究以及各种"非欧洲中心主义"的研究对处于历史进程中的社会系统研究的重要性；第二，强调地方性的、情境化的历史分析的重要性，正是在这一点上"文化研究"与"解释学转向"不谋而合；第三，参照其他价值来评价科学技术的成就。②

真正说来，CSS 的始作俑者当数托马斯·库恩。在库恩那里，所有科学哲学与科学社会学的问题都可以置于文化史的情境中来讨论，他看到了文化史与认识论之间的内在一致性。也可以说，库恩在科学论中完成了"解释学转向"。"科学共同体"的构造性概念即"范式"被理解为一种"解释学的基础"。③ 这种解释学要求把任何一个研究行为都放到"科学共同体"的情境中来理解。但是，后来在与泰勒的争论中，他意识到仅凭解释学还不足以解释自然科学。尽管自然科学具有解释学的基础，但是自然科学本身却并非一项"解释学的事业"④。对于常规科学及其"解难题"活动而言，情境性的解释是必要的，但却不充分，因为客观性知识的生成与辩护还有赖于严格的实践规范和可靠的实验手段。

现代科学的特征并非在思想与言辞中主张什么，而在于能否在实践（尤其是实验）中把它做出来。正如马克思当年所强调的那样，实践只有

① ［美］华勒斯坦等：《开放社会科学》，刘锋译，生活·读书·新知三联书店 1997 年版，第 69—70 页。

② ［美］华勒斯坦等：《开放社会科学》，刘锋译，生活·读书·新知三联书店 1997 年版，第 69—70 页。

③ Thomas Kuhn, "The Natural and the Human Sciences", in David Hiley et al. , eds. , *The Interpretive Turn：Philosophy, Science, Culture*, Ithaca：Cornell University Press, 1991, p. 2.

④ Thomas Kuhn, "The Natural and the Human Sciences", in David Hiley et al. , eds. , *The Interpretive Turn：Philosophy, Science, Culture*, Ithaca：Cornell University Press, 1991, p. 23.

被理解为感性的活动时才具有改造对象的现实力量。科学知识不仅仅是对实在世界的"表象"，只有当它首先被理解成一种介入并改造对象的活动时，我们才有理由宣称"知识就是力量"。由于"power"一词既有"力量"也有"权力"的含义，我们便能理解为何福柯总是把知识与权力放在一起讨论，同时也能理解为何 CSS 不满足于法兰克福学派对社会的批判。科学的力量首先体现在物质的批判中。因此，CSS 既不像马尔库塞那样一味地指责科学，而是试图重新呈现并估价科学自身的批判性力量；它也不像哈贝马斯那样以改造自然的"技术旨趣"与改造社会的"解放旨趣"的区分为前提，而是主张从"解放旨趣"出发来考察科学与技术活动。

由此可见，CSS 的实质是把科学作为实践，而不是作为表象（或理论）来研究。那么为何要把这种实践研究冠以"文化"的称呼呢？"文化"原本是一个含混的术语，传统的科学论一般都不屑于用它来讨论问题。劳斯提出："我之所以选择'文化'这样的术语，是因为除了能表意异质的东西（文化一词既包含社会的实践、语言的传统，或认同与交往，以及连带组织，还包含'物质文化'的意思）之外，它还蕴含着有关意义的构造和领域的意思。"① 因此，不用"文化"这样的术语便不足以表达一种新型的、通达的科学观。CSS 无意回避"文化"的含混性。劳斯承认："科学的文化研究与其说是学院派历史的、专业化科学史的、哲学的和社会学的解释范围，不如说是科学自身的历史、文化实践，以及围绕科学知识的政治斗争。"②

三　问题与进路

CSS 所面临的第一个难题是寻求知识的内容与其文化情境之间的内在统一性。在这一点上，它沿袭了社会建构论立场，拒斥一切与情境条件

---

① Joseph Rouse, *Engaging Science: How to Understand Its Practices Philosophically*, Ithaca: Cornell University Press, 1996, p. 238.

② Joseph Rouse, *Engaging Science: How to Understand Its Practices Philosophically*, Ithaca: Cornell University Press, 1996, p. 242.

无关的知识内容。曼海姆曾把自然科学与数学知识排除在社会研究范围之外，因为这些知识据说可以不受任何情境条件的约束。默顿主义的科学社会学沿袭了这种观念，试图撇开知识的内容来谈科学文化的理想性规范。与之相反，社会建构论者断言知识内容与社会的生活形式之间有着必然的因果关联。他们相信只要描述了科学活动的进程及其社会因素，也就呈现了知识的内容。在这个问题上，CSS 赞同社会建构论的前提，但是反对它的结论。因为生活形式与科学的文化实践，以及它们之间的互动恰恰是考察与批判的对象，而不是作为既成事实的前提。当然，这种考察与批判不是外在的，批判者本身也是科学实践的参与者。因此，考察与批判只能以反思的方式进行。

　　CSS 的第二个难题是如何面对实在论与反实在论之争。人们通常以为，坚持实在论就是捍卫科学理性。其实，反实在论与"反科学""非理性"之间并无必然联系。CSS 期待着第三种选择，即既拒斥为科学寻求统一的根据和整体的合法化，又不对任何反科学主义的倾向作任何让步。法因、哈金、卡特赖特、赫斯和劳斯等人都反对科学的整体合法化（宏大叙事）。因为，即便这种整体的合法化失败了，科学活动还会照常进行。一经放弃整体合法化的要求，我们就能发现实在论与反实在论的分歧并没有想象的那样大，像法因与哈金这样的实在论者其实与反实在论者共享了一些前提。

　　要想超越实在论与反实在论的对立，首先必须认定科学实质上是一种实践，一种公共参与的事业，而不只是某种理论表象，因为任何表象都是相对于被表象的实在而言的。其次是承认科学赖以形成的文化情境既是"地方性的"，又是"开放的"。前者表明科学知识没有绝对的和终极的真假准则，后者表明特定的真假准则必须接受公共的批判与检验。站在 CSS 的角度看，科学家们没有独立的判定准则。正如拉图尔所说的那样："我们所说和所做之事的命运全操在后来使用者的手中……仅凭自身，一个陈述、一种设计、一道工序将会消失。仅仅靠观察它们和它们的内部属性，你不可能判定它们究竟是真的还是假的，有效的还是无效的，珍贵的还是廉价的，坚硬的还是脆弱的。这些特性只有当融入别的陈述、工序和设计中去时才能获得。"①

　　CSS 的第三个难题是寻求认识论与政治学的内在一致性。以往的科学论大体上是从两个不同的方向出发探讨科学的：一种是内在论的方向，强调科学知识的构成只受制于认识论上的自律性原则；另一种是外在论的方向，主张用社会的因素来解释科学在社会中的特权地位。"二战"以来，科学文化与政治的关系是通过国家对科学研究的介入与支持而得到发展的，因此处理好这种"外部"关系已成为决定美英等国的国家政策走向的焦点。问题的关键是，在民主主义的政治文化中如何定向、资助、协调、组织科学的研究。这方面的研究以剑桥的"无形学院"为代表。贝尔纳早在《科学的社会功能》（1939）中就曾指出，为了达到有益于社会的目标就必须从政治上对科学加以严格的管理。另外，科学的发展有赖于经济的需要，而不是受崇高的目标驱使。"贝尔纳主义"受到波兰尼的批判。波兰尼的认识论强调实践的技能与非语言的交往的重要性。在他看来，科学研究和知识的生成是通过"个人知识"来实现的。与贝尔纳的左派激进观点相反，波兰尼的科学观导致了一种政治上的保守主义，科学能服务于社会目的这一点丝毫不会妨碍科学在认识论上的自律性。正是由于科学知识的基础还不甚明确，因此只有通过科学家当下的活动才能理解最能促成科学进步的方法。更进一步说，科学自身的无限自由与通过科学精英来实现科研资源的管理，这两者并无矛盾。当他把科学活动理解为科学家内部的事情时，实际上把各种文化群体拒之于科学活动之外，从而使对科学实践及其信念的批判变得不可能了。

　　解决上述问题的进路就在于实践性与反思性。进入 80 年代，SSK 内部发生了微妙的变化。首先，"强纲领"受到来自外部与内部的强烈批评。1992 年，皮克林在总结 SSK 近年来的演变时把"反思性"问题提到了首位，并把自己编辑的大型文集命名为《作为实践和文化的科学》。"社会"成了实践与文化"反思"的对象，而不再是终极的、无批判的实在。其次是巴黎学派的兴起，它强调用科学人类学的方法来取代社会建构论的纲领。在《实验室生活》的第二版（1986），拉图尔甚至有意识地

删去了第一版副标题"科学事实的社会建构"中的"社会"一词。原因是,"科学事实"的构造不仅有赖于社会因素,还需求助于仪器与设备等物质文化条件。最后,哈拉维的《灵长类的见解》(1989)之类的著作虽说是 SSK 的一部经典之作,但它一改社会建构论的讨论主题,把注意力转向了对人种与性别差异现象的反思。

随着一种新的"反思性研究"的崛起,科学论的注意力也开始从"社会研究"转向了具有后殖民色彩的"文化研究"。沃尔伽(Steve Woolgar)和阿斯莫尔(Malcolm Ashmore)认为,"反思性方案"(the Reflexive Project)的提出标志着科学的社会研究进入了一个新的阶段。① 为了清楚起见,我们可以把"科学的社会研究"区分成三个阶段。第一阶段是默顿主义的科学社会学,它在科学知识问题上持实在论的立场,把科学社会学的任务限定于探讨科学活动的规范体制,并排除社会事实对科学活动的错误干扰。第二阶段是社会建构论,它主张科学社会学要直接面对科学知识的内容,并认为科学事实实际上是凭借社会因素来构成的。尽管 SSK 在认识论上都是相对主义者,然而在社会研究的方法上却又是实在论者。第三阶段就是"反思性方案",它无论在认识论还是社会研究方法上都贯彻了反实在论与相对主义的立场。如果说巴黎学派对科学实际进程的微观描述属于第一代科学人类学的话,那么"反思性方案"则进入了第二代。哈拉维和劳斯都属于这种类型的研究。他们更多地关注文化的"连带性"(solidarity)如何构成并左右着科学活动,以及一种连带关系如何支配或扩展至另一种连带关系的。另外,相比于巴黎学派,他们的研究也变得更宏观。因此,劳斯等人才把这种"反思性方案"定位为"科学的文化研究"。

四 从社会建构到文化建构

我们使用"科学的文化研究"这样一种说法既不是为了划分学科之边界,也不是为了介入特定的学派阵营,而只是想描述或探讨科学论近

① Steve Woolgar and Malcolm Ashmore, "The Next Step: Introduction to the Reflexive Project", in Steve Woolgar, ed., *Knowledge and Reflexivity*, London: Sage, 1988, p. 8.

年来的进化及其呈现的新的综合趋向。在"科学的社会研究"进化阶段中，拉图尔及其巴黎学派，包括德国塞蒂娜的科学人类学研究都介于社会研究与文化研究之间，他们既反对来自爱丁堡学派的社会还原论传统，也有别于伯明翰学派的方法，但是同时又与双方有着千丝万缕的联系。

要想理解科学人类学还需提及伽芬克尔的"本土方法论"（ethno-methodology，又译为"民俗学方法论"）。后来，林奇主张把这种方法引入科学论，从而演变出了"科学的本土方法论研究"（简称 ESW）①。他认为，爱丁堡学派实际上是带着社会学家的怀疑眼光打量科学，坚持把社会秩序的模式套用到科学研究中来。ESW 则不同，它试图矫正社会学家那种专家式的、既成的和外在的观察立场，强调用普通人和当事者的方法与观点来考察科学活动，而不必把科学实践中的一切理性规范都毫无例外地还原到惯例、制度或利益等社会要素上去。社会秩序并非实在的，它也许只是一种方便实用的"商定秩序"，是建构的产物，而不是前提。拉图尔的实验室研究就是 ESW 的一种演练。与"文化研究"传统不同，拉图尔对实验室的考察并无明确的批判志向，而只想给出一种不同于科学哲学家与默顿主义者的科学形象，拉近科学家与街坊百姓之间的距离，拆除阻隔在科学知识与日常生活经验之间的屏障。在他们看来，实验室是知识生产的现场，也是科学活动的基本单位，知识生成过程中所需的设备、人际关系、操作规程以及成为研究传统的默然之知（know-how）等因素和条件均能通过实验室得到整合。

通过描述两位诺贝尔奖获得者格列明与沙利发现促甲状腺素因子（TRF）化学序列的过程，拉图尔认为，像 TRF 这样的科学事实"完全是一种社会的建构"②。但是，拉图尔对 CSS 的最大贡献不在于他对科学活动过程作微观人类学描述，而在于由微观向宏观，即对不同文化的连带性群体之间的互动关系所作的描述。在《创制中的科学》（*Science in Action*，1987）一书中，他注意到，总有一部分科学家不停地在实验室"外部"活动，与学术界同行、政府官员、生产部门、用户、传媒、公众交

① Michael Lynch，"Extending Wittgenstein"，in Andrew Pickering ed. ，*Science as Practice and Culture*，Chicago：University of Chicago Press，1992，p. 216.

② Bruno Latour and Steve Woolgar，*Laboratory Life*，London：Sage，1979，p. 159.

往密切。这些联系直接影响甚至决定着"内部"的研究工作。科学知识之所以有力量并非因为它自身就是"真理",而是因为它能从"社会"中发掘出并且调动起各种建构与辩护的资源。拉图尔还试图与同事卡龙提出"行动者网络理论"来刻画文化互动的整体图景。在"行动者网络"中不仅包含不同利益群体之间的互动,而且包含人与物之间的物质文化的互动。

在劳斯那里,CSS 的主题产生了新的转换:首先,他更关注科学实践中物质力量所形成的支配是如何转化为权力支配的;其次,通过对科学叙事的重构,他更关注"解放"问题,即怎样才能摆脱主流文化对边缘与弱势文化的支配。影响这一转换的关键人物是福柯与拉图尔。拉图尔注意到了认识论与政治学的内在同一性,而在福柯眼里压根就没有什么认识论,认识论就是政治学。拉图尔曾指出:"'客观性'和'主观性'是相对于力量的考验而言的,它们能相互转化,很像两支军队之间力量较量。异议者也有可能被作者谴责为'主观的',如果他或她想在不被孤立、嘲笑和抛弃的情况下继续质疑的话,现在就必须进行另一场战斗。"①科学家与科学知识的力量就来自资源调动与力量的较量。获胜者就成为"客观的"。在此基础上,劳斯进一步指出,达到拉图尔与福柯的结论尚需一个前提,即必须对表象主义的科学观加以清算。只有经历这样的批判过程,我们才能真正领会知识与权力的关系。

从《知识与权力》(1987)到《涉入科学》(1996),劳斯进一步把关注点转向了科学的叙事重构问题。在他看来,科学知识的文化建构不像社会建构论所强调的那样,把一切知识都还原并归结为诸多社会因素,也不像拉图尔所描述的那样,要对等地看待自然的与社会的因素。科学的文化建构是实践过程的集合,对实践过程的描述就是"叙事"。

叙事的观念可以溯源到海德格尔那里。叙事与"途径"(way)概念密切相关。一方面"途径"意味着一条通往可能性的道路,把科学实践及其作为产物的知识引向它们赖以进行和理解的情境之中。另一方面,"途径"意味着叙事并非已完成的行为,而是"在途中"(ongoing)的行

---

①　Bruno Latour, *Science in Action*: *How to follow Scientists and Engineers through Society*, Cambridge: Harvard University Press, 1987, pp. 78 – 79.

为。劳斯说："在我看来，我们与各种正在进行着的故事生活在一起，这是我们能够讲述它们的情境条件，或者是做其他任何可称为行为之事的情境条件。"① 所谓已完成的叙事，指那些有着单一的观点和固定框架，按一定的方式开始、发展和结局的叙事。据说通过这样的叙事，科学知识便已经完成了对自身意义的构造以及合法性的论证。新的叙事观念始终是一个"持续重构"的过程。"科学知识的可理解性、意义和合法化均源自它们所属的不断地重构着的，由持续的科学研究这种社会实践所提供的叙事情境。"② 另外，叙事说到底均是"共同叙事"（common narrative），我们总是依赖于与他人共同构成的情境来叙述他人，同时也是其他人所讲述的故事中的角色。在互相讲述中，我们与他人一起又构成新的情境，并一起共享这个情境。③

科学的叙事重构不只是在作品的意义上，在写作科学论文之前，研究者就已经考虑到了受各种解读和批判的可能性。然而，他对这种情境的把握并非一次到位的。他的把握在反馈中得到修正，而情境也在修正中发生变迁。在有竞争理论参与的情况下，情境的变迁更显复杂。任何对传统的挑战，其实都是对情境的贡献。理论的竞争不像默顿学派所理解的那样是为了得到奖励、专利，这种竞争就其本质而言是为了争夺在未来研究中的方向和地位。

现在，哈贝马斯、福柯、劳斯等人都趋向认同，任何叙事都是一种权力辩护的方式，因而都从属于广义政治学的范围。劳斯认为，现代性叙事与后现代性叙事的区分实际上为我们提供了两种不同类型的政治学，即现代性政治学与后现代性政治学。现代性的论题过多地与合法化叙事的企图纠缠在一起，并且也过多地受益于现代性的前提。我们首先应以批判的态度来矫正现代性的前提，正确的做法是用重构的方式来对待合法化问题，把问题限定在科学研究自身的情境之中，而不是在情境之外

---

① Joseph Rouse, "The Narrative Reconstruction of Science", *Inquiry*, Vol. 33, No. 2, 1990, p. 181.

② Joseph Rouse, "The Narrative Reconstruction of Science", *Inquiry*, Vol. 33, No. 2, 1990, pp. 83 – 185.

③ Joseph Rouse, "The Narrative Reconstruction of Science", *Inquiry*, Vol. 33, No. 2, 1990, p. 195.

去寻找解释的根据。他总结道:"我建议,要是我们不去介入理性主义与相对主义的两难选择,也不以社会学来取代认识论;要是我们用所参与的世界(the world engaged)概念来取代所观察的世界(the world viewed)概念,问题或许能得到更好的解决。……拒斥科学的任何整体合法化——把科学视为本质上进步的、理性的事业——应该可以为从政治角度反思科学与其他实践之间的互动开辟空间。而〔后现代主义的〕反讽立场就如同其他合法化话语一样,关闭了这个空间。"①

五 结语:科学论的新课题

　　科学的文化研究还只是一场刚刚开始的运动,不少人对它过于模糊的边界深感困惑。其实我们也有同感。科学论的进展面临着一些新的课题,它既要平息"后现代科学"那种过于激进的喧嚣,以及各种"反科学"的声音,又要在创新经济的背景下避免向传统知识观念倒退。我们一开始就提到,科学论的最新进展似乎恢复到了辩证法,这里需要强调的一点是,它不是简单地重复黑格尔和马克思的观点,而是一种在新的时代背景下的恢复,科学的文化研究更关注新时代所面临的一些新课题。第一,"非本质主义"课题。科学的实践活动始终受制于历史给定的条件和规范,因此,任何对统一、终极的"科学性"的追求都是"不自然的"。学科间的可交往性其实根本不需要以它们共享的本质为前提。第二,实践性的参与课题。第三,科学实践的"地方性"与"物质性"课题。科学是以物质的工具为媒介的实践。科学知识的论证首先不是以逻辑,而是以实验工具为媒介的论证。第四,科学文化的开放性课题。CSS应该超越科学共同体与其他文化部分之间的界线。科学文化只有在开放并接受来自其他文化形式的参与和批判时才能保持自身的活力。第五,反实在论与反价值中立的课题。科学知识的客观性无须以实在的本体论承诺为前提,其实科学文化也不必用"客观性"与"中立性"来维系自身的特权地位。第六,科学知识的认识论批判与政治批判的课题。

---

① Joseph Rouse, "The Narrative Reconstruction of Science", *Inquiry*, Vol. 33, No. 2, 1990, p. 195.

　　从这些课题中不难看出，科学论的研究说到底是一项实践的任务，它的目的主要不是解决理论上的分歧，而是要为科学活动构建一个良好的创新文化环境。当代科学活动几乎把所有文化群体都卷入这项公共事业中来了。作为参与者，我们有责任对其中出现的问题作出反思与批判。当我们这样去做时，就已经在从事科学的文化研究了。

第十五章

巴黎学派与实验室研究[*]

盛晓明

一 巴黎学派的兴起

自库恩的《科学革命的结构》（1962）出版以来，科学论（science studies）经过分化与重组，改变了自身原有的格局。第一，科学史由内部史或学科史转向了社会文化史（外部史）研究；第二，科学哲学试图通过解释学方法来解决传统的认识论问题；第三，"科学知识的社会学"（SSK）在默顿主义之外另辟蹊径，逐渐占据了科学社会学的主流。这三种不同类型的"解释学转向"殊途同归，共同兑现了库恩当年的一个构想：科学史、认识论与社会学具有内在统一性，它们所面对的是同一个问题，即如何通过社会、文化的过程来描述科学的实际活动方式与科学知识的发生过程。

这个构想在社会建构论，尤其是巴黎学派的实验室研究中得到了集中的体现。我们知道，自20世纪70年代中期以来，欧洲的科学社会学家们开始背离默顿的功能主义传统，纷纷转向相对主义的认识论立场，认为科学与技术知识并非对现有知识所作的合理的和逻辑的推论，而是各种不同社会、文化和历史因素随机组合的过程。一般说来，他们不屑于社会学的科班训练，更愿意接受后期维特根斯坦的新型哲学，并称自己为"建构论者"。一提到SSK，人们首先会想到巴恩斯与布鲁尔（爱丁堡

* 本文原载于《自然辩证法通讯》2005 年第 3 期。

学派）的"强纲领"，继而还会想到科林斯（巴斯学派）的"话语分析"。与爱丁堡学派及巴斯学派相比，巴黎学派诞生于巴黎矿业学院技术创新社会学研究中心（Centre de Sociologie de l'Innovation at the Ecole nationale supérieure des mines in Paris），他尽管是 SSK 的后来者，却大有后来者居上之势。其实，巴黎学派的代表人物拉图尔、卡龙无论在着眼点、进路上，还是在研究风格上都与布鲁尔与科林斯等人有着很大的差别：他们把研究的重点转向了实验室内部的构成；考察知识在实验室内部的生成过程（"科学的微观社会学"）；在研究风格上更注重于现场考察（"科学人类学"）。这些特征在拉图尔的《实验室生活》与《行动中的科学》中得到了充分的体现。在这两本书中，拉图尔采用了"侦探小说"那样细致入微的描述，把科学人类学的精要展现得淋漓尽致，在渐渐厌倦了"强纲领"与无休止争论的 SSK 圈内吹入了一股清新之风。他那种直接参与实验室活动，从内部来揭示科学研究的地方性条件，从制作过程来描述"科学事实"的建构，从资源的调动与整合来考察"弱修辞"向"强修辞"演变的研究方法的确给人以耳目一新的感觉。与巴黎学派相近的还有林奇、塞蒂纳与特拉维克的实验室研究（Laboratory Studies）。由于他们的共同努力，使实验室研究成了科学论中的一道最为亮丽的风景。

　　第一位在"社会学"意义上研究科学实践的是迈克尔·林齐（Michael Lynch）。他主张把伽芬克尔的"民族志方法论"拓展为"科学的民族志方法论研究"（简称 ESW）以示与 SSK 的区别。[①] 在他看来，布鲁尔实际上是带着社会学家的怀疑眼光打量科学，坚持把社会秩序的模式套用到科学研究中来。ESW 则不同，它试图矫正社会学家那种专家式的、既成的和外在的观察立场，强调用普通人和当事者的方法与观点来考察科学活动，而不必把科学实践中的一切理性规范毫无例外地还原到惯例、制度或利益关心等社会要素上去。因为，社会秩序也许并不真正存在，它只是一种方便实用的"商定秩序"。换句话说，"社会"也许是建构的产物，而不是前提。

---

　　① Michael Lynch, "Extending Wittgenstein", in Andrew Pickering, ed., *Science as Practice and Culture*, Chicago：University of Chicago Press, 1992, p. 216.

拉图尔所采纳的情境化策略正是民族志方法论（参与性的观察）的进一步展开。它首先要求我们把目光从哲学家所关注的"辩护情境"转向作为知识的生成过程的"发现情境"，进而要求把情境化理解为是建构性的，而不仅仅是描述性的。情境化之所以以实验室为现场，是因为实验室是生产知识的最集中、最典型的场所。在这里，科学家们在建构科学事实的同时也建构出了他们赖以生产知识的制度。从这个意义上说，实验室是制度化的现代科学研究的缩影。如果我们不能在微观上并从内部去揭示知识在实验室中的生产机制，也就不可能真正理解现代科学。

二 "科学事实"的建构

在拉图尔的学术生涯中，起关键作用的首先是他在古典哲学上的素养，其次是在非洲象牙海岸服兵役期间对当地文明的考察，这个过程使他接受了人类学的训练。对于实验室研究来说，这两方面的条件缺一不可。在 1975 年，他选择了加利福尼亚萨克研究所（the Salk Institute）的神经内分泌学实验室作为考察的现场，而且一待就是两年。1979 年，他与沃尔伽联名出版的《实验室生活》一书报告了历时两年的现场考察。后来他回忆到，他当年的工作绝非贬低科学，也没有明确的批判志向，而只想给出一种不同于科学哲学家与默顿主义者的科学形象，拉近科学家与街坊百姓之间的距离，拆除阻隔在科学知识与日常生活经验之间的屏障。

那么，拉图尔为什么要进行"实验室研究"，而不去直接分析实验呢？以往，科学哲学家们只注意到实验在认识论中的作用。在他们看来，理论检验、实验设计、全盲和半盲程序、控制组、要素隔离和实验重复等这些实验的功能独立地对科学活动中的每个变量进行检验，从而避免行动者的偏见和主观期望。然而，在《改变秩序》一书中，科林斯看到了"实验者倒退"（experimenters' regress）问题。① 它让我们明白，所谓"决定性实验"无非是科学哲学家们的一厢情愿。实验不是社会磋商与争议过程的终结者，而是开启者。或者说，实验本身就是一个争议与共识达成的过程。现在，拉图尔的工作就是把认识论意义上的实验与科林斯意义上的话语磋商过程一并置于实验室的具体情境中来考察。通过这样一个情境化的过程可以看到，实验室是知识生产的现场，至于实验能决定什么或不能决定什么只有现场考察之后才能定夺。实验室也是一个具有活力和整合能力的机体，实验活动所需的设备、人际关系、操作规程以及成为研究传统的默然之知等因素均能在实验室中得到整合。另外，与只研究知识生产的组织化形式的传统科学社会学研究不同，拉图尔更关心知识内容或科学事实的生成过程。当然，实验室研究也考虑组织变量，但只是作为知识生产过程的文化装置和构成性条件来加以考虑的。

也有一种担心，觉得人类学家是科学的"外行"，尽管他们每天都与那些诺贝尔奖获得者打交道，但能否真正理解科学的精髓呢？这样的担忧是不必要的。按伽芬克尔的民族志方法论，人类学家无须用科学家的方式行事。相反，他们只需用"外行"的眼光来打量那些仪器、数据，报告科学家们行事方式，观察他们怎样获得课题，怎样讨论方案，怎样登录数据，怎样写作论文；甚至还包括他们平常的穿着，填饱肚子的方式，以及他们的精明与笨拙。科学人类学的目的正是想打消科学带给人们的神秘感，就如同打开一个封存已久的"黑箱"。萨克研究所所长对拉图尔的研究方法十分赞赏。按他的理解，这种方法是："（参与性的观察者与分析者）成了实验室的一部分，在亲身经历日常科学研究的详细过程的同时，在研究科学这种'文化'中，作为连接'内部的'外部观察者的探视器，对科学家在做什么，以及他们如何思考作出详尽的探究。"②

现在让我们跟随人类学家进入萨克研究所的实验室。呈现在面前的

① 科林斯指出："由于实验是一种具有诀窍的默然之知的实践，因此很难说第二次实验就能对第一次实验作出检验。要是这样的话，为了验证第二次实验的质量还有必要作进一步的实验。于是便会产生无穷倒退。"参见 Harry Collins, *Changing Order: Replication and Induction in Scientific Practice*, London: Sage, 1985, p. 84.

② Bruno Latour and Steve Woolgar, *Laboratory Life: The Construction of Scientific Facts*, Princeton: Princeton University Press, 1986, p. 12.

是各种复杂的实验仪器、实验材料、实验室人员、科学文本……实验仪器构成一组组"刻入装置"（inscription devices），它把实验材料转化成可以直接用作科学争论之证据的刻入符号（数字、图表、图像等可以呈现在文本中的符号）。典型的科学活动就是把实验材料接入刻入装置，经过一系列规范的操作生成刻入符号，再根据这些符号完成科学论文，提出科学命题或主张，参与科学争论，继而依据争论的情况继续做实验，强化或修改命题或主张，直至特定的科学命题或主张变成"事实"。

拉图尔记录了科学家们日常的操作与言谈，并一一加以分析。这些言谈的内容表明，科学"证据"的接受很难说是逻辑上的必然性推论，而是一个如何做出决断的问题，同行间如何磋商的问题。比如，某种肽的静脉注射能否产生心理行为效应，这显然是一个实践问题，既取决于注入量，又取决于科学家参照何种量化标准。他还发现，科学家对一种科学主张的评估往往不是以其纯粹的知识内容为依据，他们更多地考虑到研究兴趣上的侧重点、职业实践的迫切需要、学科未来的发展方向、时间上的限制，乃至对科学从业人员的权威甚或人格的评价，等等。这些考虑直接影响到一种科学主张是否能被接受。可见，科学事实"是一种社会性的建构"①。"社会的"一词在这里具有不同于默顿乃至布鲁尔所理解的含义，它只意味着一种有别于自然实在的预设与纯粹逻辑推理的微观建构过程。

通过描述促甲状腺素释放因子（TRF）化学序列的确定过程，我们可以看到吉列明（Guillemin）小组与沙利（Schally）小组是如何通过相互间的质疑、争论和认同来达到"科学事实"的。拉图尔指出，当争议戛然而止时，一种本体论转换突然发生了。所谓"本体论转换"，意味着TRF由"似乎是什么"一下转换成了"就是什么"。或者说，原本作为个人意见或争论中的论点的东西，一下子成了"科学事实"。这表明，首先，TRF的发现过程并非对外部自然的真实反映。"自然"并非什么建构的原因，而恰恰应该是建构的结果。其次，TRF序列的确定不是单线的逻辑发现过程，而是一个充满不确定性因素和多种可能选择的建构过程。

① Bruno Latour and Steve Woolgar, *Laboratory Life: The Construction of Scientific Facts*, Princeton: Princeton University Press, 1986, p. 159.

"科学事实"本身不像人们想象的那样"硬",而是经历了一个由"软"变"硬"的复杂过程。只有在建构过程结束后,"科学事实"的建构才成其为"发现",才变成独立于建构过程的既成事实。因此塞蒂纳有理由认为:科学产品应该看作文化存在,而不是科学所"发现"的自然给予。如果实验室实践是"文化性的",无法被还原成方法论规则的应用,那么我们就必须认为,作为实践成果的"事实"是由文化塑造的。[1] 最后还需注意一点,实验设备在我们介入不确定世界的过程中起着至关重要的作用。当"科学事实"确立后,建构过程以及实验室的物质环境往往会被科学的理论所掩盖。

在《实验室生活》之后涌现出一批"实验室研究"的新成果,如塞蒂纳的《知识的制造》(1981),林奇的《实验科学中的技能与人造物》(*Art and Artifact in Laboratory Science*,1985),特拉威克的《光束的时间与生命的时间》(*Beamtimes and Lifetimes*,1988)等。这些实验室研究的成果至少在下述两点上有着共同之处。首先,它们都选择了有别于宏观社会学的民族志方法论的进路。其次,它们都促成并维护了建构论的立场。在这里,我们有必要把建构论与数学、逻辑中的构造主义区别开来。对于建构论者来说,事实并不是被给予的,而是通过社会、文化因素建构的产物,更主要的是,建构论拒斥还原主义,它要求建构是异质的东西的聚合,无须还原至同质单位或基本要素。

那么,异质的东西该当如何聚合呢?"行动者网络理论"将有助于回答这个问题。

三 "行动者网络"

拉图尔的《行动中的科学》(*Science in Action*)把实验室研究推向了一个新的阶段。在这里,他感觉到作为"小社会"的实验室已不足以完成"科学事实"的建构。当时,塞蒂纳的工作已经大大拓宽了实验室研究的边界。她所描述的实验室体现了现象学家梅洛-庞蒂那种由"自

---

[1] Karin Knorr-Cetina, *The Manufacture of Knowledge: An Essay on the Constructivist and Contextual Nature of Science*, Oxford: Pergamon Press, 1981.

我—他人—物"构成的"现象场",一种由社会和自然的诸要素重构而成的新秩序。首先,这种重构使得社会秩序和自然秩序的对称关系结构发生了改变。实验室研究表明,实验室是一个"被强化的"环境,它"改变"了自然秩序。这种"改变"之所以会发生是由于自然对象本身具有可塑性。事实上,实验室很少采用那些存在于自然界的对象(比如用实验鼠取代野生鼠),更多采用的是对象的图像,或者是它们的视觉、听觉或电子等效果,或者是它们的某些成分、精华或"纯化"形态。只有当自然对象得到"驯化",使自然条件受制于"社会审查"时,实验室方能从新的情境中获得知识财产。其次,重构也使行动者和环境之间的对称关系结构发生了改变。依据传统的观点,社会似乎是外在于实验室的环境因素。在这一点上,实验室研究一反爱丁堡学派的传统,它拒绝回答社会因素是否足以解释正确或错误的知识这样的问题,因为在实验室中社会秩序与自然秩序事实上是不可分割地纠缠在一起的。再者说,实验室中的行动者也不是独立于外部世界的"玩家"。当内部人员把外部因素也作为行动者建构进来时,他们自身的角色也得到了重构。塞蒂纳指出:"在这种状态下的实验室是生活世界的聚焦点,就单个实验室而言都是地方性的,但是它又能远远地超越出单个实验室所给定的界限。"① 现在,拉图尔要做的工作就是拆除阻挡在实验室与外部世界之间的"墙",从而把"内部视点"扩展到"外部视点"。通过这种现象学意义上的意向结构,行动者可以把外部的"自然"因素与"社会"因素一并置于实验室中加以重构。

在追踪行动中的科学时我们注意到,总有一部分科学家不停地在实验室"外部"活动,与学界同行、政府官员、生产部门、用户、传媒甚至公众保持着联系。这些联系直接影响甚至决定着"内部"的研究工作。一旦这些联系中断,实验室内部的研究工作将陷入停顿。这表明,内部和外部的截然划分是成问题的,因为这很容易造成一种假象,似乎实验室是独立于社会的知识产地,似乎从中可以产生出纯粹的有关自然的知识,然后再把这种知识应用、推广到社会生活中去。事实上,科学知识

---

① Karin Knorr-Cetina, "The Couch, the Cathedral, and the Laboratory", in Andrew Pickering, ed., *Science as Practice and Culture*, Chicago: Chicago University Press, 1992, p. 129.

并非因为它是"真理"才为人们所接受，而是因为它能从"社会"中发掘出并调动起各种建构与辩护的资源才成其为"真理"。

考察一下当年巴斯德在农场里建起的传染病实验室，狄塞尔设在MAN 公司的柴油机工作室就可以发现，如果没有农场主与卫生组织的协助，就不会有巴斯德的炭疽病疫苗。如果没有 MAN 公司财力和上百名工程师的配合，狄塞尔的设计图纸可能至今还闲置在他的抽屉里。这些都兑现了拉图尔的一条方法论原则："一个命题的命运就掌握在他人手中。"① 社会中的辩护资源一经枯竭，知识便不再有力量可言。"既然科学的事实在实验室里被制作出来，为了使它们扩散开来，你需要建构它们能在其中维持其脆弱效力的昂贵的网络。如果这意味着把社会转变成一个巨大的实验室，那就这样做吧。"②

这里我们已经涉及了巴黎学派的"行动者网络理论"（actor-network theory）。1986 年，卡龙在"行动者网络的社会学——电动车案例"一文中提出了三个新概念："行动者网络"、"行动者世界"、"转译"（translation）。这三个概念从不同的角度表达了实验室的微观与宏观的双重结构。文章中，卡龙描述了法国电器公司（EDF）1973 年提出的开发新型电动车计划（VEL），这个计划需要 CGE 来开发电池发动机和第二代蓄电池，还要求雷诺汽车公司负责装配底盘并制造车身。除了 CGE 与雷诺公司外，VEL 计划的构成还应该包括电子、消费者、政府部门、铅蓄电池乃至后工业社会等社会的和非社会的因素，现在这些因素都作为"行动者"共同构成了一个相互依存的网络。这个网络有其脆弱的一面，因为当雷诺公司在 1976 年退出 VEL 计划时，该计划便宣告破产了。③ 卡龙的意思是，推出 VEL 的 EDG 实际上是在建构一个世界。原本作为纯技术对象的VEL，现在成了 EDG 所建构的"行动者世界"中的一个有机的组成部分。

---

① Bruno Latour, *Science in Action*： *How to follow Scientists and Engineers through Society*, Cambridge：Harvard University Press, 1987, p. 104.

② Bruno Latour, "Give Me a Laboratory and I Will Raise the World", in Karin Knorr-Cetina and Michael Mulkay, eds., *Science Observed*, London：Sage, 1983, p. 166.

③ Michel Callon, "The Sociology of an Actor-Network：The Case of the Electric Vehicle", in Michel Callon et al., eds., *Mapping the Dynamics of Science and Technology*, London：MacMillan, 1986, p. 23.

这些"行动者"共同构成了 VEL，甚至决定了它的技术内容。"行动者网络"表达了"行动者"之间的不确定性，因为在"网络"中既没有中心，也不存在终极的根据。一个"行动者"在某种意义和层面上归属于某个"世界"，而在另一种意义和层面上又从属于另一个"世界"。它同时也会带来一些好处，比如"行动者"通过链接可以同时从不同的"世界"中摄取资源。

实验室的成功与否的关键在于科学家能否引起别人的注意与兴趣，能否把他们纳入研发共同体中来。要做到这一点还要靠"转译"。社会中人们的利益关系与旨趣各不相同，"转译"就是把研究者自身的利益转换成其他人的利益，或相反。只有在相互利益关系"转译"的基础之上，才能构建起一个强大而又稳固的研发共同体。在拉图尔看来："利益的转换同时意味着提供对这些利益的新解释并把人们引向不同的方向。"① 另外，"转译"不仅仅意味着利益的转译，而且意味着对行动者的"定义"。按照卡龙的说法，A 转译 B，也就是 A 定义 B。一些地方性的偶然因素以及"非知识"考虑通过重新定义也能成为创新能力中至关重要的构成性因素。科学与技术对象的确立还有赖于我们能否成功地在不同的群体之间建立某种关系结构，使这些群体通过相互定义而被征召、被重新确立。

传统研究者只需关注手头的工作，一门心思地扑在工作台上，或者盯着计算机屏幕上的数据与图像。他们会说，这才是真正的研究，而关心别人的利益则是政治家的事。拉图尔的意思不是说"内部"的研究工作不重要，而是说仅凭"内部"的工作还不足以构建"科学事实"。仅仅驻足于"内部"终究会使研究者变得孤立无援。设想一下一个"孤立的"专家的状况：没有同行与他讨论，甚至人们都不屑于来找他的碴儿，企业也不知道他在搞什么。接下来发生的事情更糟，他拿不到课题，水准变得越来越业余化，论文也会变得越来越不值钱。这意味着"'孤立的专家'是个矛盾的说法。要么你是孤立的，但很快不再是一名专家；要么

---

① Bruno Latour, *Science in Action：How to follow Scientists and Engineers through Society*, Cambridge：Harvard University Press, 1987, p. 117.

你继续是专家，但这意味着你不是孤立的"①。为了避免出现这样的结果，拉图尔指出研究者必须做两件事：第一，"把其他人纳入进来以使他们参与到事实的建构中来"；第二，"把他们的行为纳入进来以使他们的行为变得可预测"。②

　　研究者之所以要引入"外部"条件，是因为只有这样才能把自己的命运与更强大的、在解决了同一难题上更具经验和规模的群体及其命运联系起来。科学研究与技术开发说到底是一种竞赛。它对参赛者的资质有很高的要求，往往只有少数人、国家、机构或行业才有能力承担。这表明科学事实或技术制品的生产不会廉价地出现在随便哪个角落，而只会发生于特定的时间和地点，发生在新的、稀缺的、昂贵的和脆弱的地方。正是这些地方聚集了特别多的资源。如果技术科学可以被描述为既是强大的又是小规模的，既是浓缩的又是稀释的，那么这就意味着技术科学具有网络的特征。"网络"一语的意思是通过节点（knot 或 node）的通路相互链接，形成网状结构。这些链接把分散的资源转变成一张无所不能、无处不在的强大的网络。网络这个概念将有助于我们理解，如此少量的人为何能够控制整个世界。正是在这个意义上，拉图尔声称："给我一个实验室，我将托起这个世界。"③

四　打开知识"黑箱"

　　至此，我们还没有回答应如何看待外部的"自然"与"社会"因素之间的关系问题。简单地说，在布鲁尔与科林斯等人看来，自然的东西只有通过社会行动者的定义与解释才能进入科学。对于巴黎学派来说，自然与社会的因素是以对称的方式同时出现在"行动者网络"之中的。以圣柏鲁克湾的海扇养殖为例，卡龙曾对三位年轻海洋学家的失败经历

　　①　Bruno Latour, *Science in Action*: *How to follow Scientists and Engineers through Society*, Cambridge: Harvard University Press, 1987, p. 152.

　　②　Bruno Latour, *Science in Action*: *How to follow Scientists and Engineers through Society*, Cambridge: Harvard University Press, 1987, p. 108.

　　③　Bruno Latour, "Give Me a Laboratory and I Will Raise the World", in Karin Knorr-Cetina and Michael Mulkay, eds., *Science Observed*, London: Sage, 1983, pp. 141 – 170.

作过剖析。为了挽救圣柏鲁克湾濒临灭绝的海扇，三位研究者从日本引进了网箱养殖的技术。要想获得成功，他们需要与当地的渔民乃至幼海扇们进行长期、艰苦的磋商。结果是以他们的失败而告终，大多海扇逃走了，其余的也被渔民捕得所剩无几。[1] 卡龙在分析中试图贯彻对称性原理，要求对等地看待网络中自然的"行动者"（如海扇）与社会的"行动者"（如海洋学家、渔民）。但是在科林斯看来，自然的东西只有还原到社会交往关系中来才能分析，即便在卡龙的案例中，自然与社会"行动者"之间的对称关系最终也是通过分析者（卡龙）之手来描述的。既然海扇不能表达自己的意志，谈何"磋商"呢？所谓"对称性"只不过是社会学家的一厢情愿罢了。[2]

在我们看来，卡龙关于自然"行动者"的说法并非不可理解的，前提是需要引入"代言人"（spokemen）或"代理者"（agent）概念。拉图尔曾争辩道："人和物之间原则上没有太多的差别：它们都需要有人替它们说话。从代言人的角度看，他代表人和代表物没有什么两样。代言人在这两种场合都替不能说话的人或物如实说话。"[3] 比如，前面提到的三位海洋学家就充当了海扇的"代言人"。如果海扇养殖成功，他们就有资格写文章报告成果，介绍海扇的习性。问题是养殖失败了，他们也就丧失了作为"代言人"的资格。从这个意义上说，研究者只有与研究对象进行"磋商"，才能获得对该对象的"代言人"的资格。比如吉列明之于TRF，狄塞尔之于柴油发动机，巴斯德之于炭疽病疫苗等都不例外。

通过"代言人"概念，拉图尔对传统认识论中的"客观性"和"主观性"概念重新作出解释。经过重新解释后的"客观性"和"主观性"不再是认识论概念，而是一组社会学乃至政治学概念。在他看来，所谓"客观的"或"主观的"总是相对于在特定的环境中的力量对比，而不能

[1] Michel Callon, "Some Elements of a Sociology of Translation: Domestication of the Scallops and the Fishermen of St. Brieuc Bay", in John Law, ed., *Power, Action and Belief: A New Sociology of Knowledge*, London: Routledge, 1986.

[2] Harry Collin and Steven Yearley, "Epistemological Chicken", in Andrew Pickering, ed., *Science as Practice and Culture*, Chicago: Chicago University Press, 1992, p. 316.

[3] Bruno Latour, *Science in Action: How to follow Scientists and Engineers through Society*, Cambridge: Harvard University Press, 1987, p. 72.

用来修饰一个"代言人"及其所代理的研究对象。"代言人"为了表明自己的合法性资格,就必须从"行动者网络"中调动一切可能的资源来证明自己。三位海洋学家的失败意味着他们作为海扇的"代言人"是"主观的"。这意味着"'客观性'和'主观性'是相对于力量的考验而言的,他们能够逐渐地相互转化,很像是两支军队之间的力量较量。受异议者也有可能被作者谴责为'主观的',如果他或她想在不被孤立、嘲笑和抛弃的情况下继续自己的研究的话,现在就必须进行另一场战斗"①。

至此,有的读者会感到愤怒:科学知识难道没有任何客观的事实根据?实验室研究的回答很简单,当你还没有进入知识生产的现场,并实地考察"真理"是如何成为真理的过程时,你凭什么来判定这样的事实根据?在这里,建构论要求我们转换一下问题。问题的实质不在于物理实体是否存在,而是如何生成,或者如何存在。对后一问题的回答无须预设语义上的真值条件,更无须求助于形而上学来断言物理实体在科学活动和人类经验之外的存在。

也许有人会质疑,实验室研究似乎更适合于考察技术的研发过程,但是与科学无关。这样的说法也是成问题的。因为,我们用以划分科学与技术、社会的预设恰恰是经验过程的产物,如果承认这一点,那么有关这一区分的任何论证都将陷入无穷倒退。为此,拉图尔建议最好用"技术科学"(technoscience)一词来替代"科学"和"技术"。② 众所周知,科学与技术、社会的一体化已成为现代科学发展中不可逆转的趋势。与之相称,我们的科学观还须从"既成的科学"(涉及 know-what)转向"行动中的科学"(涉及 know-how)。我们不再把科学仅仅理解为现成的、真的表象,而是理解为正在进行着的实践过程,这个过程必定包含技术与社会在内。前一种选择使科学知识成了"黑箱",后一种选择则试图开启它。这就如同格式塔转换,当你从一种视角切换到另一种视角时,就

---

① Bruno Latour, *Science in Action*: *How to follow Scientists and Engineers through Society*, Cambridge: Harvard University Press, 1987, pp. 78 – 79.

② Bruno Latour, *Science in Action*: *How to follow Scientists and Engineers through Society*, Cambridge: Harvard University Press, 1987, p. 174.

会获得性格迥异的科学形象。①

迄今为止，由于在拉图尔与布鲁尔、科林斯之间进行过旷日持久的论战，人们很容易产生这样的感觉，即巴黎学派已经背离了"强纲领"。这是误解。我们以为，拉图尔等人的研究无论在着眼点上，还是在风格上一开始就与布鲁尔他们有别，但是却始终没有背离"强纲领"。为了明确这一点，我们有必要对社会建构论的强纲领与弱纲领作一下区分。在弱纲领那里，人类关于物理实在的任何表象都是社会建构的。这一点一般人都能接受。然而对强纲领来说，不仅关于物理实在的表象是社会建构起来的，而且这些物理实在本身也是社会建构的。这一想法显得十分出格，库恩甚至觉得它近于疯狂。但是，拉图尔不这么认为。如果我们抛开表象与实在这种传统的两分法，不再把科学知识理解为对实在的表象，而是理解为行动或创制的过程，那么强纲领所表达的恰恰是最浅显不过的道理。

作为建构论者，巴黎学派的最危险的敌手似乎是实在论。因为无论实验室研究获得多大的成功，能走多远，一不小心就会掉进科学实在论所设计的陷阱中去。设想一下，即便我们承认，科学事实是与产生它们的研究过程不可分割地联系在一起的，正如前面所分析的，像 TRF 这样的科学事实是通过吉列明和沙利小组之间的磋商与争议过程建构起来的。问题是：事实上争议为何总能在一定的时刻停止，而不是无限期地延续下去呢？是偶然的机遇、利益关系，还是竞争、权力因素中止了争议呢？对此，建构论者尚未给出令人信服的解释。卡龙认为，达成普遍共识的可能性有赖于所构建的行动者网络的广度与强度。但是很显然，研究并建立这样的"争议中止"机制是无止境的。既然如此，科学事实的出现也将变得遥遥无期了。于是人们也有理由说，只有诉诸科学实在论，我们才不至于把科学事实的出现看作一项"奇迹"。

作为结尾，最后想就实验室研究与实在论或反实在论立场的微妙关系作两点讨论。第一，与往常的社会研究传统不同，实验室研究既然涉及了知识内容的建构，它就不可能回避认识论问题，不可能没有哲学志

---

① Bruno Latour, *Science in Action: How to follow Scientists and Engineers through Society*, Cambridge: Harvard University Press, 1987, p. 4.

向。尽管实在论与反实在论这样的哲学问题没有直接进入个案描述，但它自始至终地贯穿于实验室研究之中。然而同时，实验室研究却又无意介入这类传统意义上的哲学讨论。拉图尔认为："科学家们常常把实在论与反实在论问题放在心头来从事研究的。但他们不会专门去考虑这些问题，这无疑把这类问题交与哲学家们去考虑了。"① 在这里，实验室研究者形成了一种有别于传统认识论的角色，他们不是科学"游戏"的旁观者，而是直接的参与者。第二，科学活动对事实的建构不仅仅是思想、语言活动，更主要的是伴随着身体介入的，并具有感性力量的实践活动。从这个意义上说，把建构论与反实在论混为一谈是一种误解。对实验室研究来说，实在论与反实在论与其说是一个理论问题，不如说是实践问题。解决的途径不是进入争论，而是如何着手去做。在这一点上，巴黎学派与哈金的实验实在论立场相一致，他们共享了介入性实践的前提。哈金认为，电子的实在性在于我们能在实验中发射它。对于拉图尔来说，科学事实就在于科学家们能在实验室这样的"作坊"里把它们制造出来。由此可见，巴黎学派在理论上是反实在论者，而实践上却又是实在论者。

---

① Bruno Latour, "Give Me a Laboratory and I Will Raise the World", in Karin Knorr-Cetina and Michael Mulkay, eds., *Science Observed*, London: Sage, 1983, p. 144.

第十六章

社会建构论的三个思想渊源

王华平[*] 盛晓明

"社会建构"一词于 20 世纪 70 年代在科学技术论（Science and Technology Studies，简称 STS）中流行开来。STS 最初从彼得·伯格（Peter Berger）和托马斯·卢克曼（Thomas Luckmann）的一篇有关知识社会学的论文引入该词："知识社会学热衷于对实在的社会建构进行分析。"[①] 不过，伯格和卢克曼感兴趣的实在是诸如制度与结构等因人的行动和态度而存在的社会实在，诸如礼貌的行为规则以及钱等。但热衷于科学技术论的学者并不满足于此，他们像诺曼底登陆后的联军一样迅速地把社会建构论推向各个领域，事实、知识、理论、现象、科学、技术甚至社会本身都被宣称是建构起来的。社会建构论也因此成为总括众多不同流派的科学技术论的一个方便的标签，并同时成为聚集在实在论旗帜下的科学家、历史学家、哲学家和社会学家猛烈攻击的对象。

尽管如此，在很多人的眼里，社会建构论是一种被寄予厚望的全新的哲学方式，甚至被说成是"阻止后现代主义潮流的理念"。正如任何新的哲学思想都不可避免地带有历史的烙印一样，社会建构论也有它自己的思想渊源。社会建构论者在忙于"建构"的同时，对这段历史做出一

　＊ 作者系中山大学哲学系(珠海)教授。2005 年至 2008 年求学于盛晓明教授门下，获博士学位。本文原载于《科学学研究》2005 年第 5 期。

　① Peter Berger and Thomas Luckmann, *The Social Construction of Reality*: *A Treatise in the Sociology of Knowledge*, London: Penguin, 1966, p. 15.

些回顾也是大有裨益的。这不仅是一种传统，它有助于我们加深对社会建构论的理解，而且这种回顾本身就是理论的一个应用——"建构"出一个新理论的"史前时期"。

社会建构论的基本观点是，某些领域的知识是我们的社会实践和社会制度的产物，或者说是我们建构起来的。这种思想在经典社会学和哲学中有多种来源。安德烈·库克拉（André Kukla）指出社会建构论汇合了知识社会学和科学社会学这两股社会学的历史潮流。[①] 前一种以马克思、曼海姆和涂尔干三人为代表，强调社会因素在形成个人信念中的主导作用。后者为默顿及其追随者所提倡，他们研究了科学制度是怎样组织起来的，并试图说明科学活动的社会作用。事实上，除了社会学，社会建构论的"史前时期"可以追溯到更悠久的哲学思想。通过后期维特根斯坦和库恩等经常提到的近缘，我们可以在康德、黑格尔和皮尔士那里看到建构论的影子。在我们看来，当今的社会建构论可以从这三位先驱那里获得认识论、本体论和方法论的资源。

一　认识论的渊源

有人说社会建构论的基础是康德哲学。[②] 康德认为知识是人类理智的产物。自在之物维度以某种不为我们所知的方式激动感官，为知识提供了内容，但是内容组织的方式是由人类理智加诸其上的概念决定的。这些概念既不是人类随意选择的，也不是由神经科学上的因素决定的，而且它们对特定的个人或共同体来说并不是独特的；作为理智所预设的条件，它们是人类普遍持有的观念。自在之物与我们的概念共同作用产生了现象的维度，这是人类日常生活中经验到的世界。正常人的理智运用这些普遍的概念把被经验的物体建构为我们所知的"自然"。所以，我们所知的实体至少部分地产生于人的概念。如果人类不存在，进而所有的概念不存在，那么经验的物体就将成为莫名其妙的自在之物。

①　André Kukla, *Social Constructivism and Philosophy of Science*, London: Routledge, 2000.

②　W. A. Suchting, "Constructivism Deconstructed", *Science and Education*, No. 1, 1992, pp. 246 – 247.

在阐述"哥白尼式的革命"时，康德要求我们把自己先天地设想出来的东西归于事物，并通过这个东西必然地推导出事物的特性。康德认为，诸如数学这样的纯粹知识绝不是通过概念得出来的，而永远只是通过构造概念得出来的。构造一个概念，意思就是先天地提供出与概念相对应的直观。在康德看来，我们正是通过构造出的概念，先天地把法则加诸现象和作为现象全体的自然之上，从而为自然界立法。认知主体所具有的先于、独立于外在对象的直观能力既使得认识成为可能，也使得建构成为可能。这是康德在考察了认识论的维度后得出的，同样也适用于库恩与社会建构论的结论。

现在我们可以明白，为什么库恩晚年把自己的理论定位为"后达尔文主义的康德主义"。因为在库恩那里，常规科学活动同样也是通过认知主体或科学共同体的构造来实现的。然而，与康德不同，在库恩看来，作为经验之前提条件的范式不是一成不变的，而是如达尔文所描述的那样处于缓慢的进化之中。尽管库恩曾强烈地抵制社会建构论，但实际上从库恩到爱丁堡学派的"强纲领"只有半步之遥。真正的"祸根"在康德，只要经验可靠性的依据与外部实在无关，而只相关于主体的内部条件，那么至于这种条件是先天地规定的，历时地给定的，还是主体间后天地商定的，就只是程度与路径上的差别罢了。

社会建构论抛弃了康德式的"普遍性规定"，宣称不同的个体或共同体拥有不同的概念。这与建构论者抛弃了规范/建构，采纳了描述/建构的进路有关。科学技术史的研究表明，知识在稳定之前具有很大的偶然性，这说明放弃普遍性虽然可惜，却合乎实际情况。这样一来，我们所知道的自然到底是什么样子便是相对于特定概念的，进而可推出是相对于持有这些特定概念的个人或共同体的。所以，如果部分地构成"自然"的概念因个人或共同体的不同而不同，那么"自然"本身将会因个人或共同体的不同而不同。这容许了"自然"的存在以及关于自然的知识在个人或共同体之间不可通约。抛弃"普遍性规定"还使得建构论者不必像康德那样一定要在经验之外寻找建构能力的来源。对于社会建构论者，这个来源不言而喻就是社会。社会既是科学技术充满偶然性的起因，也是使它具有主体间性意义上的客观性的保证，因为只有在一定的社会条件中我们才能达成共识。社会建构论，又称新康德主义建构论，与康德主义一样都是观念论，它主张表象直接形成事物。① 康德强调理智先于自然，只不过社会建构论所指的理智是社会版本的，确切地说就是用社会主体取代了理智主体。根据这种观点，当科学家就某个主张达成共识时，他们就在字面上使之为真，世界也就随着这种共识而产生。

　　库恩曾把这种爱丁堡式的建构论斥为"疯狂"的纲领。的确，从康德哲学出发很容易走向建构论，但是这丝毫不意味着康德哲学本身就是一种建构论。康德对经验论与唯理论的折中本身就留下了分裂的可能，在容许"人为自然界立法"的同时，他也肯定超越建构的"物自体"，从而把只能相对地为之辩护的信仰同只有一个独立实体的反建构论结合起来。德维特（Michael Devitt）把这种观点称为"羞羞答答的实在论"（fig-leaf realism）。②

二　本体论的渊源

　　社会建构论还多少打上了黑格尔哲学的烙印。与康德不同，在黑格尔看来，现象与自在之物之间非历史性的二元对立是理智进步的障碍。黑格尔用改造了的康德二元论来解决知识问题，他声称："真正的辩护是一个内在于知识的过程。一个主张通过将它与它根据自身原则判定的自我展现的东西进行比较而得到评价。"③ 但思想进步的过程还不能仅仅用这个公式来解释；它涉及"辩证法"的作用。辩证法能够以类似科学的方式包容否定、肯定和否定之否定的观念，却不局限在作为整体的人类历史（整合了自然的实在，知识和道德）领域内。知识之所以有矛盾是因为客体和主体之间的不和谐，矛盾又将不可避免地将客体和主体拉近，逐渐形成不完美的和谐。主体一旦认识到客体正是它自己所"建构"的产物时，就达到了某种和谐——客体和主体融合成一元的绝对精神。

　　沃格尔（Steven Vogel）认为，黑格尔的思想包含了这样一种建构论

　　①　Sergio Sismondo, *An Introduction to Science and Technology Studies*, Oxford: Blackwell, 2004.

　　②　Michael Devitt, *Realism and Truth*, Princeton: Princeton University Press, 1997.

　　③　W. A. Suchting, "On Some Unsettled Questions Touching the Character of Marxism, Especially as Philosophy", *Graduate Faculty Philosophy Journal*, Vol. 14, No. 1, 1991, p. 162.

的观点：积极的社会主体建构了客体的生活（包括"自然"）；真理是由社会主体对这个事实的反思性的实践所构成的。① 也就是说，真理产生于实践中这样一种认识："自然"完全是我们的创造；更进一步说，自然作为一个独立客体是绝对精神的具体化。在黑格尔看来，认识是思想的一种形式，是主体和客体统一的事实。主客体在差别中的同一就是绝对理念，绝对理念通过把自己的对立面即客观性吸收到自身的主观性之中，从而消除一切矛盾，这一运动过程既是辩证法，同时也是客观知识和真理。黑格尔的立场与社会建构论不谋而合：只是因为我在历史中创造和理解了我所生活的世界，我才有可能认识绝对。

黑格尔对主体的理解基于本体论与认识论之间的内在一致性，抛弃了那种僵死的自在之物，用他自己的话说："实体就是主体。"主体作为能动的实体在马克思、法兰克福学派和曼海姆的知识社会学中都有不同程度的体现。和康德一样，黑格尔哲学中也隐含着一种观点，认为社会是概念产生的机制。当我们放弃"普遍"和"绝对"等字眼而着眼于社会历史条件时，我们就不难理解，个人用来建构事物（例如自然）的概念受他所生活的共同体和社会决定，或者至少受到它们的重大影响。在后库恩主义者看来，概念产生的机制是："'方法'基本上被表述为'权力的关系'，因此表明了因果性；而'手段'被表述为'商谈'，因此表明了基于语言的概念的特性。这两种情形（方法和手段）中，重要的是它们本质上是公共的，因而通过定义它们便具有了个体间的或社会的联系。正是这些社会联系确定了个人或群体使用概念的条件，进而确定了特定个体或群体知道存在的实体。"②

值得注意的是，对黑格尔的关注同时也为社会建构论的演进与转型提供了理论根据。从主客体统一的逻辑中可以引申出，科学活动本质上不是一项知性的事业，而是一种物质性的实践。作为科学、技术与社会一体化的现代科学在重塑自然的过程中同时也重塑着社会。请注意，在

---

① Steven Vogel, *Against Nature: The Concept of Nature in Critical Theory*, New York: State University of New York Press, 1996.

② E. Mariyani-Squire, "Social Constructivism: A Flawed Debate over Conceptual Foundations", *Capitalism, Nature, Socialism*, Vol. 10, No. 4, 1999, pp. 97 – 125.

这里，"社会"与"自然"一样既不具有本体论的地位，更达不到绝对理念的高度，正因为如此，把一切要素都归结为"社会"的还原论思路就成问题了。1987年，拉图尔和沃尔伽（巴黎学派）就主张放弃社会建构论中的"社会"概念，劳斯认为这意味着社会建构论的一种蜕变。在皮克林1992年编纂的大型文集《作为实践与文化的科学》中，这种趋势变得更明显，编者之所以用"实践"与"文化"来取代"社会"概念，也许正是为了更好地体现主客体的内在统一性。

三 方法论的渊源

德仑提（Gerard Delanty）认为："后实证主义对实证主义的批判导致了两种思想流向：实在论和建构论。"① 实证主义认为，科学理论实际上是可能的观察结果的总汇，只不过它是用具有逻辑结构的语言表述出来的。也就是说，科学理论是通过对观察结果的逻辑操作建立的。这是将孤立数据点转化为一般陈述的过程，亦即归纳的过程。正是基于这一点，实证主义热衷于发展能使从孤立数据转向一般陈述的归纳过程变得牢靠的科学逻辑。然而，实证主义的努力失败了，休谟提出的归纳问题似乎是无解的。社会建构论放弃了实在论的逻辑概念，转而从社会维度来说明科学知识。逻辑随之被看成是一类与行动相伴随的规则，是建构起来的东西而不是实在的结构。其实，这种想法除了能给人造成视觉上的冲击外别无新意，除了后期维特根斯坦语言游戏理论之外，诸如此类的表达其实已经隐含在美国哲学家皮尔士的思想中了。

皮尔士可以冠以科学家、哲学家等许多头衔，不过他首先把自己看作一个逻辑学家。他促进了停滞长达两千余年的逻辑学的变革，并自认为超越了康德那种"平庸的逻辑"。皮尔士的逻辑观与众不同，他把形式逻辑归入数学的范围，而把作为正确推理理论的逻辑纳入规范科学。皮尔士的理由是，形式逻辑与数学一样研究纯粹的虚构物的特殊关系，而规范逻辑是关于正确推理的理论，这种推理体现了人的自我控制，因为

① Gerard Delanty, *Social Science: Beyond Constructivism and Realism*, Buckingham: Open University Press, 1997.

它迫使行为屈从于理想和法则，故而起到规范的作用。在这里，皮尔士把推理看作一种行动，而不是一种被动的沉思。

皮尔士认为推理方法有三种：演绎推理，归纳推理和溯因推理。一个有效的演绎推理是保真的：如果前提真，结论一定真。芭芭拉模态三段论中的结论"苏格拉底要死"没有任何新东西，它完全包含在前提中。因此，演绎不是综合的，而只是分析的，不会引起新知识。与演绎相反，归纳是从特殊到一般。归纳推理中，前提是观察得到的陈述，推理的结果增加了新的内容但不是保持真值。很长时间，皮尔士一直都把归纳推理当成综合的推理，直到他深入地研究科学哲学之后才意识到，任何一个有效的归纳推理都是以某个假设的规律或一般规则为前提的。在皮尔士看来，有效的归纳推理必须满足两个条件：抽样在集体中必须是随机的；待检验的特性必须在选样前定义好。这样的条件要求皮尔士称为"预先设计"。"预先设计"意味着我们在集体中抽样之前就已经知道了要检验的特性。

皮尔士的逻辑分析表明，任何一种归纳都依赖于认知主体事先建构的假说。因为在知道之前先有知识，这在逻辑上是不可能的，所以认知主体必须在整理信念之前自己构造假说。这个建构的过程就其逻辑形式而言就是溯因推理。皮尔士说："溯因推理是形成一个解释性假说的过程，是引入新观念的唯一的逻辑操作方法。归纳仅仅是决定一个值，演绎只是展开一个假说的结果。演绎证明事情必须是那样；归纳显示某件事事实上是有效验的；溯因推理暗示某事是可能的。"[1] 典型的溯因推理开始于令人诧异的事实，令人诧异的事实是所有科学探究的开始，通过对它的溯因我们获得了某种解释，重新构建了概念的秩序。

如果我们在符号学的平台上考虑溯因推理的机制，那么可以认为，作为未解释的结果引入的符号，其意义是通过建构一种解码规则或应用一个熟悉的解码规则赋予的。溯因推理是一种认知操作，它创造了一个框架，使得赋予符号单一的意义变得可能。皮尔士否认没有符号的思维，认为一切信念都要采取符号的形式。任何符号的使用都预设了一个能理

---

① Charles Peirce, *Collected Papers of Charles Sanders Peirce* (*Vol.* 5), Cambridge：Harvard University Press, 1931－1958, p. 171.

解它的主体集团即共同体，因为符号只有是主体间可解释的才能成为可能。皮尔士对共同体的强调直接影响了库恩，后者在此基础上提出的范式的概念为我们对科学实践进行地方性的考察创造了空间。

皮尔士对推理过程的论述表明，推理是认知主体积极构造的过程。在此过程中，一种范式，一个规则，一种测量方法临时制定好了，以便认识或测量我们所经验的世界。溯因推理因此成为一种认知机制，它让我们能够运用自己的认知系统自己制定规则，进而创造知识。这和逻辑建构论的思想相差无几。逻辑建构论不同于理性主义，认为不存在独立有效的逻辑规则，它们之所以有效是因为我们的行动"使得"它们有效，并且这种有效性可以得到相对的辩护。皮尔士认为，溯因推理给出的解释性原则可以归纳地证实。对假说的证实从表象的意义上给不出什么实在的东西，但它起到了功能作用。也就是说，我们通过溯因推理建构起来的新规则、新理论在我们的生活环境中被证明是可行的，它使得我们更加适应环境了。正是这种可行性为我们的建构做出了辩护。对逻辑建构论者来说，规则同样是在实践中被证明是可行的东西。既然协商达成了一致的规则，那么它就应该被遵守，否则协商就没有意义。规则被遵守就意味着它在共同体中是可行的。

可行性体现了皮尔士的实用主义思想，它在本质上就是一种社会建构论。社会建构论者认为，我们之所以要建构某物是因为它的缺失将给我们造成麻烦，也就是说你不能"随意去掉"它。比如性别，我们就没办法忽视它，因为性别的结构产生了人们不得不承认的限制与资源。相反，如果我们建构出这种不能"随意去掉"的某物，我们就会获得一些便利，至少比不知道它的人要胜出一筹。建构的"被迫性"把我们直接引向了实用主义的准则。任何概念，除了我们所能想到的实际效果以外，什么也不是。这样，实用主义准则就成了一种自我控制的观念，它既是规范逻辑的准则，又是建构的准则。

皮尔士的实用主义准则还具有社会意义。可行性本身是一个社会性概念，因为它们总是相对于社会主体而言的。假设我们处在另外的世界中，我们的可行性标准将会迥然不同，因为那时我们必然需要另外的标准，另外的范畴系统来调整自己的行为。这样，世界或自然就成为一种选择机制，作为一种限制来确定我们的建构是合适的还是失败的。如果失败了，科学共同体被迫改变理论，范式或概念系统，以便获得可行的建构来扩大我们的知识。而一个新范式被建构起来后，共同体内相应的概念系统的逻辑也就改变了。这种观点与新康德主义社会建构论殊途同归，它表明自然的知识在不同的共同体之间是不可通约的。

皮尔士对科学知识的看法对社会建构论者也是很有启发的。他认为，知识不是由命题构成的静止的体系，而是一个动态的探究过程。科学的本质不在于它的真理，而在于它的不懈的追求真理的奋斗。在他看来，世界是不能直接为我们提供可用的规则和范式的，对预设规则和范式的说明只能存在于认知主体的建构过程中。罗蒂说过，自然科学本身是"不自然"的。在社会建构论者看来，科学技术无法提供一条从自然直接通往关于自然的观念的路径，知识不是一种有待我们去发现的实在，它更像是我们的发明，是主动构建出来的东西。恰如皮尔士认为探究过程中的知识要承受公共批判能力的批判一样，社会建构论者也认为知识在建构过程中要接受主体间的协商。

从以上分析我们看到，源自康德、黑格尔和皮尔士的思想分别从认识论、本体论和方法论三个方向汇集到社会建构论这一新思潮中。这也印证了黑格尔睿智的论断，认识论、本体论和方法论原本就是一体的。建构论的思潮如今还在演变中，它将走向何方，最终何处住脚，我们不得而知。但至少有一点是确定的，和其他思潮一样，社会建构论要想获得进一步的发展动力，要想得到更多人的认同，就必须在历史中汲取更多的思想资源。

第十七章

从共生产视角看中国干细胞治理

陈海丹[*]

一 引言

2011 年 4 月 17 日，中国中央电视台《经济半小时》栏目播出了"干细胞治疗乱象"调查。据栏目报道，迄今为止，除了造血干细胞治疗血液病，干细胞治疗其他疾病仍处于实验室研究和临床试验之中。但是，在我国越来越多的医院将这种技术应用于临床治疗，收取高额费用。众多疑难杂症患者对干细胞治疗抱有幻想，但往往事与愿违。

自 1998 年人类胚胎干细胞被成功分离以来，干细胞研究给医学带来无限希望和挑战。研究者相信，在一定条件下，这些未分化的、具有自我更新能力的干细胞可以被培养、诱导、分化成为科学家希望它们成为的细胞、组织和器官，为那些身患糖尿病、癌症、神经组织退化等疾病的病人带来新的希望。尽管如此，中央电视台的报道足以表明，干细胞临床治疗目前还存在很多风险和不确定性，这也为干细胞转化研究的治理（governance）带来严峻的挑战。国际干细胞研究协会在《干细胞临床转化研究指导原则》中提醒科学家、管理者、政策制定者和病人：尽管干细胞研究有很大的潜能制造出干细胞疗法，帮助成千上万遭受不可治愈的疾病折磨的病人，但是，将早期的干细胞实验室研究成果转化为临

---

* 作者系北京大学医学人文学院长聘副教授。2004 年至 2009 年求学于盛晓明教授门下，先后获得硕士和博士学位。本文原载于《自然辩证法通讯》2013 年第 3 期。

床成熟的医学实践是一个长期而复杂的过程，这通常需要多年严格的临床前和临床试验，其中也会有无数的阻碍和失败，干细胞转化研究过程应该考虑科学、临床、管理、伦理和社会问题。①

转化研究（translational research）的概念在过去几年受到人们大量的关注。转化研究的目标是，将基础科学研究进程中产生的新知识、机理和技术转化为预防、诊断和治疗疾病的新方法。研究者和赞助商也都希望将先进的生物医学技术有效而经济地应用到临床实践，改善公共健康。尽管生物医学研究的经费在不断增长，新的科学知识和发现也层出不穷，但是很多人对"转化医学将实现临床应用和公共健康"这个观念还是不太有信心。② 在临床研究圆桌会议上，美国临床研究计划众多利益相关者的代表鉴别和区分了转化研究过程中的两个转化路障。第一个转化路障是：将在实验室中获得的对疾病原理的新理解转化为诊断、治疗和防止疾病的新方法，以及在人体身上的第一次试验。第二个转化路障是：将临床研究结果转化为日常的临床实践和健康选择。前者出现在将基础研究发现转化为初次在人体身上的观念证据，后者发生在将临床的观念证据转化为合理的治疗方法和科学政策。除此之外，临床研究环境本身就有一部分问题，如缓慢的研究结果、不充足的经费、艰难的管理重压、断裂的基础设施、不协调的数据库、短缺的合格研究者，以及不乐意参与的研究对象。因此，在转化研究中，各利益相关者之间的多重协作对于排除两个转化路障很有必要。③

我们在此提出，干细胞转化医学是一个复杂的技术系统，简单线性的、"从实验室到临床"的转化研究根本无法将实验室中获得的生物医学知识转移到临床应用。转化研究不仅需要解决科学内部的问题，也需要科学和社会秩序的"共生产"（co-production）④。成功的干细胞转化研究

---

① ISSCR, ISSCR Guidelines for the Clinical Translation of Stem Cells, December 3, 2008.

② Claude Lenfant, "Clinical Research to Clinical Practice: Lost in Translation?" *The New England Journal of Medicine*, 349, 2003, pp. 868 – 874.

③ Nancy Sung, et al., "Central Challenges Facing the National Clinical Research Enterprise", *The Journal of American Medical Association*, 289, 2003, pp. 1278 – 1287.

④ Sheila Jasanoff, "The Idiom of Co-Production", in Sheila Jasanoff, ed., *States of Knowledge: The Co-Production of Science and Social Order*, London: Routledge, 2004, pp. 1 – 12.

需要一种治理模式，这既需要国家的管理政策和伦理指导方针，也需要科学家、临床医生、病人、企业等行动者之间的相互合作。我们将通过案例研究，从共生产的视角分析干细胞转化研究及其治理问题和对策。

二 从共生产的视角看治理问题

我们的时代充斥着各种危险。现代文明造成环境污染、生态破坏，人们对科学和政治权威产生怀疑。贾萨诺夫（Sheila Jasanoff）建议，我们不应该只将目光停留在可怕的但又真实的东西上，而应该关注当代国家制造和维护政治秩序的能力，与它生产和使用科学知识的能力之间的关系。为此，她提出了"共生产"概念。"共生产这个主张简而言之就是，我们知道的表征世界（自然和社会）的方式，与我们选择在这个世界生存的方式是不可分的。知识及其物质体现同时是社会工作的产物和社会生活形式的要素；社会若没有知识就无法工作，知识若没有合理的社会支持也不可能存在。科学知识尤其不是现实至高无上的一面镜子。它嵌入并被嵌入到社会实践、特性、规范、习俗、话语、工具和制度中——总之在所有被我们称为社会的内容中。技术也更是如此。"①

"共生产"这个概念可以引起人们关注科学和政治两个不同实体之间的相互关系，以及自然和社会秩序共同产生、互相包含的方式。从共生产这个视角理解治理，可以减轻人们对科学技术的风险、不确定性、复杂性的担忧。随着生命科学的发展，科学家已经在分子水平上研究生命现象。基因增强技术、再生医学、人类胚胎干细胞和克隆研究、基因检测等一系列前沿科学技术不禁让人担心胚胎的道德地位、人的尊严、个人隐私、社会公正等问题。因此，生物医学研究的治理需要考虑到科学和政治、科学和社会秩序的共生产。

"治理"这个术语可以用来描述科学、技术和政治之间不同的特性、流动的合作和互惠的影响。治理不是机械的、确定的，而是存在不确定

---

① Sheila Jasanoff, "The Idiom of Co-Production", in Sheila Jasanoff, ed. , *States of Knowledge*: *The Co-Production of Science and Social Order*, London: Routledge, 2004, pp. 2 – 3.

性和疑虑，在各种不同相互作用的场所产生相应的专家和政权。① 行动者网络理论关注人和非人行动者介入社会技术系统建构过程的方式。不同行动者参与知识制造和社会技术生产过程，对整个技术系统很重要。结合行动者网络理论，治理也可以被理解为不同物质和社会秩序相互建构的场所。治理过程中必然牵涉到更多行动者，如企业、科学家、公众、消费者、市场等的活动。总而言之，治理逐渐被定义为一个管理由多个行动者构成的网络的过程，网络中的多个行动者相互合作，共同应对遇到的问题。②

以共生产作为研究视角，我们提出干细胞转化研究是一个自然、技术和社会秩序共生产的过程。干细胞治疗产品既不是单独由科学决定的，也不是唯一由社会决定的，这需要自然和社会的共生产。转化研究是一项需要不同行动者之间多重合作的工作，简单线性的转化模型（见图1）不足以完成复杂的医学实践。成功的干细胞临床转化研究需要一种共生产的治理模式，这不仅要面对科学技术领域中的挑战，还要考虑到医疗健康、产业经济、伦理法律和社会政治领域与干细胞转化研究之间的相互影响（见图2）。

为了更好地理解干细胞转化研究及其治理问题，我们针对干细胞公司、高校研究所、干细胞产业化基地三种不同类型的转化研究，对中国的案例展开具体分析。除了参与观察、文献分析，本案例研究采用的主要研究方法是访谈。在2007—2009年，我们面对面访谈了科学家、临床医生、病人、企业家、政府官员、伦理学家等总共46人。

图1 线性的转化研究

① Edward Hackett, "Politics and Publics", in Edward Hackett et al. , eds. , *The Handbook of Science and Technology Studies*, Cambridge: The MIT Press, 2008, pp. 429 – 432.

② Maarten Hajer and Hendrik Wagenaar, "Introduction", in Maarten Hajer and Hendrik Wagenaarm, eds. , *Deliberative Policy Analysis: Understanding Governance in the Network Society*, Cambridge: Cambridge University Press, 2003, pp. 1 – 32.

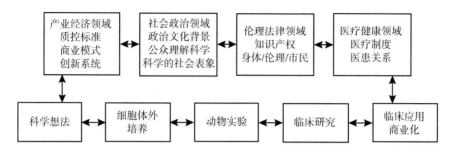

图2　转化研究：科学和社会秩序的共生产①

三　案例研究

笔者选择的其中一个案例是一家从事干细胞研究和治疗的生物科技有限公司（A公司）。这家公司自2005年成立以来，已经接受了国内外8000多例病人。他们主要利用脐带血、脐带、自体骨髓中提取的干细胞治疗多种疑难疾病。A公司的商业模式是：公司提供干细胞技术，在合作医院收治病人，然后按一定比率与医院分享利益，再建立一个平台联系更多的医院和科研机构开展合作，从事干细胞的临床研究和应用。这也是A公司开展干细胞转化研究的策略。根据A公司咨询热线提供的消息，他们的干细胞治疗一个疗程大概需要一个月，共四次干细胞注射，国内患者的收费在五万至六万元人民币，国外患者大概在两万美元。有些人指出，该公司在开展干细胞治疗前并没有足够过硬的科学依据（如发表的科学论文）来证明他们产品的安全性和有效性，这可能会损害病人的利益，因此在干细胞临床应用前还需要大量的研究工作。②

笔者还选择了北京某高校的研究小组B和广州某高校的研究小组C进行案例研究，并于2008年7月和10月前往广州和北京访谈相关人员。

---

①　Herbert Gottweis, "Biobanks: Success or Failure?" in Peter Dabrock et al., eds., *Trust in Biobanking: Dealing with Ethical, Legal and Social Issues in an Emerging Field of Biotechnology*, Heidelberg: Springer, 2012, pp. 199 – 218.

②　Darren Lau, et al., "Stem Cell Clinics Online: The Direct-to-Consumer Portrayal of Stem Cell Medicine", *Cell Stem Cell*, Vol. 3, 2008, pp. 591 – 594.

有意思的是，这两个研究小组都在尝试用间充质干细胞治疗移植物抗宿主病，一种骨髓移植后常出现的并发症，但他们的转化研究进路却不尽相同。早在 2005 年年初，中国就有新闻报道说，研究小组 B 研制的"原始间充质干细胞"注射液成功地解决了干细胞体外制备的关键技术问题，完成了系统严格的临床前研究和质量检定，于 2004 年 12 月 22 日被批准进行 I 期临床试验，是我国第一个获准进入临床研究的干细胞治疗药品。2006 年 4 月 21 日，"骨髓原始间充质干细胞"获得国家食品药品监督管理局颁发的 II 期临床试验批件。尽管他们的课题组在干细胞转化研究过程中享有天时、地利、人和，但是他们也发现干细胞转化研究过程中存在很多问题。首先，在动物模型中有效的干细胞用到人身上时不一定有效。不同的人接受同一种干细胞注射后疗效会不同。所以他们不得不重新回到实验室再继续研究，并和临床医生合作，不断地沟通修改临床研究方案。其次，干细胞研究非常耗钱，他们还必须和企业合作，解决经费问题。最后，不明确的、变动中的国家政策给他们整个研究带来很多麻烦，他们担心新的政策会影响他们前期工作中取得的优势（访谈，2008 年 10 月 27 日）。

自 2000 年以来，研究小组 C 对间充质干细胞的基本生物学特性和免疫调节作用进行了深入细致的研究。他们与多家医院进行合作，进行间充质干细胞与造血干细胞联合移植治疗慢性移植物抗宿主病的研究，目前已完成 30 例慢性移植物抗宿主病的治疗，其中 22 例症状有明显改善。当 2006 年研究小组 C 开始进行干细胞临床研究时，在中国已经有相关讨论，即基于干细胞的疗法将不再由国家食品药品监督管理局作为药品来管理，而是作为一种临床应用新技术由卫生部接管。该研究小组采取的策略是希望通过多中心合作研究尽快完成临床试验，然后通过卫生部批准他们的转化研究药物，使他们研究的治疗方法尽快在全国推广。尽管他们拥有一个很好的团队，但是国家和省市提供的科研经费仍然很难维持整个临床研究（访谈，2008 年 7 月 28 日）。不管南北方的干细胞研究小组采取什么样的研究进路，他们都有同样的研究目的，那就是通过干细胞转化研究，实现大规模地生产和推广临床治疗所需的干细胞产品，改善人类健康状况。干细胞研究更理想的结果是实现干细胞产品的产业化。笔者选择了一个干细胞产业化基地 D 作为研究对象。为了更快地推动干细胞基础研究走向临床应用和产业化，干细胞产业化基地 D 凭借其在造血干细胞研究和应用的实力，和政府不断地沟通，取得当地和中央政府的大力支持。他们联合上海的一家私立公司，共同成立了一家干细胞有限公司，经营脐带血储存业务，并建立第一个国家干细胞工程产品产业化基地和国家干细胞工程技术研究中心。在这个产业化基地创新网络中，基础研究和临床研究的合作成为可能，但学院和企业间的产权关系、研究者之间的利益冲突仍然是合作中存在的问题，并且影响了网络的稳定性。中国曾经一度因为上海脐带血库储存问题被曝光而引发了广大市民对自体脐血库的不信任。不确定的管理政策环境、中国当下的医疗制度、紧张的医患关系都阻碍了医生尝试干细胞转化研究的兴趣。此外，病人和市民已经成为一种力量，影响着产业化基地 D 的转化研究和产业化的进展（访谈，2008 年 12 月 3—17 日）。

这些案例研究显示，干细胞转化医学是一项网络状的事业，它牵涉到不同行动者，比如科学家和临床医生、科学家和投资者、科学家和管理者、临床医生和病人等之间的相互协作。转化研究超越了单一线性的"从实验室到临床"的模式，这需要从实验室到临床，再反过来从临床到实验室，以及实验室和临床之间多重的相互协作。干细胞转化医学不仅需要解决科学中的问题，比如细胞培养、动物实验、临床研究等，还需要科学和社会的共生产，比如通过 Web 2.0 的最新媒介让公众理解干细胞；和政府沟通，让国家和地区在干细胞研究领域提供经济和政策上的支持；动用干细胞转化研究商业模式和创新系统；考虑到病人、市民力量对转化研究的影响；处理好知识产权问题，关注国家临床干细胞转化研究管理办法；理解医疗制度和医患关系；等等。在下面一小节中，笔者将根据干细胞转化研究的特点，并结合案例研究，探讨干细胞转化研究的治理问题和对策。

四　走向转化研究的治理

转化研究之难犹如跨越实验室和临床之间的"死亡之谷"[1]，因此，

---

① Declan Butler, "Crossing the Valley of Death", *Nature*, Vol. 453, 2008, pp. 840 – 842.

搭建实验室和临床鸿沟间的桥梁对于成功的干细胞转化研究至关重要。这不仅要促进不同学科之间的沟通，建立学院产业之间的合作，还要消除科学—社会之间的界限。

1. 促进基础与临床之间的沟通

转化研究是一门新的学科，这必须融合基础科学和临床研究。让不同学科进行相互沟通，就像"让管弦乐队一起演奏"①。转化研究无法由缺乏临床研究技能的大学和研究所轻易地完成，也同样无法让缺乏实验室研究技能的一家诊所或医院独立完成。但是让实验室中的科学家和医院里的临床医生经常沟通却很难实现，因为科学家和医生各自的奖励制度不同，科学家忙着发表论文，而医生需要花大量的时间给病人看病。干细胞产业化基地 D 是一个科研型的医疗中心，既有医学院也有医院，并拥有具有临床和实验室背景的研究人员，这样的机构相对而言比较适合开展转化研究（访谈，2008 年 10 月 28 日）。

转化研究需要受过临床和实验室双重训练的转化研究人员，但是这类人的数量还在逐渐变小。② 为了克服这种障碍，医学院可以考虑在医学教育中孕育一种新的文化，充分地培养年轻的学生从事医学和科学研究。当然，这也只是说着容易做着难。首先，挑战一种旧的问题进行改革并不简单，我们无法轻易地用新的教育制度取代老的教育制度。在大学院校，如果他们确实希望采取行动建立一种新的制度，那他们需要做的第一步是建立新的中心，招募新的教职员工。转化研究是一门新的、未经验证的学科，这注定了对于他们长期的成功而言，没有明确的职业路径，也很难实现个人的成就，因为这需要各种学科的共同努力。③ 转化研究者被认为是"濒于灭绝的物种"，很多培训项目的领导者也深深地怀疑，这种职业在将来是否会有好的出路。④

---

① Jill Adams, "Building the Bridge from Bench to Bedside", *Nature Reviews Drug Discovery*, Vol. 7, 2008, pp. 463 – 464.

② Jordan Pober, "Crystal Neuhauser and Jeremy Pober, Obstacles Facing Translational Research in Academic Medical Centers", *The FASEB Journal*, Vol. 15, 2001, pp. 2303 – 2313.

③ Anonymous, "Human Capital in Translational Research", *Nature Reviews Drug Discovery*, Vol. 7, 2008, p. 461.

④ David Nathan, "Careers in Translational Clinical Research: Historical Perspectives, Future Challenges", *The Journal of the American Medical Association*, Vol. 287, No. 18, 2002, pp. 2424 – 2427.

事实上，越来越少的人能够搭建桥梁，连接实验室和病床之间的鸿沟，并在两端都起到重要作用。如果没有这样的人员，那么另一个办法是建立转化研究团队，缩短实验室到临床的距离。这个团队需要包括尽职的临床医生和基于实验室的研究人员。研究小组 C 就是一个很好的例子。他们的团队既包括研究中心的科学家，也包括广州市主要医院的医生。他们每两周开一次碰头会，交流和讨论他们的临床研究。另外，这个团队得到广州市政府的财政支持，以提高广州市干细胞和再生医学基础研究和临床研究之间的合作，体现广州在全国范围内的整体水平，推动各成员间的相互交流与资源共享（访谈，2008 年 7 月 28—29 日）。

2. 建立学院与产业之间的合作

"转化不是自然发生的，从某种程度上说，发明本身是容易的部分。如果创新无法吸引开发它所需要的资源，那创新就无法创造价值。价值一美元的学院发明或发现需要不少于一万美元的私人资本将其带入市场。"[①] 一个基础发现和它的经济回报之间通常需要 10—14 年，而新的转化医学成功进入健康卫生市场的比率尤其低。有调查显示，相对于干细胞的所有投资，正在进行的干细胞临床试验的数目还是很小。目前仅有 24 个产品在临床研究中，其中 14 个处于临床 I 期或 I／II 期中，7 个进入临床 II 期，只有 3 个在临床 III 期试验中。在今后 5 年内，可能很少有干细胞产品进入市场。[②]

尽管企业和学院之间的文化差异很大，但校企合作还是颇有价值，校企合作可以使双方有益地相互学习。学院和它们的研究所一般不太会处理知识产权和申请管理部门批准，而企业迫切需要有学院背景和经过临床训练的研究者。学术机构可以得到企业的资助开展药品研发项目，将基于研究的证据结合到临床研究实践中，从而满足公共健康的需要。同时，和学院的合作改善了企业的商业模式和创新系统。

---

① Ketty Schwartz and Jean-Thomas Vilquin, "Building the Translational Highway: Toward New Partnerships between Academia and the Private Sector", *Nature Medicine*, Vol. 9, 2003, pp. 493–495.

② Paul Martin, et al., "Commercial Development of Stem Cell Technology: Lessons from the Past, Strategies for the Future", *Regenerative Medicine*, Vol. 1, No. 6, 2006, pp. 801–807.

但是学院和产业也是"不稳定的同盟者"①。经济利益冲突是转化研究项目的主要风险因素。这些外在的经济利益可能限制各种研究活动，有的相对比较轻微，有的却闹出很大意见。创建公司进一步拓展转化研究的决定很吸引人，但比研究者通常意识到的更为复杂。学院和企业的关系也超越了大学法人的利益，因为研究者个人可能会持股，成为企业产品实际的或预期的受惠者，而该产品是在研究所测试和开发的。他们会代表企业在科学会议上发言，并得到谢礼，或者收到与研究相关的礼物，这都导致了研究人员之间的利益冲突问题。② 产业化基地 D 是国家的干细胞工程产品产业化基地，有中央政府的项目支持，但研究者之间的经济利益冲突影响了整个产业化基地的发展。如何处理利益冲突，促进转化研究，保持校企合作之间的平衡，仍然是一个极具挑战的议题。

3. 消除科学与社会之间的界限

转化研究的任务不仅要将基础发现转化为临床应用，还要进一步将新的研究转化和应用到实践中去。推广研究结果，最终使它们被病人和公众接受也是一种挑战，这需要广泛的公众信任与参与。在 D 案例中，新建的干细胞公司努力通过网站、宣传手册、电话热线、孕妇学校、产科医生让公众知道脐带血干细胞的用途，以及脐带血干细胞库的作用，让公众接受这种新的生物医学知识，并愿意掏钱将自己刚出生的孩子的脐带血储存起来供将来使用，或者将脐带血捐献给公共脐带血库。

转化研究还需要患者和公众参与到临床试验中。这就涉及了医患关系问题。医患关系的基础应该是患者和医生一起工作实现共同的健康目标，但是从事研究的医生和研究对象的关系比较复杂。因为从事研究的医生可能被认为具有双重任务，也就是说，他们试图帮助患者，但同时又寻求科学知识。所以让患者参与临床试验，或者评估患者可能遭受的

---

① David Weatherall, "Academia and Industry: Increasingly Uneasy Bedfellows", *The Lancet*, Vol. 355, No. 9215, 2000, p. 1574.

② Michael Johns, et al., "Restoring Balance to Industry-Academia Relationships in an Era of Institutional Financial Conflicts of Interest", *The Journal of American Medical Association*, Vol. 289, 2003, pp. 741 – 746.

风险，都不应该受到研究者个人利益动机的影响。①

　　在临床试验中，保护所有人类研究参与者的核心要求是知情同意。在任何人类研究对象被招收参与研究前，整个研究方案，包括知情同意，必须经过伦理审查委员会审批。保护人类研究对象是临床研究中必须强调的内容。但是，研究者个人利益可能会隐约影响他（她）的科学判断，研究者也有可能没法确保研究对象完全理解一次临床试验中所有潜在的风险和利益。在这种情况下，若研究对象没有理解临床试验的潜在风险，这就不能说研究对象选择了面对这些风险。有些伦理审查委员会劳动量太大，也没有充足的资源，他们对临床试验的监督可能是无法到位的。A公司受到外界批评的其中一个原因是，他们没有充分告知患者试验性干细胞治疗的风险，并在试验性治疗中收取高额费用。为了防止这种错误印象，科学家、临床医生、社会科学家、伦理学家、管理者、媒体工作者等需要一个平台，准确地传播干细胞治疗的信息，帮助公众理解干细胞科学。另外，正如《经济半小时》栏目指出的："在干细胞研究这个问题上，我们希望有关部门能尽快完善相应的法律法规，对目前的治疗乱象进行规范和监管，只有这样才能使神奇的干细胞治疗成为人类的福音。"

五　结语

　　本文从共生产的视角，采用案例研究的方法考察中国干细胞转化研究及其治理问题。干细胞转化研究网络中的行动者包括实验室、仪器、设备、干细胞、科学家、医生、企业、病人、律师、政府、管理者、伦理学家等。转化医学研究中涉及多个行动者，比如科学家和医生、医生和病人、企业和科学家、企业和政府等之间的相互合作。中国干细胞转化研究的最大问题是，国家没有具体明确的干细胞临床应用管理细则以及技术准入标准。这导致一部分科研机构的转化研究被悬置在那儿，而一部分医院和企业则开展大规模的干细胞治疗，整个领域处于鱼龙混杂

---

① Joseph Martin and Dennis Kasper, "In Whose Best Interest? Breaching the Academic-Industrial Wall", *The New England Journal of Medicine*, Vol. 343, 2000, pp. 1646 – 1649.

状态。既造成资源的浪费，给病人带来一定风险，又影响中国在该领域中的声誉，破坏公众对干细胞治疗的信任。

　　首先，我认为成功的干细胞转化研究需要跨越实验室和临床之间的鸿沟。科学家不仅要在实验室中完成基础研究，还要在临床试验中和医生合作协商，将生物医学知识转化为干细胞治疗产品。其次，企业的介入对转化医学是必不可少的。这一方面可以解决资金问题；另一方面还可以和科学家、医生一起推动整个产业的发展和规范。再次，让公众，尤其是患者理解干细胞科学。正确告知他们目前干细胞研究的现状，以及干细胞治疗中存在的风险和不确定性。最后，中国的管理部门要勇于承担责任，尽快出台实施相关管理制度和技术标准，促进干细胞转化医学的良性发展，保护病人的权益。

第五部分

技术哲学与认知科学哲学

第十八章

技术哲学两种经验转向及其问题

潘恩荣[*]

当代技术哲学的一个重要发展趋势是在"经验转向"（Empirical Turn）和"伦理转向"（Ethical Turn）的基础上实现"第三次转向"，以便整合前两次转向的优势。[①] 然而，经验转向事实上共发生过两次，它们各自发展出一种新的技术哲学研究进路。这两种进路是如此的不同，以至于目前面临分裂成两个独立领域的巨大风险。[②] 如果无法消除这种分裂风险，那么这将严重干扰技术哲学的第三次转向，技术哲学的未来发展前景也将笼罩在分裂的阴影下。

现在的问题是，是否可能以及如何消除这种分裂风险？为了回答这个问题，我们将首先梳理两种经验转向及两种新技术哲学研究进路，然后分析它们面临分裂的原因，探讨消除分裂风险的方法并提出相应的方案。

一　两种经验转向

布瑞（Philip A. E. Brey）将技术哲学研究分为"经典技术哲学"

---

[*] 作者系浙江大学马克思主义学院教授。2005 年至 2009 年求学于盛晓明教授门下，获得博士学位。本文原载于《哲学研究》2012 年第 1 期。

① Peter-Paul Verbeek，"Accompanying Technology：Philosophy of Technology after the Ethical Turn"，*Techné：Research in Philosophy and Technology*，Vol. 14，No. 1，2010，p. 51.

② Philip Brey，"Philosophy of Technology after the Empirical Turn"，*Techné：Research in Philosophy and Technology*，Vol. 14，No. 1，2010，p. 45.

（Classical Philosophy of Technology）和"现代技术哲学"（Contemporary Philosophy of Technology），见图1。

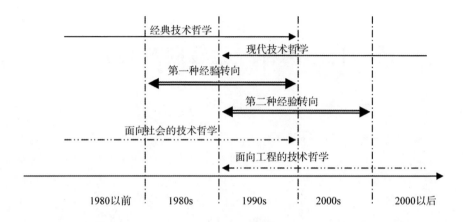

图1 两种经验转向

经典技术哲学大致从20世纪20年代到90年代，代表人物有海德格尔（Martin Heidegger）等。他们聚焦于技术应用对社会的影响，尤其是技术带来的负面影响。因此，经典技术哲学也称为"社会批判主义"（social criticism）。这种技术哲学研究范式在多个方面受到批判。第一，它不顾技术对现代社会和文明的正面推动作用，以及技术给人类生活带来的诸多福利等事实，先验地对技术持单边否定（One-sidedly Negative）态度和悲观态度。第二，它坚持技术决定论观点，认为技术发展是不可停止的、有着自身逻辑的。第三，它不关注具体的技术及其进展，只讨论宏观的和抽象的技术，即大写的技术（TECHNOLOGY）。[①] 最终，技术哲学家团体被冠以"意识形态团体"或"政治团体"的标签，并被认为是"不懂技术且憎恨技术的"。[②] 因此，技术哲学和国际技术哲学学会越来越被孤立，学科与学会的发展亦日渐困难。

现代技术哲学大致从20世纪90年代开始发展。最初十余年，它与经

---

① Philip Brey, "Philosophy of Technology after the Empirical Turn", *Techné: Research in Philosophy and Technology*, Vol. 14, No. 1, 2010, pp. 38 – 39.

② Joseph Pitt, "On the Philosophy of Technology, Past and Future", *Society for Philosophy and Technology*, 1 (1 – 2), 1995.

典技术哲学之间存在着一个过渡期。技术哲学的经验转向运动是实现这个过渡的主要推动力。一般认为，克洛斯（Peter Kroes）和梅耶斯（Anthonie Meijers）是"技术哲学的经验转向"（1998）研究纲领的共同发起人。该纲领强调："关于技术的哲学分析应该基于可靠的、充分的关于技术的经验描述（和技术应用效果）。"① 阿特胡斯（Hans Achterhuis）在其主编的论文集《美国技术哲学：经验转向》（*American Philosophy of Technology：The Empirical Turn*）也提到了美国技术哲学的研究出现了经验转向。②

布瑞认为经验转向运动共有两种。③ 第一种经验转向（以下简称 ET I）发生于 20 世纪 80 年代和 90 年代，代表人物有伯格曼（Albert Borgmann）和拉图尔（Bruno Latour）等。他们继承了经典技术哲学的相关主题和问题，但他们对技术持非敌视的、更加实用主义的和全面的态度，借鉴了实用主义、后结构主义、STS、文化研究和传媒研究等理论，关注具体的（小写的）技术（technology），致力于发展一种情境性的（contextual）、描述性的和非决定论的技术哲学理论。阿特胡斯主编的论文集是 ET I 研究的集中体现。

第二种经验转向（以下简称 ET II ）起源于 20 世纪 90 年代和 21 世纪初，代表人物有米切姆（Carl Mitcham）、皮特（Joseph C. Pitt）、克洛斯和梅耶斯等。早期的研究集中体现在皮特主编的《技术哲学新方向》（*New Directions in the Philosophy of Technology*）与克洛斯和梅耶斯主编的《技术哲学的经验转向》（*The Empirical Turn in the Philosophy of Technology*）。近期的研究主要体现于梅耶斯主编的《科学哲学手册》（*Elsevier Handbook of the Philosophy of Science*）第 9 卷——《技术与工程科学哲学》

---

① Peter Kroes and Anthonie Meijers, "Introduction：A Discipline in Search of Its Identity", in Peter Kroes and Anthonie Meijers eds. , *The Empirical Turn in the Philosophy of Technology*, Amsterdam：JAI, 2000, p. xxiv.

② Hans Achterhuis ed. , *American Philosophy of Technology：The Empirical Turn*, Minneapolis：Indiana University Press, 2001, p. 6. 该论文集是 2001 年翻译的英文版，译自 1997 年荷兰文版《从蒸汽机到电子人：在新世界中思考技术》（*Van Stoommachine tot Cyborg：Denken over Techniek in the Neiuwe Wereld*）。

③ Philip Brey, "Philosophy of Technology after the Empirical Turn", *Techné：Research in Philosophy and Technology*, Vol. 14, No. 1, 2010, pp. 39 –40.

（*Philosophy of Technology and Engineering Sciences*）中。ET Ⅱ 技术哲学家力图建立一种"内在的技术哲学"（Internal Philosophy of Technology）①，强调对"工程"的关注和对技术本身的"哲学描述"（philosophical description）②。

米切姆和皮特作为 ET Ⅱ 的先行者，强调对工程或技术本身的关注。米切姆呼吁哲学家应该严肃认真地对待技术，技术哲学研究不能将工程话语（engineering discourse）排除在外。③ 皮特强调技术哲学研究应该关注技术本身而不是技术应用带来的社会后果："当我们给出我们这个世界和生活中技术带来的后果的评价时，这里有个先决条件，即首先要理解我们所知道的技术，以及理解我们如何知道我们所知道的是可靠的。"④

如果说基于 ET Ⅰ 的现代技术哲学是对经典技术哲学的修正，那么 ET Ⅱ 则是非常激进地扬弃了经典技术哲学的道统。⑤ 虽然基于 ET Ⅰ 的现代技术哲学与经典技术哲学有着很大的不同，尤其是从经典技术哲学"对技术的单边否定态度"到"非敌视的全面态度"，但二者的核心目标是一致的，即为了理解和评估现代技术与社会之间的关系。因此，布瑞将 ET Ⅰ 的研究进路与经典技术哲学的研究进路都称为"面向社会的技术哲学研究"（society-oriented philosophy of technology），而称 ET Ⅱ 的研究进路为"面向工程"（engineering-oriented）的技术哲学研究。⑥

ET Ⅰ 和 ET Ⅱ 虽然都被冠以"经验转向"之名，两者之间也的确有着

① Peter Kroes, "Philosophy of Technology: From External Approach to Internal Approach (Preface)", 载潘恩荣《工程设计哲学——技术人工物的结构与功能的关系》（中国技术哲学与 STS 论丛·第二辑），中国社会科学出版社 2011 年版，第 3 页。

② Philip Brey, "Philosophy of Technology after the Empirical Turn", *Techné: Research in Philosophy and Technology*, Vol. 14, No. 1, 2010, p. 41.

③ Carl Mitcham, *Thinking through Technology: The Path between Engineering and Philosophy*, Chicago: University of Chicago Press, 1994, p. 267.

④ Joseph Pitt, *Thinking about Technology: Foundations of the Philosophy of Technology*, New York: Seven Bridges Press, 1999, p. viii.

⑤ Philip Brey, "Philosophy of Technology after the Empirical Turn", *Techné: Research in Philosophy and Technology*, Vol. 14, No. 1, 2010, p. 39. Peter-Paul Verbeek, "Accompanying Technology: Philosophy of Technology after the Ethical Turn", *Techné: Research in Philosophy and Technology*, Vol. 14, No. 1, 2010, p. 49.

⑥ Philip Brey, "Philosophy of Technology after the Empirical Turn", *Techné: Research in Philosophy and Technology*, Vol. 14, No. 1, 2010, p. 40.

许多共同点，但布瑞仍然很担心两种现代技术哲学研究进路会越走越远。面向社会的技术哲学，关注现代技术在社会中的应用；面向工程的技术哲学，关注工程的实践和结果，即现代技术本身。目前，ET Ⅰ 和 ET Ⅱ 研究团体之间已经出现分离迹象。例如，斯坦福哲学在线的"技术哲学"①词条写到，基于 ET Ⅰ 的现代技术哲学是科学技术论持续影响技术哲学领域的结果，而基于 ET Ⅱ 的现代技术哲学被认为是当代技术哲学的主流。②因此，布瑞认为基于 ET Ⅰ 和 ET Ⅱ 的现代技术哲学之间存在着一个分裂的风险：两种现代技术哲学可能分化成两个独立的研究领域。③

两种现代技术哲学的分裂风险，其实就是经典技术哲学中人文传统与工程传统分裂问题的延续。米切姆认为，经典技术哲学研究传统中有人文传统的技术哲学（Humanities Philosophy of Technology）和工程传统的技术哲学（Engineering Philosophy of Technology），并且这两种传统是分裂的。④ 这种分裂风险带来的最大隐患是现代技术哲学与经典技术哲学一样，无法形成一个统一的研究范式和研究起点。最终，我们也不能获得一个"合法的（技术哲学）研究领域"⑤。

国际技术哲学界已经意识到，技术哲学需要在经验转向和伦理转向的基础上进行"第三次转向"，以便于整合前两次转向的优点，即整合经验的哲学研究进路（The Empirical-philosophical Approach to Technology）和伦理的规范研究进路。⑥ 但是，两种经验转向的分裂风险，将严重干扰"第三次转向"的走向。因此，消除现代技术哲学的分裂风险是当务之急。接下来，我们将探讨现代技术哲学内部存在分裂风险的原因，以及

① http://plato. stanford. edu/archives/spr2010/entries/technology/.

② Maarten Franssen, Gert-Jan Lokhorst & Ibo van de Poel, "Philosophy of Technology", in *The Stanford Encyclopedia of Philosophy*, ed. E. N. Zalta (Spring 2010 ed.), 2010.

③ Philip Brey, "Philosophy of Technology after the Empirical Turn", *Techné: Research in Philosophy and Technology*, Vol. 14, No. 1, 2010, p. 45.

④ Carl Mitcham, *Thinking through Technology: The Path between Engineering and Philosophy*, Chicago: University of Chicago Press, 1994, pp. 62 – 93.

⑤ Joseph Pitt, "On the Philosophy of Technology, Past and Future", *Society for Philosophy and Technology*, 1 (1 – 2), 1995.

⑥ Peter-Paul Verbeek, "Accompanying Technology: Philosophy of Technology after the Ethical Turn", *Techné: Research in Philosophy and Technology*, Vol. 14, No. 1, 2010, p. 51.

消除分裂风险的方法。

二 分裂的原因

在探讨两种现代技术哲学的分裂原因之前，有必要先考察一下布瑞是如何将两种经验转向及两种现代技术哲学等容纳在一个框架中。笔者将从三个层面进行考察。

第一个层面是经典技术哲学与基于 ET I 的现代技术哲学的关系。阿特胡斯强调基于 ET I 的新技术哲学家关注技术与社会之间的协同进化（Co-evolution）问题。① 就研究主题来说，基于 ET I 的现代技术哲学与经典技术哲学是一样的，即技术与社会之间的关系。就研究问题来说，经典技术哲学关注技术对社会的负面效果，基于 ET I 的现代技术哲学不仅关注负面影响，同时还关注正面影响以及社会对技术的反馈，并强调两者共同发展。因此，基于 ET I 的现代技术哲学继承了经典技术哲学的主题和问题，两者都是"面向社会的技术哲学"②。

第二个层面是基于 ET I 和 ET II 的现代技术哲学之间的关系。布瑞将前者称为"面向社会"的技术哲学，将后者称为"面向工程"的技术哲学。这里的"工程"指的是工程实践与工程结果（practices and products of Engineering）③，即技术本身。因此，面向工程的技术哲学其实就是"面向技术（本身）的技术哲学"。如果将两者统一起来，那么，基于经验转向的现代技术哲学是面向"技术—社会"的技术哲学，并具有以下特征：（1）批判经典技术哲学的研究范式，强调技术哲学需要更多的"经验基础"（empirically informed）；（2）更加聚焦于具体的实践、技术和人工物；（3）对技术一般是先描述后评价；（4）采用更少的决定论、更多的建构论或技术情境化的概念；（5）打开"技术黑箱"，展示构成技

---

① Hans Achterhuis ed., *American Philosophy of Technology*: *The Empirical Turn*, Minneapolis: Indiana University Press, 2001, p. 6.

② Philip Brey, "Philosophy of Technology after the Empirical Turn", *Techné*: *Research in Philosophy and Technology*, Vol. 14, No. 1, 2010, p. 40.

③ Philip Brey, "Philosophy of Technology after the Empirical Turn", *Techné*: *Research in Philosophy and Technology*, Vol. 14, No. 1, 2010, p. 40.

术的各种实践、过程和人工物。①

第三个层面是经典技术哲学与现代技术哲学的关系。布瑞认为，无论是经典的还是现代的技术哲学都围绕着以下三大基本问题展开研究。(1) 什么是技术? (2) 如何理解和评价技术应用于社会和人们生活的结果? (3) 对于技术，我们应该怎么做?② 第一个问题追问"什么是技术"。面向社会的技术哲学（包括经典技术哲学和基于 ET I 的现代技术哲学）与面向工程的技术哲学都试图回答它。前者倾向于基于技术与社会之间的关系回答"什么是技术"，不管是持单边否定态度还是持全面态度。后者倾向于通过澄清技术经验描述中的概念，如工程、结构和功能，来回答"什么是技术"。第二个问题讨论的是技术与社会的关系。这是面向社会的技术哲学的核心主题。目前来看，面向工程的技术哲学不讨论此类主题。但是，布瑞认为，后者不是不讨论，而是间接地讨论技术的社会后果以及技术和社会的相互依赖性。③ 因为，许多面向工程的技术哲学家已经认识到工程（实践）是社会的一部分，且它与社会相互影响。例如，在"技术人工物双重属性理论"中，克洛斯等强调功能与用户意向、人工物的使用方式有关。④ 第三个问题反思"我们应该怎么做"，属于技术伦理的研究范围。回答这个问题显然要基于前面两个问题的研究，也就是说要基于技术与社会之间关系的研究。

从三大研究问题可以看出，经典技术哲学和现代技术哲学都是研究"技术与社会之间关系"的问题，"技术—社会"这样的二元概念框架是它们共同的基本概念框架。综上所述，布瑞采用了"技术—社会"这样的二元概念框架将两种经验转向及两种现代技术哲学、经典技术哲学和现代技术哲学统一起来。二元概念框架的好处是刻画事物非常实用和便利。它能够暂时掩盖某些问题，将差异很大的两方捆绑在一起。例如，

① Philip Brey, "Philosophy of Technology after the Empirical Turn", *Techné: Research in Philosophy and Technology*, Vol. 14, No. 1, 2010, p. 40.

② Philip Brey, "Philosophy of Technology after the Empirical Turn", *Techné: Research in Philosophy and Technology*, Vol. 14, No. 1, 2010, p. 45.

③ Philip Brey, "Philosophy of Technology after the Empirical Turn", *Techné: Research in Philosophy and Technology*, Vol. 14, No. 1, 2010, p. 41.

④ Peter Kroes, "Technological Explanations: The Relation between Structure and Function of Technological Objects", *Society for Philosophy and Technology*, Vol. 3, No. 3, 1998, pp. 18 – 34.

心身问题的心—身概念框架，技术人工物双重属性理论的结构—功能概念框架。然而，二元概念框架是有代价的，即掩盖的问题很可能成为这个二元概念框架的"难问题"，如结构与功能之间的关系是技术人工物双重属性理论的难问题。①

我们现在考察"技术—社会"二元概念框架掩盖了什么问题。基于经验转向的两种现代技术哲学都不满意经典技术哲学的研究范式。但是对于打开技术黑箱，在"技术—社会"的二元概念框架中，它们却有着不同的理解。阿特胡斯认为，ET I 有三个明显的特征。② 第一，打开"技术发展的黑箱"（The Black Box of Technological Development）。基于 ET I 的技术哲学家不将技术人工物看作给定的（given），而是去分析这些人工物的具体发展和构成。同时，他们也不将技术描述成自主的（autonomous），而是由众多社会因素共同作用而成的。第二，不将技术哲学看作一个整体，而是将技术拆解为各种"具体的技术"并进行具体分析。第三，探讨技术与社会的协同进化问题。也就是说，一方面，技术的发展引发了社会的转变；另一方面，技术的发展受社会—文化因素的影响。因此，ET I 打开技术黑箱，是为了强调现实中社会因素对具体技术发展的作用。

ET II 打开技术黑箱时也涉及社会因素，如技术功能可以由社会历史背景决定。③ 与 ET I 不同的是，它并不强调社会因素的作用。如果重点放在社会因素上，那是过于简单化地处理技术黑箱。ET II 认为，为了打开黑箱实现经验转向，技术哲学研究需要一线工程师和哲学家在一起共同工作。打开技术黑箱后，技术可以作为技术人工物、知识形态或者行为方式出现。④ 此外，技术哲学家必须首先掌握"工程语言"，澄清工程

---

① Wybo Houkes and Anthonie Meijers, "The Ontology of Artefacts: The Hard Problem", *Studies In History and Philosophy of Science Part A*, Vol. 37, No. 1, 2006, pp. 118 – 131.

② Hans Achterhuis (ed.), *American Philosophy of Technology: The Empirical Turn*, Minneapolis: Indiana University Press, 2001, p. 6.

③ Marcel Scheele, *The Proper Use of Artefacts: A Philosophical Theory of the Social Constitution of Artefact Functions*. PhD Thesis, Delft University of Technology, Delft, 2005.

④ Peter Kroes and Anthonie Meijers, "Introduction: A Discipline in Search of Its Identity", in Peter Kroes and Anthonie Meijers eds., *The Empirical Turn in the Philosophy of Technology*, Amsterdam: JAI, 2000, pp. XVIII – XIX.

实践中使用的各种概念及其体系，如工程、设计、技术人工物、结构和功能。之后，技术哲学家才能研究技术的本体论、认识论和方法论等问题。因此，基于 ET Ⅱ 的（现代）技术哲学是"面向工程的技术哲学"或"面向技术（本身）的技术哲学"。

通过比较两种经验转向打开技术黑箱的方式，我们还可以看出，两种经验转向对"经验"的理解也是不同的。基于 ET Ⅰ 的现代技术哲学继承了经典技术哲学研究主题和问题，但没有采用批判的视角和方法。经典技术哲学对技术持单边否定态度，自上而下考察技术，认为技术对社会的影响是负面的。基于 ET Ⅰ 的现代技术哲学对技术持全面态度，自下而上地考察技术与社会之间的协同进化关系。因此，ET Ⅰ 的"经验"指的是现实中技术与社会之间具体的、全面的相互影响，而不是经典技术哲学强调的技术对社会的负面影响。"转向"指的是技术哲学研究从"对大写的 TECHNOLOGY 的批判性研究"转到"对小写的 technology 的描述性研究"。

基于 ET Ⅱ 的现代技术哲学比较激进。它不但反对经典技术哲学的研究范式，还抛弃了其研究主题和问题；甚至，它还认为基于 ET Ⅰ 的现代技术哲学只不过是科学技术论持续影响技术哲学领域的结果。[1] 克洛斯认为，当前技术哲学的一个重大改变是从外在进路（External Approach）转到内在进路（Internal Approach）。[2] 经典技术哲学强调从"外在进路"研究技术的使用方式及其对社会的负面影响，但它几乎不关注工程学，对现代技术及其推动者——工程师——持有敌意。经典技术哲学家也并不认为工程师的工作与他们有关。克洛斯和梅耶斯领导的 ET Ⅱ 运动试图建立一种更加"内在的"技术哲学。因此，ET Ⅱ 的"经验"指的是工程师眼中的技术研发的经验，而不是哲学家眼中的技术使用的经验。"转向"指的是从技术哲学的"外在进路"转到"内在进路"。

综上所述，"技术—社会"二元概念框架将 ET Ⅰ 和 ET Ⅱ 统一冠以

---

[1]　Maarten Franssen, Gert-Jan Lokhorst & Ibo van de Poel, "Philosophy of Technology", In *The Stanford Encyclopedia of Philosophy*, ed. E. N. Zalta (Spring 2010 ed.), 2010.

[2]　Peter Kroes, "Philosophy of Technology: From External Approach to Internal Approach (Preface)"，载潘恩荣《工程设计哲学——技术人工物的结构与功能的关系》（中国技术哲学与 STS 论丛·第二辑），中国社会科学出版社 2011 年版，第 3 页。

"经验转向"之名，代价是基于两种现代技术哲学始终面临着分裂的风险，且无法消除。换句话说，我们现在面临着"两难"：（1）需要"技术—社会"概念框架统一两种经验转向；（2）不需要"技术—社会"概念框架，否则两种现代技术哲学之间的分裂风险无法消除。

三　方法与方案

对于"技术—社会"二元概念框架面临的两难，类函数模型提供了一种可供借鉴的解决思路。① 类函数模型针对的问题是"结构—功能"二元概念框架在描述技术人工物时遇到的一个两难问题："结构描述"和"功能描述"，无论是分离使用还是混合使用，都不利于建立结构与功能之间的肯定性关系。也就是说，研究目标是建立结构与功能之间的关系，障碍是"结构—功能"二元概念框架造成的两难。一方面，因为两套描述系统之间存在着某种不可通约性，所以"结构描述"和"功能描述"越是分离使用，建立结构与功能之间的关系越困难。另一方面，复杂的技术人工物需要交叉使用结构描述和功能描述，但这种混合描述方式使用得越多，厘清结构与功能之间的关系越困难。

类函数模型中化解二元概念框架两难困境的方法是一种"二元框架转换方法"。该方法的原理主要来自两类工程设计方法：面向对象方法（object-oriented method）和发明问题解决理论（Theory of Inventive Problem Solving, TRIZ），主要有以下三个步骤。首先是对象化。基于面向对象方法，二元框架转换方法将"二元"以某种方式集成到某个对象上。原来的二元转换为对象的两个特征。面向对象方法的基本思想是尽可能以人类自然的思维方式模拟现实世界的问题，使得解决方案与问题保持在同一层次上。对象可以是任何事物，具体的或抽象的、简单的或复杂的。与二元概念框架相比，面向对象方法虽然在问题研究的初始阶段不如前者实用和便利，但在最终阶段降低了获得解决方案的难度。其次是分离。二元框架转换方法借助 TRIZ 化解物理矛盾的分离原理，使得二元概念框

---

① 潘恩荣：《工程设计哲学——技术人工物的结构与功能的关系》（中国技术哲学与 STS 论丛·第二辑），中国社会科学出版社 2011 年版，第 108—128 页。

架的两难状况能够合理地分离并不再产生冲突。物理矛盾指的是系统中某一参数或子系统具有两个对立的特征。TRIZ 矛盾分离原理共有四种：空间分离、时间分离、条件分离以及整体部分分离。最后是统一。二元框架转换方法在另一个层次上将对象的两个特征统一，使得它们之间能够形成连贯性（Coherence）。也就是说，基于某一个层次，我们能够寻找并建立对象的两个特征之间的交流通道。

　　现在我们开始探讨如何化解"技术—社会"二元概念框架的两难。我们的目标是，既能呈现两种经验转向及两种现代技术哲学的独立性，又能呈现它们相互之间的连贯性。但障碍是，使用"技术—社会"框架虽然可以统一 ET I 和 ET II，但两种现代技术哲学之间的分裂不可消除。首先考虑化解"技术—社会"二元概念框架两难的策略。"技术与社会"是基于 ET I 的现代技术哲学和经典技术哲学的核心主题，但是基于 ET II 的现代技术哲学则更多聚焦于"技术"本身，"社会"排在"技术"之后。结合前部分的论述，笔者认为，布瑞是站在"外在进路"立场上，使用"技术—社会"二元概念框架描述 ET I 和 ET II 以及两种现代技术哲学。因此，我们可以考虑改变立场，即站在"内在进路"立场上重新解读 ET I 和 ET II 以及两种现代技术哲学。一般地，"技术"与"社会"被看作宏观的或抽象的描述。那么，这类描述与经验转向所倡导主旨不符。两种经验转向的关注点已经从宏观的、抽象的层面转向微观的、具体的层面。因此，我们可以考虑对"技术—社会"二元概念框架实施微观化和具体化改造。综上所述，我们的化解策略是基于内在进路立场对"技术—社会"实施微观化改造，然后通过二元框架转换方法的对象化、分离和统一的步骤重新解读 ET I 和 ET II 以及两种现代技术哲学。

　　接下来是化解"技术—社会"二元概念框架的两难的具体过程。站在内在进路立场上，打开技术黑箱后，抽象的、大写的技术转换为具体的、小写的技术，表现形式为技术人工物、知识或行为方式。[1] 其中，技术人工物是具体化技术最直观的体现。克洛斯认为："技术人工物是具备

---

　　[1]　Peter Kroes and Anthonie Meijers, "Introduction: A Discipline in Search of Its Identity", in Peter Kroes and Anthonie Meijers eds., *The Empirical Turn in the Philosophy of Technology*, Amsterdam: JAI, 2000, p. XIX.

技术功能和物理结构的对象，且人们为了实现其功能有意识地设计、制造和使用它。"① 因此，技术人工物与其设计情境和使用情境密切相关。通过微观化改造，原来"技术—社会"二元概念框架的二元（技术与社会）转化为"设计情境和使用情境"。我们可视技术人工物为对象，并将两种情境集成到技术人工物身上。

对象化之后，通过 TRIZ 的空间分离原理，我们可以独立地在设计情境和使用情境中描述 ET Ⅰ 和 ET Ⅱ 以及两种现代技术哲学。在使用情境中，技术哲学研究的主题是某一技术人工物在使用过程中对人和周边环境产生的影响，以及人和周边环境对该技术人工物的设计、制造和使用产生的反馈作用。这是从微观层面基于具体的技术应用事实讨论技术与社会之间的关系，我们可称为"面向技术人工物使用的技术哲学"（Use-of-technical-artifact-oriented Philosophy of Technology），对应于布瑞的"面向社会的技术哲学"。ET Ⅰ 因而可称为"面向技术人工物使用的经验转向"（Use-of-technical-artifact-oriented Empirical Turn）。

在设计情境中，技术哲学的主题是工程师设计并制造技术人工物的过程、相应的知识及其辩护等。这是从微观层面基于工程师的具体实践讨论技术（人工物）的本体论、认识论和方法论等问题，我们可以称为"面向技术人工物设计的技术哲学"（Design-of-technical-artifact-oriented Philosophy of Technology），对应于布瑞的"面向工程的现代技术哲学"。ET Ⅱ 因而可称为"面向技术人工物设计的经验转向"（Design-of-technical-artifact-oriented Empirical Turn）。

分离之后，我们接着讨论如何统一，即关于"设计情境"和"使用情境"的连贯性问题。传统设计理论一般只考虑设计和制造，并不关注前期的市场需求分析和后期的售后反馈等。也就是说，在传统设计理论中，两种情境之间是没有交流的，那么两种技术哲学是分裂的。现代设计理论的"生命周期设计"（Life Cycle Design）方法则认为，一个产品（技术人工物）的生命周期包括以下几个环节：市场需求分析、设计、制造、销售、使用和回收。现代设计理论表明，两种情境之间是有交流的。

---

① Peter Kroes, "Design Methodology and the Nature of Technical Artefacts", *Design Studies*, Vol. 23, No. 3, 2002, p. 294.

例如，在设计某产品（技术人工物）之前，需首先确定其功能需求，这需要通过市场需求分析确定；产品使用中出现的新问题，如公众的环境诉求和舒适度诉求等，将反馈至产品设计和制造环节，以便于通过技术创新并设计制造出"更好的产品"。"更好的产品"不仅反映了产品功能上的提升，还包含了两个方面的技术与社会之间的关系。其一，从技术与商业文明角度来看，更好的产品就是通过技术创新制造出更好卖的产品，利润更高的产品；其二，从技术与公众福利角度来看，更好的产品就是通过技术创新提高公众的生活质量。以上例子表明，使用情境中关于技术与社会的关系的研究，如技术人工物的功能需求研究，可以应用于设计情境中。反之，设计情境中关于结构—功能的研究，如低辐射技术，也可以应用于使用情境中。因此，设计情境与使用情境在现代设计理论背景中是一个循环，两者是可以交流的。那么，基于 ET I 和 ET II 的现代技术哲学可以相互支持：前者发展的关于技术与社会之间关系的理论可以被后者使用；后者关于技术人工物结构与功能之间关系的理论都可以应用于前者。①

综上所述，通过将宏观二元概念框架"技术—社会"转化为微观概念框架"设计情境—使用情境"并集成在技术人工物身上，两种经验转向被重新解读为"面向技术人工物使用的经验转向"（ET I）和"面向技术人工物设计的经验转向"（ET II）。基于 ET I 发展起来的技术哲学是"面向技术人工物使用的技术哲学"，基于 ET II 发展起来的技术哲学是"面向技术人工物设计的技术哲学"。两种现代技术哲学在现代设计理论层次上保持了连贯性，在技术人工物的"设计情境—使用情境"维度上保持了各自的独立性。也就是说，在技术人工物的"设计情境—使用情境"这个微观概念框架中，两种现代技术哲学一方面能够独立地开展各自的研究；另一方面能够消除相互之间的分裂风险并能够相互支持。

---

① Philip Brey, "Philosophy of Technology after the Empirical Turn", *Techné: Research in Philosophy and Technology*, Vol. 14, No. 1, 2010, p. 45.

四 结语

　　技术哲学的两种经验转向都取得了巨大的成功。但是，不少技术哲学家认为，基于 ET Ⅰ 和 ET Ⅱ 的两种现代技术哲学过于突出描述性研究，丢失了批判的规范性研究。因此，作为对"经验转向"运动的一种矫正，技术哲学界发生了"伦理转向"，涌现出一批技术伦理学和工程伦理学。①然而，这些新伦理学往往基于传统伦理学的理论、框架和原理进行分析，即一种不关乎技术的外在的、规范的伦理学。② 显然，"伦理转向"与"经验转向"是冲突的，它们之间的冲突比两种经验转向之间的冲突要更加严重。这种冲突正是当前技术哲学与工程伦理学面临的挑战。彼得－保罗·维尔贝克（Peter-Paul Verbeek）认为，为了能够克服这种挑战，技术哲学需要进行"第三次转向"，以便于整合"经验转向"和"伦理转向"的优点。③

　　ET Ⅰ 和 ET Ⅱ 及两种现代技术哲学之间的分裂风险已经消除，这为第三次转向扫除了一个障碍。未来技术哲学第三次转向的一个可能进路是将经验转向嫁接到工程伦理研究中。这样我们将发展出两种新工程伦理学：（1）基于 ET Ⅰ 的工程伦理学；（2）基于 ET Ⅱ 的工程伦理学。前者是从工程的外在进路探讨工程伦理，如干细胞治理或核能开发的伦理研究，可归入工程论（Engineering Studies）或者科学技术论（Science & Technology Studies）范围；后者是从工程的内在进路探讨工程伦理，是"工程设计伦理"（Engineering Design Ethics），如价值敏感设计④（Value Sensitive Design），可归入工程设计哲学（Philosophy of Engineering Design）

---

　　① Peter-Paul Verbeek, "Accompanying Technology: Philosophy of Technology after the Ethical Turn", *Techné: Research in Philosophy and Technology*, Vol. 14, No. 1, 2010, p. 50.

　　② Peter-Paul Verbeek, "Accompanying Technology: Philosophy of Technology after the Ethical Turn", *Techné: Research in Philosophy and Technology*, Vol. 14, No. 1, 2010, p. 51.

　　③ Peter-Paul Verbeek, "Accompanying Technology: Philosophy of Technology after the Ethical Turn", *Techné: Research in Philosophy and Technology*, Vol. 14, No. 1, 2010, p. 51.

　　④ 价值敏感设计强调在技术人工物的设计过程中，工程师做出的所有设计决定都会涉及道德，旨在用技术人工物设计阶段的技术道德讨论替代使用阶段的技术道德讨论。

或内在技术哲学①（Internal Philosophy of Technology）范围。这两种新工程伦理学对外与规范伦理学有所不同，对内既可以独立开展研究，又可以相互交流。

---

① Peter Kroes，"Philosophy of Technology：From External Approach to Internal Approach（Preface）"，载潘恩荣《工程设计哲学——技术人工物的结构与功能的关系》（中国技术哲学与STS论丛·第二辑），中国社会科学出版社2011年版，第3页。

第十九章

从分布式认知到文化认知

于小涵[*]　盛晓明

在认知科学的发展历程中，从行为主义到认知主义是一次重大的飞跃。行为主义只强调行为本身的客观特性，无视内在的精神结构。与之相反，认知主义转向了脑内的心智环境，并通过表征这样一种通道与外部世界发生联系。这种想法其实不难理解，它源自一个隐喻，即将大脑理解为电脑。因此，认知活动本质上是计算的。到了 20 世纪下半叶，认知主义的缺陷开始显现，认知科学家重新关注被搁置一旁的文化、历史与情境因素，并意识到个体的认知活动无非是文化过程的组成部分。与前一次相比，这次飞跃的意义更加深远，也更加艰辛。首先，通过延展认知（extended cognition）、具身认知（embodied cognition）以及分布式认知（distributed cognition）这样一些环节，认知的边界由颅内拓展到了颅外，由个体认知拓展到了整体的文化认知；其次，研究范式也要由（归因）因果性分析走向复杂的相关性分析。

那么，何为"文化认知"呢？对此，人们很难有一致的界定。本文引入哈钦斯（Edwin Hutchins）在《荒野中的认知》（*Cognition in the Wild*）中的两个相关见解：第一，文化是一个过程，是发生在心智内及心智外的人类认知过程；第二，文化认知无须对心智的计算本质作任何承诺，也许民族志是一种有效的替代，只有呈现认知目标在日常生活中的

* 作者系暨南大学马克思主义学院副教授。2006 年至 2010 年求学于盛晓明教授门下，获得博士学位。本文原载于《自然辩证法研究》2016 年第 11 期。

达成模式,我们才能弄清文化是如何融入认知过程的,以及认知又是如何被嵌入文化过程的。

一 认知主义面临的挑战

传统认知科学秉承的内在主义(internalism)认为,人们的意向状态、期待、推理、决定、计划以及其他的认知过程是由人们大脑内部的状态和过程决定的。① 因此,仅仅观察个人完成任务的行为就可以研究认知,即使一个人使用工具来完成任务,也能假定所有的认知发生在个人头脑中,以颅骨作为认知的边界。② 如此看来,诸如 VR 技术(虚拟现实)、阿尔法狗等发明和认知的关系似乎是分离的。

然而,随着心灵哲学的内容外在主义转向,认知活动的展开不再围于个体大脑这一观点逐渐得到接受。查尔莫斯(David Chalmers)提出,很难否认,非常重要而关键的一点是,人类的心灵已经和身体及外部世界联系在一起。③ 也就是说,曾被传统认知主义宣称位于个人头脑之外的社会和人工环境并不仅仅是对认知的刺激或来源,而且是"思想媒介"(vehicle of thought),成为大脑思考活动的一部分。同时,这些外部环境的安排、功能和结构在处理大脑活动的过程中所发生的变化也开始得到学界的审视。

综合来看,将外部环境纳入认知范畴的几条研究进路包括情境认知(situated cognition)、具身认知和延伸心灵(extended mind)等。这些进路除了试图从外部因素与心灵发生交互作用的层面来理解认知及其过程之外,对将心灵仅仅物化和局限于大脑的批判也越来越强。相比之下,1995 年正式出现的分布式认知④则更为激进,它甚至抛弃了延伸心灵将个体作为认知中心再进行延伸的观点,而强调在一个分布式认知活动中并

---

① Mason Cash, "Cognition Without Borders: 'Third Wave' Socially Distributed Cognition and Relational Autonomy", *Cognitive Systems Research*, 25 – 26, 2013, pp. 61 – 71.

② Christine Halverson, "Activity Theory and Distributed Cognition: Or What Does CSCW Need to DO With Theories?" *Computer Supported Cooperative Work (CSCW)*, Vol. 11, 2002, pp. 243 – 267.

③ Andy Clark, *Supersizing the Mind*, Oxford: Oxford University Press, 2009.

④ [美] E. 哈钦斯:《荒野中的认知》,于小涵等译,浙江大学出版社 2010 年版。

没有一个中心单元，认知是一种由头脑内外的事物在文化实践中共同耦合而完成的过程。作为上述各条认知进路的扩展，分布式认知成为当前用以重新思考认知科学各个领域的新范式。

二　分布式认知

分布式认知提出，认知活动总是发生并分布于特定的文化和历史背景中，他人、技术人工物、外部表征和环境共同构成了认知的不可或缺的部分。因此，最好将认知理解为分布式现象，是发生于人、人工物以及通过表征状态和媒介等内外表征之间的交互作用，也是一种在认知系统中的过程。由此，分布式认知的主要研究内容包括知识表征、个体头脑中知识表征以及世界中的知识表征，知识在不同个体和人工物之间的传播，外部结构用于个体和人工物时的转化等。并且，通过这种方式来理解诸如视觉、记忆、语言以及判断等经验概念意义上的认知现象如何在系统的层面上得到操纵。

这一观点是哈钦斯通过在一艘美国航空母舰上进行的民族志研究提出的。当航空母舰靠近港口时，它的相对位置需要进行重复的测量：船员站在船左舷使用仪器记录陆标位置的角度和轮船旋转罗盘的角度，这些读数通过电话传递给导航室，导航员再根据这些数据进行特殊的图表操作，在地图上绘制图线来计划轮船下一步的方位。在这个定位测量的过程中，左舷的船员并不完全理解他们所做的计算，因为下一个陆标是由导航员来选择的。不能认为这些计算仅仅发生在导航员的头脑中，导航员并不足以重新建构整个过程，还需要用量角器和平行尺来执行一些有技术的处理。量角器是一把特殊的尺子，它位于地图旁边用于确定定位线，如哈钦斯所言，它的工作是把关于陆标的数字表征（例如多少度）转化为地图上可以进行分析的物理角度的表征。由于是这些工具系统而不是某单个个体执行认知操作，因此整个定位循环来自个人和其他人以及空间中工具之间的交互作用，这个群体活动的结构是由一系列的地方计算所决定的。整个过程并不能被某些较为精通的计划者所掌握，个体仅仅是复杂导航系统的一部分，这个系统还包括相关环境中的工具组织以及通过技术传递的信息表征，没有人可以完成所有的事情和所有的认知。

哈钦斯提出，不仅工具参与了认知的计算，文化也渗透在认知之中。他批评认知主义将一个事实上作为社会文化活动的人类计算投射到个人大脑的活动上，而这种认知的计算属性并不属于单独的个人而是属于"个人加环境"（individual-plus-environment）的社会文化系统。[1] 例如海军文化中的等级制度，一个导航系统能稳定操作的重要之处是导航员比观察员有更高的军衔，导航员必须在某个位置上对其他人发布指令，进一步看，导航员也要对轮船导航和船长负责。军舰上的社会结构或者说海军文化作为整个认知系统的一环，如同工具的物理安排一样，都各自扮演着在整个认知系统操作中的关键角色。这样，在哈钦斯的分析中，导航是一个围绕着特定目标的信息处理任务，给出有效信息以决定轮船位置的过程。[2] 如吉尔（Ronald Giere）所言，正是社会的组成部分在很大程度上决定了认知是如何在整个系统中分布的，这就是认知和社会的融合。[3]

三　表征、耦合与文化

心智的计算—表征理解在认知科学研究中一直占据主导地位。[4] 分布式认知也和表征问题有密切的关联。表征可区分为一系列内部和外部表征，内部表征发生在头脑中，如精神图像、联结网络、图式。外部表征则存在于世界中，如物理符号、外部规则、计算等。传统认知理论经常把外部表征排除在心智之外，外部客体只在辅助性意义上参与认知活动，例如写出数字通常被认为是对计算的记忆辅助。因此，传统进路常常假定一个复杂的内部表征来解释行为的复杂性，而缺乏将外部表征融入认

---

① ［美］埃文·汤普森：《生命中的心智：生物学、现象学和心智科学》，李恒威等译，浙江大学出版社 2013 年版。

② P. D. Magnus, "Distributed Cognition and the Task of Science", *Social Studies of Science*, Vol. 37, 2007, pp. 297–310.

③ Ronald Giere and Barton Moffa, "Distributed Cognition: Where the Cognitive and the Social Merge", *Social studies of science*, Vol. 33, 2003, pp. 301–310.

④ 傅小兰：《表征、加工和控制在认知活动中的作用》，《心理科学进展》2006 年第 4 期，第 551—559 页。

知的方法。

　　但正如西蒙指出的，解决一个问题就意味着将其表征出来，使解决措施显而易见，解决问题活动的关键因素是与所谓表征任务相关。也就是说，技术人工物、工具、计算机都可以刻画甚至改变一个问题的表征。任务的表征方式越清楚，就越容易找到清晰的解决途径。比如要计算两个三位数的乘积，如 123 乘以 456，尽管阿拉伯数字和罗马数字这两种类型都表示同样的实体数字，但不同的表征形式有不同的认知效果。显然，阿拉伯数字 123×456 比罗马数字 Ⅰ Ⅱ Ⅲ × Ⅳ Ⅴ Ⅵ 更符合一般习惯。而且，很少有人能够在大脑中进行这样的数学操作。常见的做法是用纸和笔执行：①建立一个数学形式的问题；②运用运算法则进行正确的计算；③通过记忆提供三位数的计算结果。这个计算过程包括操纵外部表征符号，眼和手的动力协调以及在头脑中的计算。纸和笔对于三位数的计算是非常必要的，当使用运算法则时先算 123 乘以 6，然后再计算 123 乘以 50，123 乘以 400，然后把这三个答案加在一起，这将原来的问题分成了三个次级的问题。而且每一个问题又可以再细分下去，比如说 123 乘以 6 是去计算 6 乘以 3、6 乘以 2、6 乘以 1，问题还原到一系列 6 的个位数运算上。可见，三位数计算这一认知活动并不仅仅发生在个体头脑中，而是被包括人、铅笔、纸在内的整个系统所执行。

　　张家杰（Jiajie Zhang）通过实验提出了一个关于分布式表征的理论框架。① 为了研究一个分布式认知任务，很重要的一点是将任务表征分解到它的内部和外部的表征结构中去，以识别内部和外部表征的不同功能。集体问题解决任务的表征分布在个体表征之间并共同形成关于任务的抽象结构。马格纳尼（Lorenzo Magnani）也提出，认知任务总是需要通过表征来进行调节的，任务的表征并不仅仅是一个精神结构，它也可以被看作来自人类和环境交互作用的一步步程序，因此可以说表征是同时在内部和外部发生，如图 1 所示。② 这样，分布式认知提出了一个方法论的对

---

　　① Jiajie Zhang and Donald A. Norman, "Representations in Distributed Cognitive Tasks", *Cognitive Science*, Vol. 18, 1994, pp. 87 – 122.

　　② Lorenzo Magnani and Emanuele Bardone, "Distributed Morality: Externalizing Ethical Knowledge in Technological Artifacts", *Foundations of Science*, Vol. 13, 2008, pp. 99 – 108.

等原则，在认知意义上个人和人工物都是对等的，它们同时转换和传播着表征，作为信号在一个延伸的计算网络中实现功能角色。

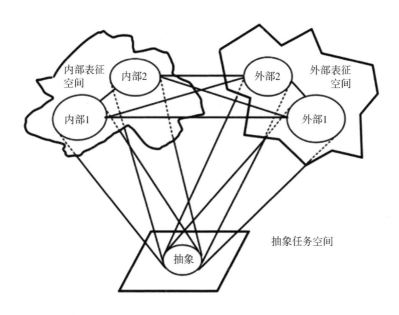

图1　分布式表征空间

一个有趣的问题是，分布式认知的缘起之一是高科技使人们发觉认知已经不能和手机、电脑、网络相分离，而分布式认知的论证表明，工具并不必然要具备高科技的因素，纸笔、拐杖都是分布式认知的可能工具，只要它们参与了认知的耦合关系就进入了分布式认知系统。若与颅内主义的边界定义有所不同，那么在分布式认知看来工具的边界应该在哪里呢？假如我在读书，明亮的光线是我得以阅读的一个因素，那么太阳是否也可以被纳入分布式认知系统？这就要进一步讨论耦合在分布式认知系统中的必要性。

从动力学的视角看，认知是一系列耦合的连续变异的变量持续相互作用的涌现的结果，而不是相继离散的变化。耦合是表征之间发生关联的重要因素，当一个特定的主体在和外部表征发生着持续相互的耦合关系时，这个主体就与这些表征形成了一个延伸的认知系统。人们开始掌握这些外部表征，并且掌握了规定着它们在认知任务中的操作和实践规则，使这些外部的常见来源成为认知系统的一部分。法律制度就是一个例子，它通过形成一个由个人以及法律制度的工具和实践所组成的耦合系统，刻画和支持了个人的判断。在这样做的过程中，它使认知活动得以产生，如对于一个特定法律案件的宣判。这些个人和制度之间发生了耦合关系，它是人们认知活动的产物，并且反过来组成了一个认知来源，刻画人们的认知过程使人们的大脑以某种特定的方式工作。[①]

表征和计算得以实现的重要媒介就是工具。哈钦斯甚至提出，在我们知道工具是什么之前，我们无法知道任务是什么。技术人工物遍及我们的生活，人工装置的发明戏剧性地增强了人类的速度、力量和智能。工具有两方面的作用。首先，也是最显而易见的，工具是表征状态传递已完成计算的一种表征媒介。其次，工具提供了对行动组织的约束。例如，导航计算尺在排除干扰计算描述的句法时所采取的操作方式。导航计算尺的物理结构不只是计算的媒介，计算尺通过约束表征状态来识别数据，这为使用者提供了合成功能系统的指导，在合成过程中计算尺也参与其中。从这个意义上说，这些媒介技术并没有站在使用者和任务之间，相反，它们和使用者站在一起，作为约束行为所使用的来源，执行计算的表征状态的传播即以这样的方式发生。

因此，分布式认知系统的计算能力并不取决于技术人工物的信息处理能力，而取决于人工物在一个认知功能系统中所发挥的作用。正如刘晓力等提出的交互式认知建构，它以可嵌入的环境取代完全客观、孤立的认知环境。[②] 再如一个人面对一台功能强大的苹果电脑，却对 MAC 操作系统一无所知，那么苹果电脑对他的功能体现为零。

分布式认知还有一个不同于其他进路的特征，将文化也纳入认知系统中。文化刻画了系统的认知过程并允许分析单元的边界超越个体界限，从而使个体成为复杂文化环境的一个要素。吉尔兹（Clifford Geertz）早已提出："人类通过将自身置于象征性的中介程序中来生产人工物，组织

---

① Shaun Gallagher, "The Socially Extended Mind", *Cognitive Systems Research*, Vol. 25, 2013, pp. 4 – 12.

② 刘晓力、孟伟：《交互式认知建构进路及其现象学哲学基础》，《中国人民大学学报》2009 年第 6 期，第 55—61 页。

社会生活，或者表达情感。非常确实的，尽管不是那么的故意，人类创造了自身。这些符号不仅仅是表达与工具，或者与我们的生物的、物理的、社会的存在有关联；它们是后者的先决条件。当然，没有人类就没有文化，但是同样地，甚至更为重要的是，没有文化也将没有人类。"①哈钦斯以密克罗尼西亚的原始导航和西方现代导航为例，认为其表征和执行任务的区别在于文化的差异，一个文化传统下的导航知识不足以理解另一个传统下的导航实践。

在哈钦斯看来，"荒野中的认知"（cognition in the wild）这一短语指在自然生活环境中的人类认知——自然发生的由文化构成的人类活动。哈钦斯曾经在 2011 年批评克拉克（Andy Clark），认为后者提出的延伸认知概念低估了文化实践的角色，而克拉克也回应到，他确实一直都忽视了这些巨大的社会的和文化的维度，这些维度刻画并使我们的认知实践活动得以可能。近年来，分布式认知的社会意义进一步得以彰显。卡什（Mason Cash）将其称为"第三次认知科学浪潮"——"社会的和文化的分布式认知"（socially and culturally distributed cognition）。他主张，认知任务发生在一个更大的社会的、组织的、政治的、技术的和文化的制度系统中，集体产生了社会化分布的组织实践和工具，而这些反过来又增强和结构化地影响着认知能力以及我们用以思考的工具。

四 任务、结果与系统

分布式认知虽然不像延伸心灵假说那样引发了关于认知边界的激烈争论②，但也遭遇了一些类似的反对声音。鲁珀特（Robert Rupert）认为，必须有一个关于什么是我的认知系统或者我的认知过程这一部分的限制。③ 万森（Krist Vaesen）也提出，分布式认知一词的广泛的传播与接

---

① Clifford Geertz, *The Interpretation of Culture*, New York: Basic Books, 1973, p. 48.

② Frederick Adams and Kenneth Aizawa, "The Bounds of Cognition", *Philosophical Psychology*, Vol. 14, 2001, pp. 43 – 64.

③ Robert Rupert, "Challenges to the Hypothesis of Extended Cognition", *The Journal of Philosophy*, Vol. 101, 2004, pp. 389 – 428.

受伴随着一个危险，那就是它被使用得过于松散。①

对于分布式认知的理解首先是确定认知的条件。吉尔提出，判断一个产出是不是认知的只能依靠人类判断。但是，对于一块有动物般形状的钟乳石来说，即使可以被当作人类认知的结果，它本身却不是分布式认知的产出，因为它并没有生成于一个认知过程且没有出现信息处理。因此，车昂（Hyundeuk Cheon）提出，只有当一个产出被视为人类认知的结果及信息处理的结果时，才可以被认为是认知的。例如一个物理系统在执行或者传播语义信息时，认知过程可以被语义信息所解释，产生不同内容的认知结果，这时它可以被看作分布式认知系统的一部分。②

马格努斯（P. D. Magnus）从任务和过程两个层面的区分来研究分布式认知。计算层面把任务详述为"行为要达到的抽象和理想化的规范"，而更低一级的层面指定了完成任务的过程。③ 过程是认知行动在时间维度上的动态体现，认知任务则约束了组织行动的方向。如果一个系统是一个分布式认知系统，那么它将会具有某些系统的认知目标或者认知任务。

卡什则从结果的角度认为，判断认知系统的标准应该看所参与的规范化和社会化的实践是否能让人们对其行动来负责。一个社会化的、物理的分布式认知过程，应该使人对此负责，比如受到表扬或者惩罚。因此，在这个意义上他并不赞同吉尔对分布式认知的解读。而且，如果一个分布式认知系统输出的结果包括信仰、知识或者关于某物的表征，那么表征可能是一个系统所形成的认知结果，但是关于知识或信仰却并不是这个系统的认知结果，因为知识或者信仰是限于人类的，人类应对此负责。

再从功能的角度看，卡什也对吉尔提出了疑问。假设界定哈勃空间望远镜的总体功能在知识成果的意义上为 Φ，那么一些次级的功能可以

① Krist Vaesen, "Giere's (in) Appropriation of Distributed Cognition", *Social Epistemology*, Vol. 25, 2001, pp. 379 – 391.

② Hyundeuk Cheon, "Distributed Cognition in Scientific Contexts", *Journal for General Philosophy of Science*, Vol. 44, 2013, pp. 1 – 11.

③ P. D. Magnus, "Distributed Cognition and the Task of Science", *Social Studies of Science*, Vol. 37, 2007, pp. 297 – 310.

分解为：Φ1 是指数据的获得，Φ2 是指数据向地球行星的转移，Φ3 是数据转换成人类可识别的形式，Φ4 是指数据形成了知识的版本，箭头表示不同次级功能之间的次序。

$$(\Phi_{HST}，\phi1 \rightarrow \phi2 \rightarrow \phi3 \rightarrow \phi4)$$

而 Φ4 的次级功能无论怎样被执行都必须是在系统中的某处被执行，表征必须变成知识，如果不这样做的话，系统的整体功能 Φ 将不会被认识到。但是，吉尔坚持，在人和系统或者人和技术人工物中间并不存在知识的对等原则，那么显而易见的是，Φ4 是在传统的人类骨骼之下被执行的，这又回到了个体认知概念。

对于这一点，我们认为次级功能之和并不能等同于总体功能，手表的各个部分并不能使它们自身表达时间，但它们执行的行动可以使手表表达时间。系统的产出并不能够通过系统中个体认知属性而得到解释，船员和人工服务系统作为一个整体知道如何安全地导航军舰，而这一能力并不可以还原为个体能力。因此，在认知问题上，一个系统的整体认知任务并不能够分解为诸次级功能，而只能通过不同的次级功能的集体工作才能理解。

实际上，以系统而不是任务或结果为分析单元来理解分布式认知已经得到了重视，第二代认知科学开始把认知系统作为研究认知的分析对象。[1] 吉尔在概括分布式认知系统特征时说得非常清楚，一个分布式认知系统就是一个合并了人类、工具和模型的系统，并产生了认知结果，认知系统的操作就是一个认知过程。因此，一个分布式认知系统就是一个能产生认知结果的系统，就像是一个农业系统会生产农产品一样。[2] 甚至，当分布式认知系统已经运行了一段时间后，把一个工具或者一个人从这个系统中去掉，剩下的个体和工具可以进行调整。[3]

综上所述，分布式的认知结构是在目标和任务的达成过程中呈现出

---

① 李其维：《"认知革命"与"第二代认知科学"刍议》，《心理学报》2008 年第 12 期，第 1306—1327 页。

② Ronald Giere, "The Problem of Agency in Scientific Distributed Cognitive Systems", *Journal of Cognition and Culture*, Vol. 4, 2004, pp. 759 – 774.

③ James Greeno and Carla van de Sande Greeno, "Perspectival Understanding of Conceptions and Conceptual Growth in Interaction", *Educational Psychologist*, Vol. 42, 2007, pp. 9 – 23.

来的，它把我们引入了一种复杂的文化认知领域。文化认知不仅要求认知科学在方法论上转换研究范式，同时也要求转换认知"主体"的概念。当我们用"共同体"来取代个体时，势必对诸如集体心智、集体意向和集体表征等概念做必要的澄清。共同体肯定不是个体的简单叠加，要么如哈钦斯所说的那样，其中包含了一种复杂的分布式结构，要么如拉图尔和卡龙所说的那样，共同体是一个根据任务的需要不断拓展着边界的"行动者网络"。

　　从另一角度看，文化认知隐含着一种激进的哲学立场，对人们习以为常的人类中心主义观点发起严肃挑战。在分布式认知结构中我们可以看到，心智的和身体的（或物质的），人和工具（仪器、设备）具有同等的本体论地位。因此，既有的"主体"和"客体"概念都需要重新界定。诸如此类的说法初看起来似乎不可思议，但是当我们面对像阿尔法狗这样的智能体时，或者当我们站在文化认知的立场上看问题时，一切疑虑便都会烟消云散。

第二十章

认知科学研究的实践进路
——具身的和延展的

黄 侃[*]

20 世纪 80 年代是科学哲学变革的年代，也是认知科学变革的年代。在科学哲学领域，从"实践"的角度理解科学知识的生产和科学发现成了新风尚，科学实践哲学对科学的基础、方法和含义等问题做了新的拓展。在认知科学领域中，光荣问世 20 余年的认知主义纲领受到了该领域中很多子学科的质疑，这股质疑认知主义的新生力量将认知科学拓展到实践和行动等方面。下面，我们尝试以 30 年来科学实践哲学的研究成果为镜子，照看认知科学发展的轨迹。这条轨迹充分说明了认知科学研究走向了实践之路，它给认知科学带来深刻影响，其中具身认知和延展认知是两个重要推手。尽管都在"实践"的名下，但前者具有现象学色彩，后者则具有实用主义色彩。

一 认知科学的"实践转向"

一般认为，认知科学是一门对心理行为和过程以及认知和心智做自然化说明的跨学科研究。在认知科学发展的 60 余年历程中，经历了以

　＊ 作者系贵州大学马克思主义学院教授。2010 年 9 月至 2013 年 7 月求学于盛晓明教授门下，获得博士学位。本文原载于《自然辩证法通讯》2019 年第 9 期。

"经典"（认知主义）进路为代表的第一代认知科学（霍华德·加德纳语)①，向第二代认知科学的转向（拉考夫和强森语)②。在第一代认知科学那里，认知研究的要点是对心理内容的讨论，认知过程和处理包含了这些内容，它们通常被称为表征。20 世纪，这种对心智自然化的解释接受了来自计算机的比喻。心智的计算理论力图实现心理表征对这些内容状态的处理，即信息处理系统。从某种意义上说，心智的标志在于区分心智表征是计算的而不是非计算的过程，以及心智的位置在大脑中而不在大脑外。不过到了 20 世纪 80 年代，研究者对心智的表征处理和心智位置的通行解释提出疑问，从而激发了这场具有革命意味的转向。认知科学的这一转向的推手来自嵌入式（embedded）、具身的（embodied）、生成的（enacted）、延展的（extended）认知，它们通常被统称为 4E。③ 受这些形式多样研究策略的激发，认知科学的众多子学科纷纷展开对脱离经典进路探索的尝试，并宣称是时候告别认知主义了。

　　对于这些趋向，国内研究者做了一系列可贵的研究工作。例如，在认知心理学界这种新趋势所引发的连锁反应，使得研究方案发生了重大变化，叶浩生把这些变化归结为："第一，从控制实验转向情境分析；第二，从个体加工机制的探讨转向社会实践活动的分析；第三，从静态的表征转向认知的动力学分析。"④ 费多益和徐献军注意到，现象学的资源对于认知科学改换方向具有重大意义。⑤ 另外，关于这一转向的评估工作也一直在持续，例如，刘晓力的《认知科学研究纲领的困境与走向》（《中国社会科学》2003 年第 1 期），李恒威和黄华新的《"第二代认知科学"的认知观》（《哲学研究》2006 年第 6 期），李其维的《"认知革命"

---

　　① Howard Gardner, *The Mind's New Science: A History of the Cognitive Revolution*, New York: Basic Books, 1985.

　　② George Lakoff and Mark Johnson, *Philosophy in the Flesh: The Embodied Mind and Its Challenge to Western Thought*, New York: Basic Books, 1999.

　　③ Richard Menary, "Introduction to the Special Issue on 4E Cognition", *Phenomenology and the Cognitive Sciences*, Vol. 9, 2010, pp. 459 – 463.

　　④ 叶浩生：《认知心理学：困境与转向》，《华东师范大学学报》（教育科学版）2010 年第 1 期，第 42 页。

　　⑤ 费多益：《认知研究的现象学趋向》，《哲学动态》2007 年第 6 期，第 55—62 页；徐献军：《国外现象学与认知科学研究述评》，《哲学动态》2011 年第 8 期，第 83—86 页。

与"第二代认知科学"刍议》（《心理学报》2008 年第 12 期），黄侃的《认知主义之后——从具身认知和延展认知的视角看》（《哲学动态》2012 年第 7 期）等，对认知科学的代际过渡做了专门介绍和研究。简单来说，与经典认知科学（认知主义）不同，4E 更看重环境、情境、文化、身体和工具在认知处理中产生的积极意义，这些内容恰好是经典进路所忽视的部分。虽然经典进路有诸多纰漏，但是作为一门科学，它为我们贡献了 20 世纪最好的关于人类认知和心智的解释，而且在工程学领域为计算机科学、人工智能和机器人学提供了可供参照的可贵样本。当然，随着人们在生产和现实领域对人工智能提出越来越高的要求，尝试把身体、环境和工具等因素纳入一个认知系统中加以考虑就成了必然趋势。

　　具身认知提出的时间要比延展认知稍早一些。前者的基本观点的提出是在 20 世纪 90 年代前后，它主要关注生物的自主性和以行动为导向之间的"生成"（enactive）关系，因此环境和身体通过行动产生的结构能力成为考虑认知的核心。延展认知的登场是以 1998 年"延展心智论"的面市为标志。在此之前，该理论的提出者克拉克曾思索如何在突破有形的物理边界的基础上重新考虑心智与世界的关系。延展认知讨论的场景常常涉及生命体（传统意义上具有认知能力的有机体）和无生命的认知主体（或者称为智能体，如手机）之间的互动，尤其是后者对于前者在完成认知任务时的积极意义。这两个方案对原有将认知或心智定位在脑内的传统观念做出了拓展，这与科学哲学强调从理论优位向实践优位的转变极为类似。因为，将心智定位在脑内并处理表征，与科学源于理性的逻辑推理又与认知者毫无关联的视角类似。不过，这项拓展工作的一个附带的结果就是，第二代认知科学无法像第一代认知科学那样具有统一的研究纲领。这一点似乎与所谓后实证主义的科学哲学丧失共同研究信念也很类似。

　　一门科学如果丢失统一的研究信念的确是一件令人忧虑的事情。为此，2014 年德国法兰克福第 17 届恩斯特·斯特吕格曼论坛（Ernst Strüngmann Forum）以"实用主义转向"（The Pragmatic Turn）为题，试图通过这个主题来统一认知科学的研究信念。① 该文集首席编辑恩格尔（Andreas Engel）在 2013 年就声称，"认知是一种实践的形式"，并接受了具身认知的倡导者瓦雷拉的观点："认知就是行动。"② 第二代认知科学发生的这一"实用主义转向"当然能被看成"实践转向"，因为"实用"和"实践"这两个词在词源上具有亲缘关系。例如，郁振华就将两者同等看待。③ 现在看来，认知科学的"实践转向"已成铁板钉钉之事。

科学哲学领域的"实践转向"通常以"理论优位"向"实践优位"的转向为标志，也被称为科学实践哲学。例如，孟强曾指出劳斯、皮克林和林奇等在科学实践哲学这个议题上已经提供了重要的参照。④ 与科学实践哲学这个话题诞生的同时期（20 世纪 80 年代），在科学哲学内部还有另一种声音，认为科学哲学可以借鉴认知科学的成果来探索科学知识的生产，进而被冠以"认知转向"的称号。⑤ 实际上，科学哲学界的"认知转向"已经充分注意到科学知识生产的社会因素，这一点和过去强调逻辑及形式化的方案有所不同。或者说，与"认知转向"相关的一些论题已经具有了科学实践哲学的意味，只不过研究者们注意的是"认知"，而不是"实践"。

我们认为，虽然用"实践转向"来概括认知科学的转向是合适的，但也有过于笼统之嫌。毕竟，这一转向在细节上是由不同的研究策略共同汇聚而成，它们虽然都符合所谓"实践转向"，但是细分起来其中的区别仍然很明显。为了进一步对认知科学的"实践转向"做出详细分析，接下来我们将对哲学意义上的理论和实践问题做出回顾，通过借鉴科学哲学的"实践转向"的研究成果来评估认知科学的"实践转向"。

---

①　Andreas Engel, Karl Friston and Danica Kragic eds. , *The Pragmatic Turn*: *Toward Action-Oriented Views in Cognitive Science*, London: The MIT Press, 2015.

②　Andreas Engel et al. , "Where's the Action? The Pragmatic Turn in Cognitive Science", *Trend in Cognitive Science*, Vol. 17, No. 5, 2013, pp. 202 – 209.

③　郁振华：《沉思传统与实践转向——以〈确定性的追求〉为中心的探索》，《哲学研究》2017 年第 7 期，第 108 页。

④　孟强：《科学实践哲学与知识观念的重构——兼谈地方性知识》，《自然辩证法通讯》2015 年第 3 期，第 20 页。

⑤　Steve Fuller et al. eds. , *The Cognitive Turn*: *Sociological and Psychological Perspectives on Science*, Dordrecht: Kluwer Academic Publisher, 1989.

二　科学哲学中的理论与实践之辨

科学哲学中"理论优位"和"实践优位"的争论由来已久。巴门尼德的《论自然》（*On Nature*）中，通过讨论真理（truth/aletheia）之路和意见（opinion/doxa）之路划分真实和虚幻。他敬告青年人一方面要了解意见，尽管意见不真，但是也要从圆满真理的牢固核心和对假象做出判断。① 简单来说，真理不可撼动，而意见会导致不正确的信念或不可信。② 柏拉图在《理想国》中用洞穴比喻来告知人们本质世界和现象世界的区别，并深化了巴门尼德的传统。后来，亚里士多德通过更精细的工作把真理与意见划分为三类知识：普遍的知识（epistēmē），实践知识（phronēsis），创制的或技术的知识（poiēsis）。如果把普遍的知识视为"理论优位"的延续，在真理的范围内，科学知识具有普遍性和必然性，它不仅是不变的知识，而且担当起了对永恒渴求的重任。"实践优位"的传统一直以来不受科学哲学家待见，与它被排斥进意见范围有关。

作为意见范围的知识类型之一，实践知识（phronēsis）被理解为一种做的知识（knowledge of doing），在《尼各马可伦理学》中，亚里士多德说："灵魂中有三种东西主宰着行动和真理。"③ 行动（action）或实践（praxis）具有深思熟虑和正确的行动之意。亚里士多德认为："很明显，实践智慧不是科学知识。如我所言，它考虑的是最后的事情，因为这是所做之事。因此，它是反对理智的，因为理智被当作首要地位加以考虑，当实践知识只考虑最后的事情时，不存在被给予的理性的说明，并且这是知觉的对象，而不是科学知识的对象。"④ 哈贝马斯对此评估时认为："亚里士多德强调，政治学以及在一般意义上的实践哲学，与自己的所谓知识而言，不能以一种严格的科学，以无可置疑的知识（epistēmē）相比

---

① 北京大学哲学系外国哲学史教研室编译：《西方哲学原著选读（上卷）》，商务印书馆1981年版，第31页。

② 斯坦福百科全书《巴门尼德》词条。［OL］. https：//plato. stanford. edu/entries/parmenides/2022 – 12 –25.

③ Aristotle, *Nicomachean Ethics*, Cambridge：Cambridge University Press, 2004, p. 104.

④ Aristotle, *Nicomachean Ethics*, Cambridge：Cambridge University Press, 2004, pp. 111 – 112.

照。……实践哲学的能力是 phronēsis，对处境的一种审慎理解。"① 然而，切断理论和实践的联系是希腊—基督教传统认为内省生活优于现实生活造成的。虽说希腊人曾以目标为导向的行动、技能、技艺（technē）为知识，但是最终指向超我（superme）目标的理论和最高目标。因此，这种实践的审慎（phronēsis）就无法从理论中派生出来，也不能从理论中找到为自身辩护的依据。②

作为意见范围的另一种知识类型，创制知识或技术知识（poiēsis）对于成功完成任务是必需的，或有效和正确使用工具，它是一种制作的知识（knowledge of making）。作为创制的知识，"poiēsis 的作用逐渐扩展到哲学史和自然科学的理智范围，甚至变得与现代知识生产几乎是同义的了"③。从理论知识到创制知识的迁移，发生在 16—17 世纪间的伽利略和培根等人身上，普遍的知识变得更贴近创制知识，而不是通过反思获得。在对这种现代科学的形态进行说明时，哈贝马斯接着说道："这并不意味着现代科学追求知识的目的，尤其是在它的初期，以主体导向可以被技术地应用于生产为视野。当然，从伽利略的时代开始，研究目的本身就是客观地去获得'制作'（making）自然过程的技能，它自身在某种方式上当作被自然产生的过程。理论由其人工再生产自然的过程的能力而得到衡量。与知识（epistēmē）相反，理论在它的所有结构中以'应用'为目的。因此，理论因其真理尺度赢得了一种新的标准（除了它的逻辑一致性以外）——技术专家的确认：凡是我们能创制的对象，我们即可以认识它。"④ 按照哈贝马斯的解释，实践知识没有办法从理论知识中找到辩护的依据，而这种情况发生改变只是后来的事情。

或许在亚里士多德那里理论和实践之间的区别还在于它们的对象不同，但是正如哈贝马斯所看到的，这种区别已经发生了改变。poiēsis 不再是被要求去完成一项特定任务的技术（skill/technē）知识，而是通向普遍知识仅有的确切之路。话虽如此，在科学哲学的发展历程中，"理论优

---

① Jürgen, Habermas, *Theory and Practice*, Boston: Beacon Press, 1974, p. 42.
② Jürgen, Habermas, *Theory and Practice*, Boston: Beacon Press, 1974, pp. 60 – 61.
③ Chad Kautzer, *Radical Philosophy: An Introduction*, London: Paradigm Publishers, 2015, p. 8.
④ Jürgen, Habermas, *Theory and Practice*, Boston: Beacon Press, 1974, p. 61.

位"的科学哲学在 20 世纪的统治地位仍然很明显。例如，维也纳学派和在逻辑实证主义下发展起来的逻辑经验主义，它们具有固定的圈子和游戏规则，并以命题或陈述对知识和认知进行一种纯粹的词语分析作为己任。然而，在 20 世纪 60 年代，以"后实证主义"登场为标志，人们发现经典科学哲学在发扬自己的优势的同时，放弃了把知识和认知放在人类生活的真实场景讨论的使命。毕竟，科学知识的产生在 20 世纪已经从一种先天式的假设来设计知识产生和行动方案，转向了一种从现有的或已知的，即使是有限的知识那里来理解知识生产，这一转变为科学实践哲学的问世奠定了基础。

　　从科学哲学的理论与实践之辨可以看出，"第一代认知科学"和"第二代认知科学"正是这一区别的体现。例如，认知主义强调表征符号操作的进路，实质上是理论知识和"理论优位"的复制，而具身认知强调身体的行动与环境的互动对认知的影响正是实践知识中"如何行动"知识的体现。在延展认知那里，强调人类认知活动者和环境的耦合，在于讨论实践知识是"如何做到"知识的体现。因此，虽然大体上具身认知和延展认知都能进入实践转向的框架，在细节上它们是有区别的。接下来，我们进一步通过讨论科学实践哲学的三种特征来验证这种区别。

三　科学实践哲学的三重特征

　　相比于以逻辑实证主义为代表的科学哲学对辩护情境的强调和对科学知识的规范性的要求不同，"从科学实践哲学的视角看，科学知识是地方性的"[①]。作为一种新型的知识观念，"'地方性知识'的意思是，正是由于知识总在特定的情境中生成并得到辩护，因此我们对知识的考察与其关注普遍的准则，不如着眼于如何形成知识的具体的情境条件"，它在意的是"知识究竟在多大程度和范围内有效，……而不是根据某种先天原则被预先决定了的"[②]。这种新型的知识观念与老式的知识观念的区别，

---

　　① 吴彤：《复归科学实践——一种科学哲学的新反思》，清华大学出版社 2010 年版，第 102—135 页。

　　② 盛晓明：《地方性知识的构造》，《哲学研究》2000 年第 12 期，第 36 页。

体现在"地方性的科学知识具有三个重要的特征，即社会性、异质性和历史性"①。科学哲学的实践转向从这三个方面开放并拓展了人们对科学知识生产的理解。从这三方面进行分析有助于我们评估认知科学的实践转向。

首先，从社会性的角度来看，主要体现在知识的普遍性向地方性的转变。劳斯在《知识与权力——走向科学的政治哲学》一书中专门开辟一章讨论"地方性知识"。与这种地方性知识相对的是一种以理论优位为特征的科学观或知识观，"科学主张是具有普遍性的。任何特殊的场所仅仅是这些普遍主张的实例，任何特殊性都必须被看成是研究结果的潜在障碍"②。它的特征可以概括如下：第一，"从所有特定的社会情境中抽离出来"；第二，"理论知识从而不涉及特定的认知者"；第三，"这种理论知识的主体是抽象的，无躯体的"；第四，"从理论优位的角度看，知识必定组成一个前后一致的、连贯的整体"，"科学领域必定具有统一的理论性理解"。③ 从一个层面看，普遍性的科学是去情境化的，因为它是无认知者的，科学的主体被抽象化和去身体化，如果上升一个层面看就是无社会性的。所以，当地方性知识强调社会性时，意味着科学知识的产生是有情境的、有认知者的，是一个科学的主体的现实化和有身体的活动。用劳斯的话来说："科学研究是一种介入性的实践活动，它根植于对专门构建的地方情境的技能性把握，但同时，我们也要把它理解为处于社会之中的。"④ 鉴于此，我们可以认为科学脱离了社会情境就变得不可理解了。所以，"合理的可接受的标准不是私人性，而是社会的"⑤ 这句话解释了老式的知识观对实践和行动介入科学的忽视。

---

① 黄翔、塞奇奥·马丁内斯：《历史性知识论与科学实践哲学》，《自然辩证法通讯》2015年第3期，第13页。
② ［美］约瑟夫·劳斯：《知识与权力——走向科学的政治哲学》，盛晓明等译，北京大学出版社2004年版，第75页。
③ ［美］约瑟夫·劳斯：《知识与权力——走向科学的政治哲学》，盛晓明等译，北京大学出版社2004年版，第74—75页。
④ ［美］约瑟夫·劳斯：《知识与权力——走向科学的政治哲学》，盛晓明等译，北京大学出版社2004年版，第124页。
⑤ ［美］约瑟夫·劳斯：《知识与权力——走向科学的政治哲学》，盛晓明等译，北京大学出版社2004年版，第125页。

其次，从异质性的角度来看，主要体现在知识的规范性向描述性的转变。规范性是一种具有排他性色彩的原则，它要求科学知识在知识论的标准上要符合逻辑的和数学的规则，这样一种形式化的要求得益于还原论的贯彻。还原论认为一种科学知识必须达到纯粹的理性水平，因此实际上在这个水平上的科学研究对象不仅处在一种理想化的状态，就连自然也变成了一个失去动态色彩的自然，更不要说它与社会截然分开。它也不再具有希腊自然主义哲学家眼中的自然（physis，即动态生成的自然）之意。所以按照传统科学观的理解，科学知识通过还原论可以实现同质世界中的来回"游弋"，例如经济学、社会学和心理学等，可以被通过像物理学那样将复杂世界还原成最小的单元——神经的、生物的、化学的和物理的层次实现同质性。然而，新知识观认为那些"隐含于事件中的各类认知的、技术的和仪器的规范性资源"也能担当知识规范的标准。[1] 我们可以看到，拉图尔在《科学在行动：怎样在社会中跟随科学家和工程师》中允许一种非人类（non-humans）的因素纳入一种知识规范的探讨中，正是对这一新原则的贯彻。这种做法实际上也应允了异质的人与非人，自然和社会等之间的互动。因此，它也更具有一种整体论的意味，描述性就成为解释这样一种科学观念的主导手段。

最后，从历史性的角度来看，主要体现在知识的理想化向现实化的转变。黄翔将伯吉（Tyler Burge）的论述作为自然化知识论为实践进路提供的一种历史性辩护。[2] 作为一位心智的反个体主义者，伯吉指出："赋予一个人和动物的许多心理的种类——确切地说包括思考有关物理对象和性质——必然依赖于这个人与物理的或在某种社会条件下环境的关系。"[3] 伯吉坦言这种观点来自他早在 1979 年所做的思想实验的报告，即思维的变化与他所依赖的环境相关。这个环境包含了他的身体移动，表面的刺激和内部的化学反应的历史。这种观点被接纳为"（内容）外在主

---

① 黄翔、塞奇奥·马丁内斯：《历史性知识论与科学实践哲学》，《自然辩证法通讯》2015年第 3 期，第 13 页。

② 黄翔、塞奇奥·马丁内斯：《历史性知识论与科学实践哲学》，《自然辩证法通讯》2015年第 3 期，第 18 页。

③ Tyler Burge, "Individualism and Self-Knowledge", *The Journal of Philosophy*, Vol. 85, No. 11, 1988, p. 650.

义"（content externalism）。所谓历史性还表现在他的核心观点上，一个人的信念依赖于物理世界。受玛尔（David Marr）视觉理论的影响，伯吉认为一种视觉的计算理论假定的表征内容依赖于有机体的演化历史环境。[①] 虽然伯吉没有明确一种知识的理想化向现实化的转变，但是它对于环境依赖的说法纠正了人们在对知识做出解释时，不得不考虑一个具有认知能力的物种在演化历史中的变化和现实状态。而实际上在科学哲学中从辩护的情境向发现的情境的转变，意味着知识评估的标准从只涉及先天的（a priori）假定，向涉及发现情境的真实历史和心理数据的转变。[②]

科学实践哲学对"地方性知识"的重视，无疑是对知识形成的情境和现实的知识主体重视的结果。借鉴上述三重特征来理解具身认知和延展认知所具有的实践倾向，可以认为社会性是具身认知和延展认知都重视的情境性的体现，但是前者聚焦于身体的情境，而后者聚焦于认知发生的情境。这个情境在异质性的角度中表现得最为突出，具身认知那里主要以身体运动为导向来展开，而延展认知允许一个非身体的要素成为考察认知的主要内容。当然，这里并不是说延展认知不在意身体，仅仅是因为在历史性的角度具身认知更关注生命有机体（身体）的演化历史，而延展认知注意到的是一种异质的文化下所允许的人类与非人类的协同演化历史对于理解认知的贡献。

四 当"具身的"与"延展的"相遇

认知科学在走向实践之路前，一个基本的工作原则是以计算机为隐喻来理解心智和认知，其直接意图源于用计算机对人类心智和认知进行模仿。这种工作被凯利视为"上行创造"（upcreation），"在电脑中创造类人的人工智能，将一个系统的复杂性提升一个级别，到目前为止完全失败"[③]。很显然，以"计算机能思考吗？"这个图灵式的问题为导源诞

---

① Tyler Burge, *Foundation of Mind*, New York: Oxford University Press, 2007, pp. 221 –253.

② Alexander Bird, "The History Turn in The Philosophy of Science", in Martin Curd and Stathis Psillos, eds. , *The Routledge Companion to Philosophy of Science*, New York: Taylor & Francis, 2014, p. 79.

③ [美] 凯文·凯利：《技术元素》，张行舟等译，电子工业出版社 2017 年版，第 258 页。

生的计算机科学，在它的基础上很多学科希望将计算机智能与人类智能等同起来。这个工作原则被认为"失败"了，因为它选择了一条"自上而下"的工作原则来理解心智和认知。从根本上来说，这个原则在哲学上与这样的信念有关，即从自我或主体出发来理解知识、认知和心智，计算—表征是实现这些内容的主要路径。

受希伦和斯密斯（Esther Thelen and Linda B. Smith）用动力学的视角来探索认知的启发，范·盖尔德（Tim Van Gelder）用瓦特机模型来取代图灵机模型，以期表示认知并非得靠计算来完成。[1] 范·盖尔德的观点立即成为对反表征主义呼应的代表。另外，瓦雷拉和他的合作者们用"生成的"呼应这种反表征主义的趋势，并强调世界并不存在于认知之外的其他部分，认知的行为（act）是一种在这种行为中通过这种行为与世界的某些方面结构耦合共同产生。这种理论后来被冠以具身性（embodiment）的名号。动力系统和具身性的联姻被视为自控制论开始，到认知主义假设的符号处理，再到联结主义的神经网络假设的替代品。瓦雷拉认为，具身进路的工作任务是批评传统研究中将行动与认知切割开，和过分依赖表征的路子。这种批评也可以从德雷福斯那里得到支持，他在对经典人工智能工作方案进行批评时就认为，将认知和心智活动视为抽象的符号操作，完全忽视了认知主体与世界在打交道，这是致命的缺陷。这种致命的"自上而下"的工作原则在理论上并不是可怕的事情，它的致命之处来自工程实践，也就是用这种原则去营造一个智能机器人时遇到的麻烦。不过，这个麻烦在机器人学家布鲁克斯（R. Brooks）这里被预料到了，并被他的追随者当作人工智能克服"自上而下"原则的经典案例。布鲁克斯在麻省理工学院实验室的一个杰出工作是给机器人一个身体，在与斯提尔斯合作编辑的一本名为"建造具身的、情境的主体"的册子中，介绍了一种不同于认知主义强调表征的路子，并以行动为导向来营造机器人的工程实践，即新人工智能。[2] 这个工作得到了同行和哲

---

① Tim Van Gelder，"What Might Cognition Be, If Not Computation?" *The Journal of Philosophy*, Vol. 92, No. 7, 1995, pp. 345 – 381.

② Luc Steels and Rodney Brooks eds., *The Artificial Life Routs to Artificial Intelligence*, Cambridge: Lawrence Eribaum Associates, 1995.

学家的一致认可，这中间包括瓦雷拉等人。① 因此，把具身认知视为"实践转向"的一分子，与它对现象学传统强调身体知觉和实时情境的行动的讨论有关。

延展认知是一个备受争议的认知假设，从"延展心智论"提出之日起，它一方面受到了认知主义的驳斥。另一方面在很多人看来它不过是具身认知的一种换汤不换药的说法罢了，毕竟在人们心目中"延展心智论"和前者一样都对环境有着特殊的关怀。我们把延展认知放在认知科学的实践进路是出于如下的考虑。首先，从上述社会性的分析，尤其是知识的地方性来看，延展认知所注意的一个细节是每个个体在特殊的情境下，面对临时的认知任务时，在调动自己的认知能力的同时还能够有效地利用环境中有利于完成认知任务的因素。从亚里士多德的意义上而言，这是有效对环境加以甄别的一种审慎。通过环境塑造心智加强认知处理的表现，也可以说心智的延展是一种将外部环境叠加进认知处理的制作过程。即便是一位阿尔茨海默病的患者，他通过大脑以外的标记和记事本，基于任务的完成而言，大脑内的那部分心智活动和外部的非人类的部件具有同等的地位。

其次，就异质性而言，延展认知具有的实际意义在于，物理身体依赖于直接的经验控制，并延展到新型技术上，生物的部件和非生物的部件共同完成任务。对非生物部件的重视对于我们今天理解人工智能机器，人与人的关系和智能增强是一种可参考的理论。克拉克的赛博格理论正是这方面的体现。② 用认知主义和具身认知的规范性作为评价标准，因为对"笛卡尔剧场"心智观的否定，实际上是对心智是在颅骨内或皮肤内，还是心智在身体内（生物性）的定位理论进行规范的否定。对于延展心智论而言，不被定位并不代表它主张某种泛心论，既不同于认知主义的物理学主义对符号表征的强调，也不同于具身认知对有机体行动导向和环境无须表征的认可。毋宁说，心智无表征则空，认知无环境则盲。因此，异质性意味着一种人类心智活动的部件"表征"与非人类部件之间

---

① ［智］F. 瓦雷拉等：《具身心智：认知科学和人类经验》，李恒威等译，浙江大学出版社 2010 年版，第 167 页。

② Andy Clark, *Natural-Born Cyborgs*, New York：Oxford University Press, 2003.

的融合。

最后，从历史性来看。"延展心智论"提出伊始就表示从普特南和伯吉的外在论那里得到启发，倡导一种积极的外在论。① 我们在前一小节对伯吉分析时注意到，伯吉不仅反对心智的个体主义主张，同时他支持一种个体与宽泛的社会环境之间相互关系的心智理论。② 就延展心智论的基本立场和某些论证所诉诸的案例而言，它所具有的演化论色彩不是认知主体脱离环境的演化，而是在环境中与特定工具基于目标形成的演化类型。这种演化在克拉克看来并非对过去演化的考量，而是在特定的技术化的演化环境中成长和学习。因此，复杂的设备就是人类的心智，它们是一种装备，从问题解决的路径上被限定为不是很规范的生物和非生物之间的循环和通路。③ 这种历史性最明显的特征就是人类现实的认知类型，例如使用智能手机、记事本，和一名阿尔茨海默病患者熟练地通过外部信息坚强地活下去。因此，通过某种认知策略能够存活下去才是我们研究人类认知重要部分之一。

传统认知科学采用"自上而下"的原则来指导认知和心智的解释，以及应用于人工智能设计等方面暴露出来的缺陷，使人们意识到寻找新的工作原则的必要性。总的来说，在实践转向的名义下，一个原则性的转变使得"自下而上"成为一个备选方案。根据这个方案，具身认知通过现象学构造有机体的身体与环境耦合的行动生成（enact）模式，从一种低阶的感觉运动到高阶的意识活动的研究之路。在延展认知这里，它所具有的实用主义倾向可以在杜威式的实用主义中得到解释。

探究（inquiry）是杜威借以反对传统二元论的重要词汇。杜威认为，"人类认知的核心和支柱是：探究作为行为中间和中介的方式由对两方面主题的确定构成，一方面是导向结果的手段；另一方面是作为所用手段之结果的事物。"④ 至于探究具有什么样的特征，放在什么场景下更容易

---

① Andy Clark and David Chalmers, "The Extended Mind", in Menary Richard, ed. , *The Extended Mind*, Cambridge：The MIT Press, 2010, p. 29.

② Tyler Burge, *Foundation of mind*, New York：Oxford University Press, 2007, pp. 100－151.

③ Andy Clark, *Natural-Born Cyborgs*, New York：Oxford University Press, 2003. p. 141.

④ ［美］约翰·杜威：《杜威全集·晚期著作·第十六卷（1925—1953）》，汪洪章等译，华东师范大学出版社 2015 年版，第 266 页。

理解，他表示："当认知被作为探究而探究被作为生命行为的方式之一来处理时，有必要先从尽可能广泛和普遍适用的陈述出发。我想，观察过比人类更原始的动物的人都不会否认它们会调查环境，作为如何行事的条件。……即调查关于做什么的周围条件，以决定在接下来的行为中如何做。"[①] 可以说，探究不仅是地方性知识重视环境，还是对环境的审慎观察的具体表现。这一趋向决定了延展心智论不会支持或制造出人与非人的二元划分，这一基础性的视野也体现了探究所具有的以结果为导向，以及在达成结果前使用什么样的手段或非人的外部事物。杜威设想人类从原始阶段对环境的调查来决定如何做出下一步行为，也与历史性中所强调的演化方案具有一致性。

因此，按照杜威式的实用主义解释，对认知的讨论应该回到实践的环境中，以社会性、异质性和历史性为视角，回到这个视角才便于我们去理解通过认知如何采取下一步行动。毕竟，光知道认知是什么，却无法应用认知去做事，对于一个物种存活下去是无益的。认知科学的实践转向确实是从这个角度来考虑的，我们也能够看到它的实际意义所在。无论是科学实践哲学还是认知科学的实践转向在这三重特性上的表现，前者面临的是一个知识的形态学（morphology）上的变化，而后者面临的是一个智能的形态学上的变化。与其说所知者和认知者与社会、异质的工具和历史的演化之间存在一种相加、叠加、增加和整合的样式，不如说两者对实践的强调是一场形态学意义上的革命。

---

① ［美］约翰·杜威：《杜威全集·晚期著作·第十六卷（1925—1953）》，汪洪章等译，华东师范大学出版社2015年版，第265页。

第二十一章

预测心智的"预测"概念

王　球[*]

　　关于人类心智的一般性理解，20 世纪 60 年代到 80 年代是计算主义的天下，20 世纪 80 年代到 21 世纪初，一方面人工神经网络模型（联结主义）再度复兴；另一方面广义的具身认知观念备受推崇。[①] 近十年来，心智的预测加工进路（predictive approaches to the mind，简称预测心智）汲取各家之长，有望发展成一种统合心智各个领域和诸多现象的新范式。[②]

　　这一新范式颇有康德式"哥白尼革命"的意味。至少对知觉而言，"经典的感知加工理论把大脑视为被动的、刺激驱动的装置。相反，该研究进路强调知觉的本质是建构式的，把知觉视为主动的、具有高度选择性的过程……并对即将发生的感知事件不断地提出预测"[③]。不仅知觉是预测加工的，这套建构主义方案还覆盖了包括认知、注意、情绪、行动、意识、自我意识和精神病理学在内的心智现象的方方面面，因而备受认知科学家和哲学家的关注。然而，该进路的思想资源五花八门，神经科

　　* 作者系复旦大学哲学学院副教授。2006 年至 2011 年求学于盛晓明教授门下，先后获得硕士和博士学位。本文原载于《福建论坛》（人文社会科学版）2021 年第 9 期。

　　① 参见刘晓力《哲学与认知科学交叉融合的途径》，《中国社会科学》2020 年第 9 期，23—47 页。

　　② Andy Clark, *Surfing Uncertainty: Prediction, Action, and the Embodied Mind*, Oxford: Oxford University Press, 2016, p. 10.

　　③ Andreas Engel, et al., Dynamic Predictions: Oscillations and Synchrony in Tp-down Processing, *Nature Review Neuroscience*, 2001, p. 704.

学、哲学、生物学、统计学、机器学习和信息论均有介入，对预测心智中的"预测"概念进行全面梳理因而是必要的。我们将从"为何问题"、"如何问题"与"何谓问题"三个方面展开阐述。

一 心智为何会做预测？

都说预测心智带有康德色彩①，这一点也不假。在《纯粹理性批判》第二版序言里，康德坦言："如果直观必须依照对象的性状，那么我就看不出，我们如何能先天地对对象有所认识；但如果对象（作为感官的客体）必须依照我们直观能力的性状，那么我倒是完全可以想象这种可能性。"② 换言之，若使得知觉和知识得以可能，认知主体关于世界的先天形式，也就是时空直观和知性范畴，必须自上而下地去统摄和建构由感知系统提供的散乱的感官杂多。虽说康德的这一论断是通过他独特的先验论证达成的，大致的思路在预测心智进路里表现得很明显。预测心智主张，一个心智系统（大脑）若要感知和表征世界，必须不断地在无意识的（亚人格）层面上对感知输入的诱因（外部世界的对象和事实）提出猜想或预测（先天要素）。通过被给予的感知信息流（感官杂多）去检验和修正这些预测，从而最大程度上消除预测误差（predictive error），以此生成知觉内容或引发行动。

不难看出，预测心智的"康德色彩"至少体现在三个方面：第一，若无先天要素（预测），便无从感知和认识世界；第二，"思维无内容则空，直观无概念则盲"，若自上而下的先天要素无法与自下而上的感知信息持续产生动态结合，知觉和知识同样不可能；第三，康德先验哲学的后果之一就是需要在主体与世界之间引入"表征纱帘"（representational veil），这甚至进一步导致现象与"物自体"的分离，而预测心智的理论

---

① 例如 Clark 认为预测心智能够唤醒"几乎是康德式的感觉"；Gladziejewski 表示"预测心智给我们呈现的知觉观实质上是康德式的"；Fazelpour 和 Thompson 认为受到预测心智文献的支持，当下的认知科学可被概括为"康德式的大脑"；Anderson 和 Chemero 认为这是一种"新的新康德主义"；Hohwy 也表示预测心智有鲜明的康德色彩。转引自 Link Swanson, "The Predictive Processing Paradigm Has Roots in Kant", *Frontiers in Systems Neuroscience*, Vol. 10, 2016, p. 2.

② ［德］康德：《纯粹理性批判》，邓晓芒译，人民出版社 2004 年，第二版序，第 13 页。

后果也遭到了知觉经验是"受控的幻觉"的指控。①②

　　其实，在观念史上，从康德先验哲学到预测心智进路确实有思想传承，这中间还经历了新康德主义者亥姆霍兹（Hermann von Helmholtz）所作的自然化贡献。作为生物物理学家，亥姆霍兹将知觉描述为概率性的、知识驱动的、从身体感知效应推断其现实诱因的过程。③ 这个溯因推理问题的求解，经由 20 世纪末 21 世纪初的心理学、计算神经科学和机器学习等研究领域的推进，最终发展成当下的形态。在今天，预测心智明确指出，心智系统就是一台层级化的贝叶斯预测机，它具有内生的、层级化的预测模型，这些模型是关于世界规律的概率分布预测。借助这些模型，作为身处不确定的世界中的有机体，就无须总是被动地以"随机应变"的方式来应对不断涌入的种种信息。预测模型"自上而下"地对即将接收到的信号提出预设，继而与实际输入进来的信息进行差值比对，由此得到的预测误差"自下而上"地从低阶层级反馈给高阶层级。这种反馈本身将不断修正各层级先前的预测模型，以便在这些层级迭代的信息加工动力学系统中，把预测误差降低到最小化，由此实现让预测模型尽可能地符合世界的真实样貌。这样的观点无疑秉承了康德洞见，也将相应的先验哲学进路给彻底自然化了。

　　我们当下要回答的问题是心智为何会做预测，然而仅仅说这是受到了康德先验哲学洞见的启发，本身算不上是个好答案。一个恰当的回答是：关于心智工作模式的总体设想，从被动加工的"自然之镜"（罗蒂语）转变为主动做出先天加工的"预测引擎"，是一种最佳解释推理。一个解释是最佳解释推理，当且仅当针对特定的观察事实提出一个合理的解释，并且相比之下没有其他假说比该解释更加合理。在这里，观察事实指的是有机体的各种心智现象（包括非人类的动物）、行为表现以及它

---

　　①　但是 Andy Clark 论证指出，基于具身性的预测加工所蕴含的是"非间接知觉"，参见 Andy Clark, *Surfing Uncertainty：Prediction, Action, and the Embodied Mind*, Oxford：Oxford University Press, 2016, Chap. 6, pp. 168 – 202.

　　②　除此之外，斯沃森（Link Swanson）甚至论证指出，康德同样认可知觉表征的形成是一种因果溯因推理过程。参见 Link Swanson, "The Predictive Processing Paradigm Has Roots in Kant", *Frontiers in Systems Neuroscience*, Vol. 10, 2016, pp. 1 – 13.

　　③　参见 Andy Clark, *Surfing Uncertainty：Prediction, Action, and the Embodied Mind*, Oxford：Oxford University Press, 2016, pp. 19 – 20.

们所处的物理和社会环境。

　　以人类知觉为例,一个简单例子有助于理解预测心智的优势。我们有过这样的体验:当火车进站停稳后,一度以为自己乘坐的火车再次出发了,实际上是相邻的火车朝相反的方向开动。然而当我们走路时眼睛盯着一棵树,却不会有"到底是树从视野前移动,还是视野从树上掠过"的歧义体验。亥姆霍兹发现,当你用手指拨弄眼球从而引起眼球运动,视野中的物体看起来就好像从一边跳跃到另一边。但是为什么当我们以正常方式转动眼球看一个物体时,却没有这种体验呢?亥姆霍兹认为,自然状态下,在眼球移动之前大脑就已经有了相应的无意识的预判。大脑事先已将信号发送到引起眼睛移动的眼部肌肉上,这些信号能用来准确预测一个眼部动作发生时,我们的视觉经验大致将会产生怎样的变化,所以正常情况下我们不会有类似于火车倒开的错觉体验。[①] 对于这个观察事实,尽管亥姆霍兹的解释在今天的神经科学家看来并不完美,然而大体上没有更好的其他假说(尤其是传统的计算表征主义假说)能够实质性地挫败它。

　　类似的案例还很多。例如当我身处人声嘈杂的酒吧,很容易把"网球"误听成"王球"(笔者的名字);或者"研表究明,汉字的序顺并不定一能影阅响读,比如当你看完这句话后,才发这现里的字全是都乱的";或者在双目竞争实验中,当你一只眼睛看到房子另一只眼睛看到人脸,你便无法同时看到两个图像。诉诸预测加工是关于这类事实最合理的解释,这种解释大体上承诺,外部世界的感知输入并不会如实呈现给主体。除此之外,从理论的简单性、解释范围的广度、解释方法的一致性,以及能否得到实证科学的支持等方面综合考量,关于心智的工作模式,预测加工比其他理论更胜一筹。

　　除了说预测心智是一种在功能层面上的最佳解释推理之外,弗利斯顿(Karl Friston)关于有机体遵循"自由能(最小化)原理"(Free Energy Principle)的阐释,同样可以推导出心智系统的基本工作机制应当遵

---

① [英] 弗里斯:《心智的构建:脑如何创造我们的精神世界》,杨南昌等译,华东师范大学出版社 2012 年版,第 103 页。

循预测加工原理。① 根据热力学第二定律，有机体的肉身大概率地将会处于死亡或功能失调的状态，然而进化将有机体"设计"为顽强存活、拒斥混乱或抵抗熵增的样态。有机体的肉身也相应地需要保持在一个容易预测的范围里。根据自由能原理，有机体要保持这个稳定的状态就得抑制自由能，也就是一种在信息论上等同于长线均值（long-term average）的预测误差。不妨说，生物学层面上的生存（survive），物理学层面上的抵抗熵增，生理学层面上的保持内稳态，信息论层面上的抑制自由能（或降低惊异度），以及认知层面上的降低预测误差（优化模型适宜度），它们是一些不同的表达，但在我们的语境里，就实现层面上来说都是等价的。② 简言之，包括我们人类在内的动物，要想存活下去，必须根据内在的生成模型，以做预测的方式，通过降低预测误差来感知、表征和行动于世。

二　心智如何做预测？

要使得"心智会做预测"这个论断更加可信，离不开回答"心智如何做预测"。很多人会觉得，在个体认知层面上，确实会有一些相关经验印证"心智会做预测"这个说法。比如过马路时你会预测行人前进的方向，或者在球场上你会预测进攻队员的下一个动作。要预测就得依赖既有的知识，例如行人通常不会走 Z 字形，或者当进攻队员观察到位置更好的队友时通常会传球。话虽这样说，然而本文讲的预测，几乎是亚人格层面上大脑无意识的信息加工。为了便于理解，不妨看看现实生活中怎样才能理性地做预测，这就牵涉到贝叶斯定理。

设想你去新疆旅行，不幸迷失在一片酷热难耐的沙漠里，随身携带的淡水几乎饮尽。此刻你抬头望见天边有一片云，试问这片云带来降雨的概率是多少？在这里，关于是否会下雨的预测很重要，因为它事关你

---

① 参见 Karl Friston, "The Free-Energy Principle：A Rough Guide to the Brain?" *Trends in Cognitive Sciences*, Vol. 13, 2009, pp. 293–301.

② Dom, The Bayesian Brain, An Introduction to Predictive Processing, Webpage *Mindcoolness*, July 28, 2018, https：//www.mindcoolness.com/blog/bayesian-brain-predictive-processing/.

能否赢得救援时间。这种情况下，你需要计算的是，给定"有云"这个证据前提下，"降雨"假说成立的概率，我们将此记作 P（降雨｜云）。根据贝叶斯公式 P（H｜E）＝P（E｜H）P（H）/P（E），你还需要知道：P（云｜降雨），即沙漠下雨的那天出现云朵的概率，我们设之为80%；并且 P（云），也就是沙漠中有云的概率，我们设为10%；以及 P（降雨），若沙漠中一百天才下一次雨，其概率可设为1%。将这些概率值代入公式，可以计算出 P（降雨｜云）＝ 0.8×0.01/0.1，得出结果为8%，很可惜，此时你虽然看到有云，但降雨概率还是很低。同样很可惜，也许在公布答案之前你也算错了。不过，尽管我们多数人并不擅长做贝叶斯推理，这并不妨碍我们的大脑可以无意识地以近似贝叶斯的方式做预测加工。正如蚂蚁不懂高斯分布和帕累托分布，但不妨碍蚁群根据信息素来选择最佳行军路线。

大脑做贝叶斯推理，推的是什么呢？前面已提到，亥姆霍兹的重大贡献是把知觉看作溯因推理：我们接收到的感知信息是结果（证据 E），需要利用它来推导外部世界的诱因（或关于这个诱因的假设 H）。一方面，这种知觉的溯因推理通常不是一一对应的。譬如一只猫作为外部世界的诱因，可以导致主体接收到视觉信息（看到猫）、声音信息（听到猫叫）或触觉信息（摸到那只猫）等不同的感知输入结果；或者一个结果（看到猫）也可能是由别的诱因（一只真实的猫或一个猫形公仔）导致的。[①] 另一方面，感知系统的信息输入通常会携带情境信息或信息噪声，例如当一只猫躲在栅栏后面时，感知主体的视觉经验只是一些被栅栏分割成条块状的似猫（cat-like）的图像。这种情况下（以及其他一切情形下），由于大脑动用了内在模型当中既有的"先天知识"做预测，我们才能形成"那里有只猫"的知觉判断。有了这些准备，接下来还需追问三个问题。第一，为什么大脑会有内生的"先天知识"？第二，这些"先天知识"拥有怎样的架构？第三，整个预测加工过程是如何进行的？先看第一个问题。

有机体生活其中的世界虽有诸多的不确定性，但万事万物大体上不会突然发生剧变（自然的齐一性），总有大量稳定的规律可循——打雷下

① 参见 Jakob Hohwy, *The Predictive Mind*, Oxford: Oxford University Press, 2013, pp. 14–15.

雨，虫鸣鸟啼，日升月落，冬去春来——这为大脑提供了建立内在模型的机会。这些模型基于物种的种系发生学历史以及个体成长史上既有的信息输入，它们作为先天知识，对即将出现的知觉输入提出猜想或预测。一个简单的类比有助于理解这个意义上的模型与世界之间的关系。我们不妨将动物的身体视为一组适应器（adaptations），适应器与环境之所以形成了适应关系，正是因为身体所处的环境有着较为稳定的因果规律和变化节奏，进化过程将之塑造成与环境匹配的样态。适应器的性状（phenotypes）反过来将自身身体约束在惊异度（surprisal）较小的环境当中，这便形成了某种意义上的预测关系。举例来说，成体树蛙四肢末端的吸盘是自然选择出来的适应器，吸盘的性状又约束了（同时作为预测）树蛙通常应该生活在树上——如果树蛙过多暴露在它并不熟悉的地面则是危险的。需要注意的是，在预测心智那里，心智模型当中的先天知识既非康德意义上的时空直观或知性范畴，也不能简单地视为概念化或命题式的真信念。本质上讲，这类先天知识是关于外部事物的概率密度分布，而模型自身可被视为概率函数。

但问题是，我们身处自然环境和社会环境，充盈着种种时空尺度不一的复杂规律，如此多的规律如何能够"内化"到心智当中，这便需要回应问题二：是怎样的心智架构让大脑灵活地建立起关于世界的模型？如果诉诸计算表征主义进路，功能模块分区或许是解决方案。但该方案或许不仅要设定概念化的表征属性，也难以刻画出预测属性。因此，这里的解决方案受益于预测编码（predictive coding）和人工神经网络模型层级化信息加工的启发，预测心智的架构是一套层级化的预测编码系统（hierarchical predictive coding system）。

先说预测编码，它本是一个数据压缩策略。例如在图像传输中，你要传输一行白鹭上青天的视频，只需对意料之外的特征进行编码即可。在这里，远山青天是可预期、规律稳定的画面，一行白鹭的移动轨迹则是例外情形，这些例外情形通常也是图像的重要特征。真实值与预测值的偏离，可被量化为实际信号与预测信号之间的差异。[①] 这种通过预测编

---

① 参见 Andy Clark, *Surfing Uncertainty*: *Prediction*, *Action*, *and the Embodied Mind*, Oxford：Oxford University Press, 2016, pp. 26 – 27.

码检测预测误差的方式，在数据压缩时可以大大节约带宽，这便对应了信息论层面上的自由能原理。再看层级化加工。以视觉为例，得益于马尔（David Marr）将大脑视觉信息加工过程分为三个阶段，分别是二维基元图、2.5维要素图和三维模型图。从时空尺度上讲，三个阶段可由三个层级来表达。例如零交叉点（zero-crossings）、边缘端（edge segment）和透明度这类信息的时空尺度非常小，属于低阶层级；区域表面轮廓和初级景深信息，时空尺度相比而言略大，所属层级稍高；而以物体为中心坐标系的形状识别及其空间构造信息，则属于更高的层级。[①] 每个层级都有一些模型携带相应的先天知识，不同层级的先天知识可被视为关于不同时空尺度的规律的预设。越是空间上小尺度、瞬时变动的（variant）信息，抽象化程度就越低，负责对之加工的层级也越低；时空尺度上相对较为恒定（invariant）的信息抽象化程度较高，则由高阶层级负责加工。至于各层级之间的信息如何关联互动，整个预测过程如何进行，构成了对第三个问题的回答。

首先，层级化架构的信息流大致有两种：自下而上的输入（前馈）和自上而下（反馈）的预测。当有机体的感知接收器采集了外部世界或自身身体的信号，信息流便会从低阶层级往高阶层级层层输送。我们将该信号视为贝叶斯公式里的证据 E，L_1 层级输入进来的证据 E，会接受来自上一层级 L_2 的预设 H_1 的检验。作为检验结果的预测误差 E＊，一方面可用以调整 L_1 的预测模型（相当于后验概率对先验概率的修正）；另一方面 E＊倘若尚未被 H_1 "解释消除"（explained away）或最小化（minimized），则会进一步输送给上一个层级 L_2，进而受到来自更高一个层级 L_3 的预设 H_2 的检验。依次行进，心智的信息加工过程，就是层级化的预测模型将预测误差降至最小化的过程。只有那些对应于认知所期待的最有价值的"意外信息"，才能被我们知觉到。一些有趣的研究表明，这也是我们无法给自己挠痒痒的原因——不过精神分裂症患者倒是更容易做

[①] 参见 David Marr, *Vision: A Computational Investigation into the Human Representation and Processing of Visual Information*, Cambridge: The MIT Press, 1982.

到这一点。① 值得提醒的是，并非所有的双向动态交互的信息流都需要贯通全部的预测层级。譬如那些与知觉和行动不产生直接关联的离线认知（offline cognition），就是自上而下的预测信息没能输送到最低阶层级引发的效果。②

其次，上述过程是理想化的刻画。既然感知信号所表达的是外部世界的隐藏诱因，但世界的因果网络内部不仅有复杂的互动，作为隐藏诱因的感知信息还伴随着信息噪声以及不确定性，它们一同被感知系统所采样。若要使得这些信息所揭示的隐藏诱因足够凸显，层级化的预测加工系统还需要对概率分布的精度进行二阶预期。这便是"预期精度"（expected precision）的过程，它对自上而下的预设 H 和自下而上的感知输入 E（包括预测误差 E*）同样起作用。③ 举例而言，当你住在自己家里需要起夜时，不用开灯就能顺利绕过障碍物。在这种情况下，由于光照条件非常差，感知信息 E 的预测精度很低，但你对家里的空间布局非常熟悉，因而相关预设 H 的预期精度就很高。相反，如果当你住进一间陌生的酒店，夜里要上洗手间，通过打开夜灯来提高感知信息 E 的预测精度，而非让大脑盲目猜测房间的空间布局，则是避免磕碰的最好办法。

最后，以上两点都是以静态的视角来说明的，然而预测误差最小化的过程不仅有大脑的参与，具备行动能力的身体也扮演了重要角色。如果说知觉是溯因推理，那么这样的推理是被动的；有了行动的介入，这种推理还能以"积极推理"（active inference）或"预测控制"（predictive control）的方式来实现。举例来说，当你在黄昏的暮色下，似是而非地看到远处草丛里有一只猫。此刻你的视觉感知信号 E 的预期精度并不高（光照不良），但是你的 H 或许也不太确定，譬如你不太肯定在这个小区的草丛里会有猫出现。为了消除这个预测误差，你还可以选择通过移动身体走近那片草丛一探究竟。这个身体运动过程，可被视为你的感知接收器对原有的感知信息 E 进行重新采样。通过采样到预期精度更高的新

① 参见 Sarah-Jayne Blackmore et al. , "Why Can't You Tickle Yourself?" *Neuroreport*, Vol. 11, 2002, pp. 11–16.

② 参见 Dom, The Bayesian Brain, "An Introduction to Predictive Processing", Webpage *Mindcoolness*, July 28, 2018, https://www.mindcoolness.com/blog/bayesian-brain-predictive-processing/.

③ 参见 Jakob Hohwy, *The Predictive Mind*, Oxford: Oxford University Press, 2013, pp. 64–67.

的信息样本 E'同样也是降低预测误差的有效方式。① 甚至更准确地说，与行动产生关联的是身体的本体感觉（proprioception）信号，精确的本体感觉预测会直接引发行动，因此可以将行动视为一种"自我实现的预言"：神经回路会预测系统选择的行动所对应的感知后果，然而系统并不能直接得到这些感知后果，因此就产生了预测误差。要消除这些误差，系统就必须移动身体从而产生符合预测的感知序列。② 譬如你之所以在口渴时会实施一个拿起杯子喝水的动作，是因为大脑关于身体的内感知有一诸如"体内水分平衡"的预期（expectation），同时你的本体感知得到的信号则是血液的晶体渗透压和血容量方面显示"体内水分不足"的预测误差，这就触发了感知运动系统通过喝水的行动来消除这个预测误差。

以上说明大体上还是在计算层面和算法层面上刻画的。不同于联结主义以人工神经网络模型作为认知机制的类比描述，预测心智在神经实现层面上有大量的（同时也是歧义重重的）实证研究。弗里斯（Chris D. Frith）和弗利斯顿等人的工作堪称该领域的代表。③

三　概念区分：先验、预设与预期

在康德哲学中，先天（a priori）与先验（transcendental）是一组重要的近似概念。在预测加工进路里，先验（prior）、预设（hypothesis）、预期（expectation）与预测（prediction）这些概念有时会交替使用，却也有精微的区分。我们通过厘清它们之间的关联和区别，以"何谓问题"补充说明"为何问题"与"如何问题"。

受统计学专业术语翻译影响，"prior"通常译作"先验"，例如"prior probability"就是"先验概率"，不过这里的"先验"与康德哲学没有

---

① 参见 Jakob Hohwy, *The Predictive Mind*, Oxford：Oxford University Press, 2013, pp. 76 – 81.

② Andy Clark, *Surfing Uncertainty*：*Prediction, Action, and the Embodied Mind*, Oxford：Oxford University Press, 2016, pp. 124 – 125.

③ 参见 Chris Frith and R. J. Dolan, "Brian Mechanism Associated with Top-Down Process in Perception", *Philosophical Transactions of the Royal Society B*：*Biological Sciences*, 1997（352）, pp. 1221 – 1230；"Karl Friston, Hierachical Models in the Brain", *PLoS Computational Biology*, 2008, 4（11）：e1000211.

什么关联。回想上一小节关于贝叶斯公式的例子，我们不妨把先验概率理解为对某一件事情发生可能性的预先估算。起先预设的沙漠中降雨的概率 P（降雨）是先验概率。后验概率可理解为事情发生是由某个特定诱因引起的概率。给定了有云的证据，由这片云导致降雨的概率 P（降雨｜云）就是后验概率。根据新的信息输入，后验概率修正了之前的先验概率，从而得到了更接近事实的概率推断。贝叶斯推理，就是结合了证据的似然性（likelihood）对先验概率进行修正。需要注意的是，先验概率和后验概率是相对的。如果新的信息更新了当下的后验概率从而得到了新的概率值，那么这个新的概率值就成了后验概率。先验概率和后验概率都是针对预设（hypothesis）而言的。

我们反复强调，当感知系统接收到感知信号时，大脑需要推断是什么隐藏诱因引起的。这个溯因推理过程要求大脑必须提出可能性或预设。例如 H_1：一只真实的猫，或者 H_2：一只猫形公仔，或者 H_3：一群蜜蜂聚集在一起随机形成了猫的图案……这样的预设可以是无穷多的，正如科学家面对实验数据需要提出一个好的预设一样，大脑提出一个尽可能接近真实诱因的好的预设非常重要。这里所谓好的预设，可以理解为先验概率最高的那个预设。针对特定的预设项，预测心智的各个层级将根据内在模型（也就是概率密度函数），给不同的预设指派不同的先验概率。[①] 例如在这里，先验概率从高到低的排列若为 $H_1 > H_2 > H_3$，那么 H_1 便从中胜出。这样一来，它将形成一个"是一只猫"预设。除了先验概率，预测加工也常提到先验信念。先验信念在层级化的预测架构中之所以有用，是因为它比随机猜测更加精准可靠，从而在消除预测误差过程中让输入信息来拟合预测。一些长时效的先验信念（long-term prior）内嵌在预期（expectation）中，自上而下地引导知觉推理。例如我们都知道，物体在运动中通常会持续存在，或者两个不同的物体不能出现在同一时空坐标中。正是这些一般化的先验信念（general prior）层层下行，对感知信息

---

① 参见 Wanja Wiese and Thomas Metzinger, "Vanilla PP for Philosophers: A Primer on Predictive Processing", in *Philosophy and Predictive Processing*, eds., Thomas Metzinger & Wanja Wiese, Mind Group, https://predictive-mind.net/papers/vanilla-pp-for-philosophers-a-primer-on-predictive-processing.

和预测误差进行"修正调整",我们才会在特定的实验情境下产生双目竞争的知觉体验。[1] 由于感知系统能够不断摄入新的感知信息,各个层级的先验概率因此得以不断地调整更新。"自上而下的先验概率规导了知觉推理,知觉推理塑造了先验概率。"[2] 不难发现,以贝叶斯推理机制作为大脑预测系统的宏观功能描绘,既契合知觉推理的本质特征,又具有从自然化的描述性当中生成出规范性维度的跨越。这也是预测加工受到当代自然主义心智哲学家推崇的重要理由。

至于"预期"(expectation)这个概念,和"预测"一样,通常是在人格层面上而言的。例如你有一个预期,其内容是新冠疫情在今年夏季可以得到控制。预期可以得到满足或不满足。在预测加工进路文本中,"预期"与"预测"有时会替换使用,但仍有一些语义和语境区分。首先,"预测"侧重于概率性的功能刻画,有时用于指称本文所讨论的那种贝叶斯推理式的神经加工过程,[3] 有时特指预估(estimate)的确定性函数。[4] 相比之下,"预期"侧重于刻画预测的内容,这样的内容本质上无非是概率密度分布,但有时也被赋予人格层面上的含义。我们知道,传统的心智哲学有印象与概念(percept/concept)、知觉与认知(perception/cognition)、信念与欲望(belief/desire)之类的范畴划分。但在层级化的预测心智进路里,心智的架构无须像计算主义那样设置功能化的"信念箱"或"欲望箱"。既然心智中的一切事物都是预测加工最小化过程的结果,那么这些范畴并没有楚河汉界般的区别。因此在霍伊等人看来,印象、概念、信念、欲望、经验,等等,从根本上讲都是"预期"。差别在于,具有感知特征的印象是短时效的(short-term)预期,其信息加工处在心智架构的低阶层级当中;具有认知特征的概念属于长时效的预期,

---

① 参见 Jakob Hohwy, *The Predictive Mind*, Oxford: Oxford University Press, 2013, pp. 19-23.

② 参见 Jakob Hohwy, *The Predictive Mind*, Oxford: Oxford University Press, 2013, p. 34.

③ Andy Clark, *Surfing Uncertainty: Prediction, Action, and the Embodied Mind*, Oxford: Oxford University Press, 2016, pp. 1-2.

④ 参见 Wanja Wiese and Thomas Metzinger, "Vanilla PP for Philosophers: A Primer on Predictive Processing", in *Philosophy and Predictive Processing*, eds, Thomas Metzinger & Wanja Wiese, Mind Group, https://predictive-mind.net/papers/vanilla-pp-for-philosophers-a-primer-on-predictive-processing.

相应的加工层级更高；至于信念或思想，则属于更为抽象的预期。① 从这个角度来看，"预期"与"预测"，一个偏重于内容描述，一个偏重形式、功能或信息加工过程刻画。

其次，"预期"还与之前提到的"预期精度"相关。外部世界输入给感知系统的信号具有噪声和不确定性，这些噪声和不确定性基于世界的状态以及有机体自身的状态，预测加工系统因此还需对这些信号的精度进行二阶评估。换言之，为消除预测误差，系统就得对信号精度进行学习和预测。例如在光照条件良好时，视知觉信息的精度就高，反之精度则低。对同一个预测信号来说，自下而上的感知输入信号精度预期与自上而下的预设（hypothesis）信号精度预期，在概率密度分布上是零和的。也就是说，如果我们对感知信号精度赋予更高的置信度，那么相应的预设信息的精度便会随之降低，反之亦然。② 例如在预测加工与精神病理学交叉研究领域当中，学者们经常援引的案例就是妄想症与孤独症。前者对高阶预设的预期精度赋予的权重远远高于感知输入信号，后者恰恰相反。③

最后，在一些计算神经科学家那里，"预期"的含义更接近于"先天知识"。神经科学家在这方面关注的一个争论是，预期在神经实现层面上是如何影响知觉的？目前有两种解释进路："抑制解释"认为，感知输入当中那些合乎预期的信号会受到自上而下的预期的抑制；"锐化解释"认为，是感知输入当中那些超出预期的（unexpected）信号得到了锐化增强，从而让这部分的预测误差得以加工。尽管两种解释是竞争性的，但没有任何证据表明两种进路是不可相容的。④

① Jakob Hohwy, *The Predictive Mind*, Oxford：Oxford University Press, 2013, p. 72.

② Deniel Yon, et al. ，"Beliefs and Desires in the Predictive Brain", *Nature Communications*, 11：4404, 2020, p. 2

③ 参见 Jakob Hohwy, *The Predictive Mind*, Oxford：Oxford University Press, 2013, pp. 156 – 165.

④ 参见 Floris Lange, et al. ，"How Do Expectations Shape Perception?" *Trends in Cognitive Sciences*, June 2018, pp. 1 – 16.

四 结语

回到本文开篇，我们之前提到，经过了计算主义、联结主义和具身认知，预测加工进路博采众长，有望成为一种理解心智的新范式。这里有两个问题需要澄清。第一，预测心智在什么意义上"博采"之前三种范式的"众长"？第二，预测心智在什么意义上可以说是一种新的范式？

从发展史的角度来看，预测加工进路（更宽泛地说，多层贝叶斯模型）就是从联结主义系统的庞大家族中演化而来的。① 然而"标准的联结主义方法（反向传播训练）在两个方面碰了钉子：一是它需要提供足够数量的、已经预先分类的训练数据，以此驱动监督式学习；二是数据训练难以在多层网络架构中展开"。不过，"适用于多层架构的预测驱动学习恰好同时解决了这两个难题"②。一方面，区别于作为理想模型的联结主义，得益于预测心智系统拥有身体，"世界慷慨而可靠地为我们提供海量的训练信号，以资匹配当下做出的预测和实际感知的传入刺激"，因而预测驱动的学习是一种自我监督式学习。这使得预测心智通过具身认知弥补了联结主义作为静态的理想化模型的不足之处。③ 另一方面，在福多（Jerry Fodor）等人看来，联结主义难以实现计算主义所具备的语义性、生产性和系统性特征，④ 但在预测心智那里，由于层级化的模型对应了结构化的世界，"世界本身就是高度结构化的，对应不同时空尺度的一系列规模和模式，同时充斥着各类彼此交互的、复杂嵌套的远因"。如此一来，生成模型可以自行分派和整合隐藏的数据结构。当这些隐藏诱因的组合形成一个连贯的整体，系统就使用其先天知识储备生成感知数据，

① 参见 James McClelland, "Integrating Probabilistic Models of Perception and Interactive Neural Networks: A Historical and Tutorial Review", *Frontiers in Psychology*, Vol. 4, 2013, p. 503.

② Andy Clark, *Surfing Uncertainty: Prediction, Action, and the Embodied Mind*, Oxford: Oxford University Press, 2016, pp. 17 – 18.

③ 克拉克与霍伊在预测加工进路与具身认知的关联问题上有所分歧，然而他们的分歧不在于是否接受具身认知观，而在于因果马尔科夫毯能否在颅内主义与外在主义之间充当判决性原则。

④ 参见 Jerry Fodor and Brian McLaughlin, "Connectionism and the Problem of Systematicity: Why Smolensky's Solution Doesn't Work", *Cognition*, Vol. 35, No. 2, 1990, pp. 183 – 204.

借此知觉到一个有意义、结构化的场景。① 这使得预测心智通过层级化模型弥补了联结主义相比于计算主义的不足之处。

综合这两点，我们可以说预测心智博采三种范式之所长并不夸张，那么在"范式"和"转向"话术滥觞的当下，它又在什么意义上堪当心智的新范式呢？首先，从学科纲领的变革性角度看，预测心智有着鲜明的康德式"哥白尼革命"色彩，将心智的工作模式由被动的"表征—计算模型"，扭转为主动的、预测优先的"贝叶斯推理引擎"。其次，在科学共同体的意义上讲，这种关于心智工作模式的观念转变不仅在认知科学哲学家当中达成了共识，也同样引起了机器学习、心理学和计算神经科学等不同领域学者的持续关注与合力推进。最后，从范式的科学哲学特征来说，预测心智作为新范式，一方面相关的细节分歧有待平息（例如克拉克与霍伊的争论）；另一方面预测心智绝非局限于解决"知觉难题"。从知觉到意识，从行动到情绪，从社会认知到精神疾病，从离线认知到能动性的解释，人类认知到动物心智，许多学者开始致力于用预测心智来重新理解心智的各个方面和种种现象，俨然具备常规科学的"解谜"气候。根据以上三点理由，我们不能简单地将预测心智视为联结主义的升级或扬弃。无论如何，若想批判、修正或者加入这一新范式，无疑要从理解预测心智的"预测"概念入手。

---

① Andy Clark, *Surfing Uncertainty: Prediction, Action, and the Embodied Mind*, Oxford: Oxford University Press, 2016, pp. 19 – 21.

第二十二章

平等原则的不平等之处

张子夏[*]

一　作为类比的平等原则

当一个外部对象与我们的生物官能在功能上等价时，我们是否可能将其视作我们认知系统的一部分呢？[①] Clark 和 Chalmers（C&C）给出了肯定的回答。他们认为："当我们面对某个任务时，世界中一部分作为某个过程发挥了作用，并且如果该过程在头脑中完成，我们会毫不犹豫地视其为认知过程的一部分，那么世界中的这个部分（至少我们认为）就是认知过程的一部分。"[②] 上述"平等原则"（the Parity Principle）的直觉源自下面这个思想实验。假设有两个人，Inga 和 Otto，他们都想去现代艺术博物馆（MoMA）。Inga 清楚地记得 MoMA 在第 53 大街上，但作为阿尔茨海默病患者的 Otto 却必须借助笔记本才能知道博物馆在哪儿。考虑到他们二人都在进行某项认知任务，并且 Otto 的笔记本与 Inga 的生物记忆体在功能上等价，如果我们说只有 Inga 的生物记忆体参与了认知过程，那似乎就是一种偏见了。毫无疑问，如果我们用功能来定义认知，那么任何能够完成某组特定功能的事物都是认知系统。因此，C&C 得出结论

　　[*] 作者系南京师范大学副教授，2003 年至 2016 年求学于盛晓明教授门下，获博士学位。本文原为英文论文：Z. Zhang，"The Imparity of the Parity Principle"，*Philosophia*，49，2021，pp. 2265 – 2273.
　　[①] 在这篇文章中，"cognition"和"cognitive system"意义相同。
　　[②] Andy Clark and David Chalmers，"The Extended Mind"，*Analysis*，58，1998，pp. 7 – 19.

说，Otto 的笔记本是其认知系统一部分。换言之，Otto 的认知是延展的（extended）。

C&C 的论证是好论证吗？该答案或许取决于你如何解读。许多哲学家认为 C&C 的论证仅仅依赖于认知功能主义理论。我们可以从争论双方的说法中发现端倪。比方说，Adams 和 Aizawa（A&A）就想要通过论证笔记本和生物记忆体在神经层面扮演的因果角色不同来驳斥延展认知理论。[①] Clark 回应说，A&A 所说的那种细致的因果功能并不重要，因为我们甚至能设想一个没有脑的火星人有能力完成任何认知任务。[②] 与 Clark 一样，Wheeler 认为延展认知理论不应是一种假设所有认知系统的物理结构都与人脑相似的"基准理论"。相反，我们应该认识到，根据功能主义，认知是可被多重实现的——同一个功能可以由不同的物理构造实现。[③] 因此，A&A 给出的功能等价条件过于苛刻了。

假如像 Wheeler 所说，因为延展认知理论实际上是一种"延展功能主义"，所以功能主义蕴含延展认知理论，那么似乎所有功能主义者都应该接受延展认知理论。然而，正如最近一些研究者所指出的那样，我们无法从功能主义推出延展认知理论。比如说，Miyazono 认为功能主义最多能告诉我们，由于"Otto－笔记本"能完成如此这般的认知任务，所以它是一个认知系统。但这显然不够。C&C 的主张是，笔记本是 Otto 认知系统，而非某个认知系统（比如 Otto－笔记本）的一部分。否则延展认知理论就不再是一个有意义的理论了——它会坍缩为功能主义。[④] 大多数（即便不是全部）功能主义者都会同意这一点：如果 Otto－笔记本能够完成某些认知功能，那么笔记本就是某个认知系统的一部分。功能主义者所反对的是将笔记本看作 Otto 认知系统的一部分。这件事在 Sprevak 的思想实

①　Fred Adams and Ken Aizawa, *The Bounds of Cognition*, Oxford：Wiley-Blackwell, 2001.

②　Andy Clark, "Curing Cognitive Hiccups：A Defense of the Extended Mind", *The Journal of Philosophy*, 104, 2007, pp. 163－192. 亦可参见 Robert Rupert, "Systems, Functions, and Intrinsic Natures：On Adams and Aizawa's The Bounds of Cognition", *Philosophical Psychology*, 23, 2010, pp. 113－123.

③　Michael Wheeler, "In Defence of Extended Functionalism", in Richard Menary, ed., *The Extended Mind*, Cambridge：The MIT Press, 2010, pp. 245－270.

④　参见 Kengo Miyazono, "Does Functionalism Entail Extended Mind？", *Synthese*, 194, 2017, pp. 3523－3541；Katalin Farkas, "Two Versions of the Extended Mind Thesis", *Philosophia*, 40, 2012, pp. 435－447.

验中得到了很好的体现。假设一个叫 Mark 的人走进图书馆拿起一本书。根据延展认知理论，Mark 顿时就获得了那本书中包含的所有知识。这显得匪夷所思。从直觉上说，没人会认为一个人不用打开书就能获得其中的知识。①

为解决上述问题，C&C 似乎必须告诉我们"Otto - 笔记本 = Otto"这个等式如何可能成立。他们会如何应对这一挑战呢？Miyazono 觉得他们或许会利用"延展自我"理论。该理论认为自我也是延展的。② 在 Otto 那个场景中，Otto - 笔记本就是 Otto 的延展自我。但我认为这样做只会让问题变得更加神秘。一方面，如果"延展 Otto"指的是与 Otto 具有心理连续性的人格，那么任何无意识的对象加上 Otto 都能构成"延展 Otto"。比如"Otto - 猕猴桃""Otto - 水星""Otto - 黑洞"等。但是，把这些东西作为自我延伸的看法显然相当奇怪。另一方面，C&C 认为心智或认知能够延展的理由在于，我们的脑加上某些外部事物能够跟"裸脑"一样好地完成某些认知任务（或许还能完成得更好）。但是，在自我的问题上又如何呢？自我具有某些特定功能吗？如果有，这些功能是什么？如果没有，那么我们对其进行延展的理由是什么？在这些关于延展自我的问题得到澄清之前，该理论无法为我们提供任何帮助。③

尽管如此，笔者认为 C&C 的确给出了一个让我们无须诉诸"延展自我"便能将 Otto 的笔记本看作其认知系统一部分的方法。他们是通过"平等原则（PP）"完成这项工作的。有些人会对此感到奇怪，因为在许多人看来，PP 源自功能主义，而前文说过，功能主义不足以确立延展认知理论。既然如此，PP 如何能够解决一个超出功能主义视域的问题呢？为弄清该问题，让我们通过对 PP 进行重新分析。首先我们应当注意到，它其实由两部分构成。

FUNC. 一个系统是认知系统，当且仅当它能够完成某些特定的认知

---

① Mark Sprevak, "Extended Cognition and Functionalism", *The Journal of Philosophy*, 106, 2009, pp. 503 - 527.

② Kengo Miyazono, "Does Functionalism Entail Extended Mind?", *Synthese*, 194, 2017, pp. 3523 - 3541.

③ 关于延展自我的详细讨论可参见 Lynne Baker, "Persons and the Extended-Mind Thesis", *Zygon*, 44, 2009, pp. 642 - 658.

任务。

LOCA. 如果 X 是认知系统 Z 的部分，且 X 与 Y 之间唯一重要的区别在于其所处位置，那么 Y 也是 Z 的一部分。

正如我们前面所看到的那样，许多研究者认为 LOCA 是从 FUNC 推导出来的。那样一来，LOCA 就只是对 FUNC 的进一步阐释——说对象所处的位置与讨论无关也不过是 FUNC 的一种呈现方式，因为它说的是与问题相关的就只有功能而已。但 LOCA 必须提供 FUNC 以外的信息，因为根据 FUNC，我们只能知道，（比如）如果 X 和 Y 在功能上等价，并且 X–R（R 代表系统的其他部分）是一个认知系统，那么 Y–R 也是一个认知系统；但我们无法推知 X–R 和 Y–R 是同一个认知系统。为克服这一困难，LOCA 必须为延展认知理论提供额外理由。换言之，它必须成为 PP 的实质性构成部分。

一旦我们把 FUNC 和 LOCA 都看作实质性部分，那么就会发现，由 PP 而来的论证实际上是一个类比。类比推理通过援引已知的相似性来推出结论当中的另一些相似性存在。这类论证通常具有三个部分：对比两个事物相似性的积极部分，对比两个事物差异的消极部分，以及提出另一些相似性存在的假说部分。尽管哲学家未能给好的类比论证提供一个确切标准，但多数人都会同意：对一个好的类比论证而言，其积极部分必须具有相关性，且其消极部分不应对假说部分的可信度造成负面影响。从这个意义上说，如果我们能成功证明消极部分不会带来难以克服的困难，那么假说部分的可信度就会得到提升。不过这个步骤并不是必要的，笔者甚至怀疑大多数日常类比都会直接从积极部分中推导出结论。但 PP 做了这项额外工作。它是这样说的：Inga 生物记忆体和 Otto 笔记本的相似之处在于，当 Inga 和 Otto 完成同样的认知任务时，它们扮演了同样的角色（积极部分）；二者之间唯一的区别在于它们所处的位置（在颅骨／皮肤之内还是之外）（消极部分）；但该区别不会影响到结论（说明消极部分不会带来额外问题）。于是，我们从假说部分中可以看出，该论证的重点不在于证明功能主义蕴含延展认知理论；它真正的目标在于说明这样一件事：由于 Inga 的生物记忆体是其认知系统的一部分，根据类比，Otto 的笔记本也是其认知系统的一部分。

有人会注意到，该论证的前提与传统论证的前提相同。那么为什么前者能得到一个后者无法获得的结论呢？我认为其主要理由在于，从延展功能主义而来的论证是演绎的。这类论证的前提中必定已经包含了结论。然而，正如前面所说，功能主义论证的问题恰恰在于 FUNC 无法提供足够的信息让我们判断（比如）Otto 的笔记本是不是 Otto 认知系统的一部分。相较之下，当我们把论证看作一个类比时，上述关于信息包含的严格要求便不复存在了。在类比推理的情形中，我们无须对前提中的已知相似性与结论中的假说相似性之间的关系进行说明，因为类比推理是一种扩展推理。这就解释了为什么在 PP 被看作类比后，同样的前提突然就足以支持延展认知理论了。

至此我们作个小结。正如近期论证所指出的，C&C 需要一些功能主义之外的理由来支持延展认知理论。而笔者认为，当 PP 被看作类比论证时，我们就得到了相应的理由。可无论如何，该理由成立的前提是 PP 为真。在接下来的部分笔者将论证，由于 C&C 提出的类比存在问题，因此 PP 为假。即使 Inga 的生物记忆体和 Otto 的笔记本在 Inga 和（使用笔记本的）Otto 在完成相同的认知任务时扮演了相同的角色，且我们在确定某个对象是不是某个认知系统构成部分时无须考虑其所处位置，我们也不能由此断定 Inga 和 Otto 的情况能够形成类比，因为 PP 中所说的差异并非唯一具有相关性的差异。

二　平等原则的失败

如果关于 C&C 论证本质的说法是正确的，那么我们对延展认知理论的直觉来自作为类比的 PP。确切来说，我们认为 Otto 的笔记本是其认知系统一部分的直觉来自下列事实。

P1. Otto 的笔记本和 Inga 的生物记忆体具有一个相同属性：它们在 Otto 和 Inga 完成相同认知任务时扮演相同角色。

P2. Otto 的笔记本和 Inga 的生物记忆体之间唯一重要的差异似乎就是它们相对于其所有者颅骨/皮肤的位置。

P3. 当我们判断某样东西是不是某个认知系统的部分时，其所处位置并不重要。

P1—P3 看上去十分可信。P1 告诉我们 Otto 的笔记本和 Inga 的生物记忆体具有某些相似性（我们或许还可以指出，该相似性对当下的问题而言至关重要），P2 和 P3 告诉我们，唯一可能带来麻烦的差异（位置上的差异）事实上无足轻重。因此，我们有理由预期 Otto 的笔记本和 Inga 的生物记忆体具有另一个共同属性——它们都分别是其拥有者的部分。由此可见，延展认知理论具有正当性。

但 P1—P3 真的没错吗？笔者倾向于认为 P1 和 P3 显然为真。当 Clark 证明粗略的相似性足以支持功能等价性时，P1 就得到了确立。P3 为真则是因为如果某物真是某个系统的一部分，那么其所处位置并不重要。想想无线鼠标的情形。我们不会因为其接收器常常位于鼠标之外就说它不是这个输入系统的一部分。[①] 因此，笔者和 C&C 一样认为对象所处位置不是问题的关键。不过，笔者怀疑 P2 为真。笔者认为在 Otto 笔记本和 Inga 生物记忆体之间还存在一个重要差异，它关系到为何这些东西被看作某个认知系统的一部分，且该差异影响到我们关于某物是否为其所有者认知系统一部分的判断。

首先，让我们来思考一个日常场景。有天早上起床，我像平时一样想喝杯咖啡。于是我将咖啡粉和水放进了咖啡机里，并按下了启动键。然后我发现咖啡机坏了——机器没办法烧水了。"天哪！"我自言自语道，"我只睡了四小时，我现在就需要一杯咖啡！"随后我突然想到，或许我可以用水壶烧水，然后把开水倒进咖啡机的过滤器里。结果我真的成功做出了咖啡！现在，咖啡机和水壶可以放在一起，被看成是一个"延展咖啡机"。我们称之为"水壶咖啡机"。那么试想一下，为什么把水壶咖啡机看作一个整体呢？显然，这是因为这个东西，当它作为一个整体时，可以完成做咖啡的任务，而这个任务单靠其中任意一个部分都无法完成。在这个情形中，整体的边界似乎是由一体化系统所完成的任务决定的。换言之，这些东西被看作一个整体的理由在于它们能够共同完成某项任务。那么原装咖啡机呢？我们是因为同样的理由把它视为整体的吗？

笔者的想法是，原装咖啡机的边界是由历史事实决定的。这些系统

---

① 该论点亦可参见 Eric Olson, "The Extended Self", *Minds and Machines*, 21, 2011, pp. 481 –495.

并不"孤单"——它们都从属于 Millikan 所说的"由再生产建立的家族"[①]。它们是因作为整体得到再生产而成为整体的。具备功能性不是得到再生产的必要条件。比如说，脚印就可能得到无目的的复制。让我们称这类整体为"专有整体"。当然，在那些令人感兴趣的例子中，专有整体很多都是因为具有某些功能而得到再生产的。但这并不会让功能变得更具本质意义。因为在这个情形中，专有整体的功能解释的是它为什么得到再生产，而不是它为什么被作为一个整体——其边界依然由再生产决定。具备功能性对于成为专有整体而言既不充分也不必要。

相形之下，（比如）水壶咖啡机的边界就是由其所能或所应实现的功能决定的。在日常生活中，当我们看到桌上摆着一个咖啡机和一个水壶时，不会自动把它们看作一个整体。在我们的思想实验中，这两个器具是因为被笔者设计用来完成做咖啡的任务才被视为整体的。使其统一的是其功能。我们把这样的整体称为"功能统一体"。

上述区分会对 C&C 的类比造成怎样的影响呢？总体而言，由该区分可知，我们将事物看作某个整体之部分的理由可能不同。根据笔者的分析，如果 X 是专有整体的部分，那么其理由必定是，它位于该整体的边界内部。在这个情形中，X 是不是（专有）整体的部分由预先存在的边界决定。相反，如果 X 是功能统一体的部分，那么相应的理由应该是：它在相应整体完成某个无法由 X 或其他部分单独完成的任务时扮演了某个关键角色。也就是说，我们之所以把 X 看作整体的部分是因为 X 和其他事物作为整体发挥了某些功能。这类整体的边界并不是预先存在的；建构其边界的是这样一个事实，即当某些事物共同运作时能够完成某些工作。该区分也能被用到 C&C 的例子上。如果 Otto 的笔记本和 Inga 的生物记忆体分属于不同类型的整体，那么二者之间就存在进一步的区别——它们因不同的理由成为某个整体的部分。

而笔者认为二者的确存在这方面的差异。在 C&C 的思想实验中，Otto 的笔记本是功能统一体的一部分，Inga 的生物记忆体则是专有整体的一部分。这项差异影响到我们关于 Otto 的笔记本是否应被视作其认知系

---

① Ruth Millikan, *Language, Thought, and Other Biological Categories*, Cambridge：The MIT Press, 1984.

统一部分的判断。理由如下。Otto - 笔记本之所以被看作整体是因为 Otto 和他的笔记本可以协力完成一定的认知任务，且该任务不能由其中任何一部分单独完成。这完全就是 C&C 希望通过其思想实验展示的结论。现在，只有当 Inga 的生物记忆体也是功能统一体的部分时，Otto 笔记本和 Inga 生物记忆体之间的类比才能成立。因为只有当这种情况出现时我们才能说："你看，Inga 的生物记忆体是其部分的原因在于它能够实现某些功能；既然如此，为什么我们不能将其'替换'为某个功能等价物，比如笔记本，并在此之后重新划定其认知系统的边界呢?① 毕竟她的认知系统是一个边界由功能性部分决定的功能统一体。既然 Inga 的生物记忆体能被看作她认知系统的部分，Otto 的笔记本自然也能被看作他认知系统的部分。"但很可惜，Inga 的生物记忆体是专有整体（Inga 生物认知系统）的部分。Inga 的认知系统之所以是个整体，是因为它是作为整体得到再生产的。其边界是由再生产预先决定的，且无法通过替换功能等价物的方式进行修改。因此，Inga 和 Otto 之间的类比并不成立。

当然，如果 P1 为真，那么 Otto 的笔记本是某个认知系统（Otto - 笔记本）的部分。论证的是一个事物能因不同理由成为某个整体的部分，而不是要用不同方式确定整体的种类。换言之，笔者并没有在为心智或认知提供一个替代性理论，不是在说这类事物是通过历史事实得到定义的。笔者想说的不是功能主义不足以确定一个系统是不是认知系统。X 能因不同理由成为某个特定认知系统的部分。有时候 X 具有功能 F 是它被看作认知系统部分的理由（当该系统是功能统一体时），有时它具有功能 F 无法成为相应的理由（当该系统是专有整体时）。就比如在 C&C 的思想实验中，Otto 的笔记本和 Inga 的生物记忆体当然都具备相同的功能，它们当然也都是认知系统的部分，但它们因为不同理由而分属于不同类

---

① 这个"替换"的说法可能会显得不太恰当，因为 Inga 生物记忆体的实现器可能还有其他功能，其中有些功能甚至可能对于 Inga - 笔记本所要完成的认知任务而言至关重要。有些人或许担心关于功能统一体的理论会受到挑战，因为在当前情况下，这些实现器被排除在外了。然而该情形实际上不会对笔者的核心论点造成太大威胁。因为在这个情形下，我们所观察到的是：Inga 生物记忆体的实现器在 Inga - 笔记本完成特定认知任务时依然在扮演某些重要角色。根据笔者的理论，它们就应该被纳入相应的功能统一体之中。也就是说，我们应该在功能层面而非物质层面理解这种"替换"。

型的整体。

该区分的另一个后果是，后续一些用于支持延展认知理论的思想实验也会变得有问题起来。思考一下 Clark 所说的火星人。在 Clark 看来，对任何外部设备而言，我们总能设想其功能等价物存在于火星人的颅内，是其认知系统的一部分。[1] 当然在这个情形中，设备所处的位置不是问题；但其中同样存在某样事物为何被看作某个整体之部分的差异。火星人应该是一个物种的成员，其认知系统应该是专有整体。然而，他所对标的事物（人类加上外部设备）则是功能统一体。它们之间的类比就像 Otto/Inga 之间的类比一样无法成立。

总之，用于支持延展认知理论的类比论证是失败的，因为 Otto 笔记本和 Inga 生物记忆体的位置差别并非唯一重要的差异。还有另一个影响我们对于 C&C 论证可靠性之直觉的差异存在，那就是关于将事物看作某个整体一部分的理由之差异。正如上面所说，只有当我们谈论的整体是功能统一体时，X 具有某些功能才能成为其作为某个整体一部分的理由。然而，只有 Otto 的笔记本满足这个条件。Inga 的生物记忆体成为其认知系统部分的理由在于，该记忆体位于该专有整体的边界之内。因此，事实上，Otto 的笔记本成为某个认知系统一部分的理由不同于 Inga 的生物记忆体成为她的认知系统一部分的理由。其后果就是，我们没有充分理由相信 Otto 的笔记本所属的认知系统就是他的认知系统。

三　Clark 和 Chalmers 的错误

如果 C&C 的论证确实如所说的那样失败，那么他们到底在哪儿栽了跟头？毕竟不少哲学家都相信 C&C 成功地诱发了我们关于延展认知的直觉。如果该直觉具有误导性，那么我们得说出它到底在哪儿出错了。笔者的诊断是，C&C（以及认为他们论证具有说服力的人）混淆了对核心问题的两种解读。他们希望知道，当 S 颅骨/皮肤外的某个对象 X 与某个内部对象 Y 在功能上等价时，X 是否能被看作 S 认知系统 Z 的部分。但

---

[1] Andy Clark, "Curing Cognitive Hiccups: A Defense of the Extended Mind", *The Journal of Philosophy*, 104, 2007, pp. 163 – 192.

我们可以对该问题作两种解读：

R1. 如果 X 和 Y 在功能上等价，那么 X 是这个认知系统的部分吗？

R2. 如果 X 和 Y 在功能上等价，那么 X 是这个认知系统的部分吗？

对第一种解读，关键问题 X 和 Z 共同构成的系统是不是认知的；对第二种解读，我们想要知道的是我们是否有足够的理由认为 X 是某个特定认知整体的部分。这个区别被"X 是不是认知系统的部分"之类的表述掩盖了。或许大多数人都认为延展认知理论为 R1 提供了答案，因此把焦点放在功能主义上。他们或许认为，当且仅当 X－Z 系统满足认知的功能主义定义时，C&C 的论证是正确的。然而，根据笔者的分析，延展认知理论真正面对的是 R2 提出的问题。我们想要知道的是 X 能否被看作某个特定整体的部分。R1 是关于认知本质的问题，R2 则是一个分体论问题。它们是不同的问题：R1 的解决方案无法告诉我们 R2 的答案。

至此，有人可能会想，C&C 是否可能撤向一个较弱的立场，宣称自己就是想为 R1 提供答案，以此方式避开专有整体和功能统一体的问题。然而一旦他们这样做了，延展认知理论也就坍缩为了嵌入式认知理论（theory of embedded cognition）。① 这个较弱的版本只不过是对功能主义的详述罢了。它说的是，当我们配备某些能够增强我们认知能力的外部设备时，我们就会成为一个更大认知系统的部分。请注意，如果我们不再为 R2 提供答案，那么就没有理由说该系统是我的认知系统。我们会说我的认知系统是一个更大认知系统的部分，这个更大认知系统的其他部分构成了我的认知系统所处的环境。但这不就是嵌入式认知理论吗？或许唯一的区别在于，嵌入式认知理论者一般不会询问我们认知系统是否通常处于一个更大的认知系统之内。笔者认为这些区分完全不足以支撑一个独立的哲学论点。

此外，之所以想要知道延展认知理论是否成立，是因为如果外部设备能够成为我认知系统的部分（或者我的部分），那么就会引发许多实践上的后果。比如说，我们可能会想，如果我用超级计算机解决了一个十分困难的数学问题（我的"裸脑"无法解决这个问题），那么我能宣称是

---

① 该论点亦可参见 Robert Rupert，"Challenges to the Hypothesis of Extended Cognition"，*The Journal of Philosophy*，102，2004，pp. 389－428.

我做出了答案吗？如果我们无视 R2，那么这类哲学问题就会消失。因此，笔者认为对于延展认知理论的支持者而言，R2 确实是一个至关重要的问题。

在结束这篇简短的论文之前，笔者想要对所论证的效力进行一些限制。首先，该论证并不是用来说明任何用以支持延展认知理论的论证都必定是失败的；它只是用来怀疑 C&C 关键思想实验所引发的直觉的可靠性。这篇论文是对 PP 的揭穿论证。其次，笔者很清楚关于专有整体和功能统一体的区分存在边界案例。或许更精细的思想实验可以避开笔者的攻击。然而，至少在 Otto 和 Inga 的情形中，笔者相信这个区分是足够清晰的。